全国环境影响评价工程师职业资格考试系列参考资料

环境影响评价技术方法

基础过关 800 题

（2024 年版）

王　杰　主编

中国环境出版集团·北京

图书在版编目（CIP）数据

环境影响评价技术方法基础过关 800 题：2024 年版 /
王杰主编. -- 17 版. -- 北京：中国环境出版集团,
2024.2
全国环境影响评价工程师职业资格考试系列参考资料
ISBN 978-7-5111-5804-8

Ⅰ. ①环… Ⅱ. ①王… Ⅲ. ①环境影响—评价—资格
考试—习题集 Ⅳ. ①X820.3-44

中国国家版本馆 CIP 数据核字(2024)第 039714 号

出 版 人	武德凯
策划编辑	黄晓燕
责任编辑	陈雪云
封面制作	宋 瑞

出版发行　中国环境出版集团
　　　　　（100062　北京市东城区广渠门内大街 16 号）
　　　　　网　　　址：http://www.cesp.com.cn
　　　　　电子邮箱：bjgl@cesp.com.cn
　　　　　联系电话：010-67112765（编辑管理部）
　　　　　　　　　　010-67112735（第一分社）
　　　　　发行热线：010-67125803，010-67113405（传真）

印　　刷	玖龙（天津）印刷有限公司
经　　销	各地新华书店
版　　次	2007 年 1 月第 1 版　2024 年 2 月第 17 版
印　　次	2024 年 2 月第 1 次印刷
开　　本	787×960　1/16
印　　张	17.5
字　　数	350 千字
定　　价	57.00 元

本书编委会

主　　编　王　杰

副 主 编　雷　芬　程晓庆

参编人员　柯　莺　邴　姗　孙　蕊

　　　　　刘　亮　郭　苗　张智锋

　　　　　贾　佳　马　源　王晓云

前　言

　　环境影响评价是我国环境管理制度之一，是从源头上预防环境污染的主要手段。环境影响评价工程师职业资格考试制度是提高环境影响评价水平的一种有效举措，自 2005 年实施以来，对于整体提高我国环境影响评价从业人员的专业素质起到了很大的推进作用。考试科目设环境影响评价相关法律法规、环境影响评价技术导则与标准、环境影响评价技术方法、环境影响评价案例分析共四科，其中前三个科目的考试全部采用客观题，包括单项选择题和不定项选择题。

　　为帮助广大考生省时高效地复习应考，我们在总结多年来考试试题的基础上，以最新的法律、法规、技术导则、标准和方法为依据，严格按照本年度考试大纲要求，精心编写了本书。本书的全部试题完全按照历年考试试题的形式和考试要求编写，题目涵盖了大纲所有的考点，知识点突出、覆盖面广、仿真性强，部分练习在答案中附有详细解析，方便考生使用。

　　本书的编写原则是强调实战，急考生之所急，有的放矢，在短时间内帮助考生快速提高应考能力。因为在复习过程中，做练习是检验复习效果的有效方法，也是提高考试成绩的理想途径。

　　本书可作为环境影响评价工程师考试的辅导材料，并可供高等院校环境科学、环境工程等相关专业教学时参考。

　　本书在编写的过程中得到了中圣环境科技发展有限公司领导和同事给予的协助和大力支持，在此表示衷心的感谢。同时感谢中国环境出版集团黄晓燕编辑及其同事为本书付出的劳动。本书在编写过程中还参阅了部分国内相关文献和书籍，在此对这些文献和书籍的作者一并表示感谢。

　　尽管我们为本书的编写付出了大量的精力，但由于编者水平有限，本书的内容仍然可能存在疏漏，不足之处在所难免，敬请同行和读者批评指正。编者联系方式：zhifzhang@qq.com。

编　者

2024 年 2 月

目　录

第一章　工程分析

一、单项选择题（每题的备选选项中，只有一个最符合题意）

1. 分析污染型生产工艺过程中水污染物产生量时，应绘制物料平衡图、水平衡图以及（　　）。

　　A. 废水处理工艺流程图　　　　　　　　B. 项目总平面图

　　C. 水环境功能区划图　　　　　　　　　D. 生产工艺流程图

2. 环境空气质量不达标的区域，已实施区域限期达标规划，建设项目应采取（　　）。

　　A. 经济合理的环境保护措施　　　　B. 技术可行的环境保护措施

　　C. 国内外先进可行的环境保护措施　D. 满足长期达标排放的环境保护措施

3. 关于工艺流程及产污环节分析，说法不正确的有（　　）。

　　A. 环境影响评价工艺流程图和工程设计工艺流程图类似

　　B. 环境影响评价关心的是工艺过程中产生污染物的具体部位，污染物的种类和数量

　　C. 产生污染物的装置和工艺过程均要体现，并在总平面布置图上标出污染物的位置

　　D. 产污环节分析中包括主体工程、公用工程、辅助工程、储运等项目组成的内容

4. 用排污系数法进行工程分析时，此法属于（　　）。

　　A. 物料衡算法　　B. 类比法　　　C. 数学模式法　　　D. 资料复用法

5. 某浓盐水处理回用设施拟首次采用工业化的分盐结晶技术，其措施有效性分析的基础数据来源是（　　）。

　　A. 中试试验数据　　　　　　　　　B. 文献资料数据

　　C. 建成后实际监测数据　　　　　　D. 类比其他项目数据

6. 采用实测法进行源强核算时，应同步记录监测期间生产装置的（　　）。

　　A. 运行工况参数　　　　　　　　　B. 物料投加量

　　C. 产品产量　　　　　　　　　　　D. 燃料消耗量

7. 下图为某厂 A、B、C 三个车间的物料关系，下列物料衡量系统表达正确的

是（　　　）。

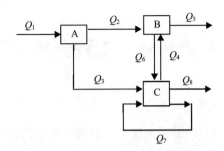

　　A．$Q_1=Q_5+Q_8$　　　　　　　　　　B．$Q_3+Q_4=Q_6+Q_8$

　　C．$Q_2+Q_3=Q_5+Q_7$　　　　　　　　D．$Q_2+Q_3+Q_4=Q_5+Q_6+Q_8$

　　8．通过全厂物料的投入产出分析，核算无组织排放量，此法为（　　　）。

　　A．现场实测法　　　B．物料衡算法　　　C．模拟法　　　D．反推法

　　9．无组织排放源反推法是通过对同类工厂正常生产时，无组织监控点进行现场监测，利用（　　　）反推，以此确定工厂无组织排放量。

　　A．物料平衡　　　B．点源扩散模式　　　C．实测值　　　D．面源扩散模式

　　10．污染型项目工程分析中常用的物料衡算不包括（　　　）。

　　A．总物料平衡　　　　　　　　　　B．有毒有害物料衡算

　　C．无毒无害物料衡算　　　　　　　D．有毒有害元素物料衡算

　　11．技改扩建项目工程分析中，污染物排放量统计无须考虑的是（　　　）。

　　A．现有工程排放量　　　　　　　　B．拟建工程排放量

　　C．区域污染源削减量　　　　　　　D．"以新带老"削减量

　　12．某油品配送库扩建汽油罐区，工程分析应统计的无组织排放污染物是（　　　）。

　　A．SO_2　　　　　B．H_2S　　　　　C．VOC_s　　　　　D．NH_3

　　13．某炼油企业常减压装置加热炉废气排气筒，按其运行时间频率和总图位置关系，该源属于（　　　）。

　　A．连续排放固定源　　　　　　　B．间断排放固定源

　　C．连续排放移动源　　　　　　　D．间断排放移动源

　　14．下列关于储油库针对油气挥发的措施中不符合清洁生产理念的是（　　　）。

　　A．浮顶罐　　　B．气相平衡系统　　　C．油气回收　　　D．催化燃烧

　　15．下列不属于在工程分析时非正常工况排污的应重点分析内容的是（　　　）。

　　A．非正常工况对环境的影响　　　B．非正常工况的原因

　　C．非正常工况的频率　　　　　　D．非正常工况的处置措施

　　16．某项目非正常排放量核算优先采用的方法是（　　　）。

　　A．物料衡算法　　　B．产排污系数法　　　C．实测法　　　D．类比法

17. 某改扩建项目，其现有工程污染源源强核算时，下列属于其优先采用的数据的是（　　　）。

A. 物料衡算所得数据　　　　　　B. 产排污系数法所得数据

C. 自动监测数据　　　　　　　　D. 手工监测数据

18. 某企业年工作时间 7 200 h，在生产工程中 HCl 废气产生速率为 0.8 kg/h，废气收集系统可将 90% 的废气收集至洗涤塔处理，处理效率为 85%，处理后废气通过 30 m 高排气筒排放，则该企业 HCl 的无组织排放量约为（　　　）t/a。

A. 0.58　　　　B. 0.78　　　　C. 0.86　　　　D. 1.35

19. 煤气化单元收到基煤用量 1 104.1 t/a，煤质分析数据显示收到基水分 24%、空干基水分 14%、硫含量 0.61%，进入气相中的硫年排放量为（　　　）kg/a。

A. 901　　　　B. 1 901　　　　C. 4 761.5　　　　D. 5 951.9

20. 某锅炉燃煤量 100 t/h，煤含硫量 1%，硫进入灰渣中的比例为 20%，烟气脱硫设施的效率为 80%，则排入大气中的 SO_2 量为（　　　）t/h。

A. 0.08　　　　B. 0.16　　　　C. 0.32　　　　D. 0.40

21. 某企业年烧柴油 200 t，重油 300 t，柴油燃烧排放系数 1.2 万 m^3/t，重油燃烧排放系数 1.5 万 m^3/t，废气年排放量为（　　　）万 m^3。

A. 690　　　　B. 6 900　　　　C. 660　　　　D. 6 600

22. 某除尘系统（一个含尘气体进口，一个净化气体出口和一个收集粉尘口），已知每小时进入除尘系统的烟气量 Q_0 为 12 000 m^3，含尘浓度 C_0 为 2 200 mg/m^3，每小时收集的粉尘量 G_2 为 22 kg，若不考虑除尘系统漏气影响，净化后的废气含尘浓度为（　　　）mg/m^3。

A. 46.68　　　　B. 366.67　　　　C. 36.67　　　　D. 466.8

▲（23～25 题根据以下内容回答）某电厂监测烟气流量为 200 m^3/h，烟尘进治理设施前浓度为 1 200 mg/m^3，排放浓度为 200 mg/m^3，未监测二氧化硫排放浓度，年运转 300 d，每天 20 h；年用煤量为 300 t，煤含硫率为 1.2%，无脱硫设施。

23. 该电厂每年烟尘去除量是（　　　）kg。

A. 1 200 000　　　　B. 1 200　　　　C. 1 440　　　　D. 1 200 000 000

24. 该电厂每年烟尘排放量是（　　　）kg。

A. 240　　　　B. 24 000 000　　　　C. 2 400　　　　D. 24 000

25. 该电厂二氧化硫排放量是（　　　）mg/s。

A. 26 666　　　　B. 5 760　　　　C. 266.7　　　　D. 57.6

26. 某燃煤锅炉烟气采用碱性水膜除尘器处理。已知燃煤量 2 000 kg/h，燃煤含硫量 1.5%，进入灰渣硫量 6 kg/h，除尘器脱硫率为 60%，则排入大气中的二氧化硫量为（　　　）kg/h。

    A. 4.8   B. 9.6   C. 19.2   D. 28.8

27. 某企业进行锅炉技术改造并增容，现有 SO_2 排放量为 200 t/a（未加脱硫设施），改造后，SO_2 产生总量为 240 t/a，安装了脱硫设施后 SO_2 最终排放量为 80 t/a，则"以新带老"削减量为（   ）t/a。

    A. 80   B. 133.4   C. 40   D. 13.6

28. 某企业建一台 20 t/h 蒸发量的燃煤蒸汽锅炉，最大耗煤量 2 000 kg/h，引风机风量 30 000 m³/h，全年用煤量 5 000 t，煤的含硫量 1.5%，排入气相 80%，SO_2 的排放标准 900 mg/m³，该企业 SO_2 最大产生浓度是（   ）mg/m³。

    A. 2 000   B. 1 500   C. 1 000   D. 1 600

29. 某企业锅炉燃油量为 10 000 t/a，含硫量为 1%；若 SO_2 总量控制指标为 40 t/a，则该锅炉脱硫设施的效率至少应大于（   ）。

    A. 90%   B. 80%   C. 70%   D. 60%

30. 某装置产生的废气中 NH_3 浓度为 5 000 mg/m³，采用两级吸收处理，一、二级对 NH_3 的去除效率依次为 95% 和 90%，该装置外排废气中 NH_3 浓度是（   ）mg/m³。

    A. 12.5   B. 25   C. 50   D. 75

31. 采用催化焚烧设施处理非甲烷总烃浓度为 15 000 mg/m³ 的有机废气，焚烧后气体体积增加一倍，非甲烷总烃的排放浓度为 90 mg/m³，该处理设施对有机废气的处理效率是（   ）。

    A. 99.4%   B. 98.8%   C. 98.2%   D. 97.6%

32. 某汽车制造企业，使用"沸石转轮吸附浓缩+蓄热式热力焚烧炉（RTO）"工艺处理喷涂过程中产生的 VOCs 废气，其中沸石转轮的吸附效率为 95%，RTO 的处理效率为 99%，则该套工艺处理 VOCs 废气的总效率为（   ）。

    A. 94.05%   B. 95.95%   C. 99%   D. 99.95%

33. 某油品专用汽车储罐，容积 100 m³，用底部装车方式装入相对密度为 0.75 的油品 60 t，假设罐内气体非甲烷总烃浓度 9 g/m³ 不变，则该次装车非甲烷总烃排出量为（   ）g。

    A. 900   B. 720   C. 675   D. 540

34. 某项目采用甲苯作溶剂，废气中甲苯产生量为 100 kg/h，废气采用两级净化，活性炭吸附去除率为 90%，水洗塔去除率为 5%，废气中甲苯最终排放量为（   ）kg/h。

    A. 5.0   B. 9.5   C. 10.0   D. 95.0

35. 某项目污水处理站进水 COD 浓度为 900 mg/L，采用生化—絮凝处理工艺，其 COD 去除率分别为 80% 和 50%，则该污水处理站出水 COD 浓度为（   ）mg/L。

A. 90　　　　　　B. 100　　　　　　C. 180　　　　　　D. 360

36. 某项目设计的循环水量为 25 000 m³/d，循环补水量为 400 m³/d，其他新鲜用水量为 2 600 m³/d，该项目的水重复利用率为（　　）。

A. 81.4%　　　　B. 89.3%　　　　C. 90.2%　　　　D. 98.6%

37. 某企业年操作时间 300 天，工艺废水产生量为 1 000 t/d，COD 浓度为 1 000 mg/L，生活污水产生量为 100 t/d，COD 浓度为 300 mg/L。两种废水混合后送厂污水处理站处理，COD 去除率为 90%，处理后 40%外排。该企业污水中 COD 的排放总量为（　　）t/a。

A. 12.36　　　　B. 18.54　　　　C. 27.81　　　　D. 30.90

38. 某电镀企业每年用铬酸酐（CrO_3）4 t，其中约 15%的铬沉淀在镀件上，约有 25%的铬以铬酸雾的形式排入大气，约有 50%的铬从废水中流失，其余的损耗在镀槽上，则全年随废水排放的六价铬是（　　）t。（已知：Cr 元素原子量为 52）

A. 2　　　　　　B. 1.04　　　　C. 2.08　　　　D. 无法计算

39. 某电镀企业使用 $ZnCl_2$ 做原料，已知年耗 $ZnCl_2$ 100 t（折纯）；98.0%的锌进入电镀产品，1.90%的锌进入固体废物，剩余的锌全部进入废水中；废水排放量为 15 000 m³/a，废水中总锌的质量浓度为（　　）mg/L。（Zn 原子量：65.4，Cl 原子量：35.5）

A. 0.8　　　　　B. 1.6　　　　C. 3.2　　　　D. 4.8

40. 某化工企业年产 400 t 柠檬黄，另外每年从废水中可回收 4 t 产品，产品的化学成分和所占比例为：铬酸铅（$PbCrO_4$）占 54.5%，硫酸铅（$PbSO_4$）占 37.5%，氢氧化铝［$Al(OH)_3$］占 8%。排放的主要污染物有六价铬及其化合物、铅及其化合物、氮氧化物。已知单位产品消耗的原料量为：铅（Pb）621 kg/t，重铬酸钠（$Na_2Cr_2O_7$）260 kg/t，硝酸（HNO_3）440 kg/t。则该厂全年六价铬的排放量为（　　）t。（已知各元素的原子量：Cr 为 52，Pb 为 207，Na 为 23，O 为 16）

A. 0.351　　　　B. 6.2　　　　C. 5.85　　　　D. 无法计算

41. 某企业年投入物料中的某污染物总量 9 000 t，进入回收产品中的某污染物总量为 2 000 t，经净化处理掉的某污染物总量为 500 t，生产过程中被分解、转化的某污染物总量为 100 t，某污染物的排放量为 5 000 t，则进入产品中的某污染物总量为（　　）t。

A. 14 000　　　　B. 5 400　　　　C. 6 400　　　　D. 1 400

42. 某生态环境主管部门对河段排污混合区长度及宽度有限制，根据区域总量分配方案，项目排污河段上游 COD 排放指标为 50 t/a，按混合区允许长度及宽度预测的项目 COD 排放量分别为 10 t/a 和 15 t/a，按排放标准计算的排放量为 8 t/a，则该项目允许 COD 排放量为（　　）t/a。

　　A. 8　　　　　　　　B. 10　　　　　　　　C. 15　　　　　　　　D. 50

43．某工程用新鲜水 4 000 m³/d，其中，生产工艺用新鲜水 3 200 m³/d，生活用新鲜水 260 m³/d，空压站用新鲜水 100 m³/d，自备电站用新鲜水 440 m³/d。项目循环水量 49 200 m³/d，该工程水重复利用率为（　　）。

　　A. 81.2%　　　　B. 92.5%　　　　C. C. 94%　　　　D. 98%

44．某工程生产工艺用新鲜水 1 600 m³/d，生活用新鲜水 130 m³/d，公用工程用新鲜水 270 m³/d。项目循环水 24 600 m³/d，则该工程水重复利用率为（　　）。

　　A. 91.5%　　　　B. 92.5%　　　　C. C. 92.9%　　　　D. 93.9%

45．某企业循环水系统用水量为 1 000 m³/h，新鲜水补水量为用水量的 5%。循环水系统排水量为 30 m³/h，循环水利用率为（　　）。

　　A. 95.0%　　　　B. 95.2%　　　　C. 97.0%　　　　D. 98.0%

46．某造纸厂日产凸版纸 3 000 t，吨纸耗水量 450 t，经工艺改革后，生产工艺中采用了逆流漂洗和白水回收重复利用，吨纸耗水降至 220 t。该厂每日的重复水利用率为（　　）。

　　A. 47.8%　　　　B. 95.6%　　　　C. 48.9%　　　　D. 51.1%

47．某污水处理厂产生的污泥原始含水率为 96%，欲将污泥量降为原来的 10%，应将污泥含水量降低到（　　）。

　　A. 40%　　　　　B. 50%　　　　　C. 60%　　　　　D. 70%

48．某企业给水系统示意图如下（单位：m³/d），该厂的用水重复利用率是（　　）。

　　A. 78.3%　　　　B. 80%　　　　　C. 50.5%　　　　D. 84%

49．某污水处理站采用"物化＋生化"处理工艺。已知废水进水 COD 浓度为 800 mg/L、出口 COD 浓度不高于 80 mg/L，如"物化"处理单元 COD 去除率是 60%，则"生化"处理单元 COD 去除效率至少应达到（　　）。

　　A. 70%　　　　　B. 75%　　　　　C. 80%　　　　　D. 83.3%

▲某建设项目水平衡图如下（单位：m³/d），请回答问题 50～53：

50. 项目的工艺水回用率为（　　　）。

A. 71.4%　　　　B. 75.9%　　　　C. 78.8%　　　　D. 81.5%

51. 项目的工业用水重复利用率为（　　　）。

A. 75.9%　　　　B. 78.8%　　　　C. 81.5%　　　　D. 83.9%

52. 项目的间接冷却水循环率为（　　　）。

A. 75.0%　　　　B. 78.8%　　　　C. 81.5%　　　　D. 83.9%

53. 项目的污水回用率为（　　　）。

A. 43.5%　　　　B. 46.0%　　　　C. 51.3%　　　　D. 65.8%

54. 某企业工业取水量为 10 000 m³/a，生产原料中带入的水量为 1 000 m³/a，污水回用量为 1 000 m³/a，排水量为 2 500 m³/a，漏水量为 100 m³/a，则该企业的工业用水重复率为（　　　）。

A. 8.0%　　　　B. 9.1%　　　　C. 10%　　　　D. 28.6%

55. 某项目对含 1%氯化钠的工艺水溶液进行除盐，已知除盐水的收率为 60%，浓母液含氯化钠为 2.4%，则稀溶液含氯化钠浓度为（　　　）。

A. 0.05%　　　　B. 0.07%　　　　C. 0.08%　　　　D. 0.12%

56. 某污水处理厂生化系统剩余污泥量为 150 m³/d，含水率为 99%，经浓缩后含水率降至 97%，浓缩后的污泥量为（　　　）m³/d。

A. 100　　　　B. 75　　　　C. 50　　　　D. 45

57. 某装置产生浓度 5%的氨水 1 000 t/a，经蒸氨塔回收浓度为 15%的浓氨水 300 t/a，蒸氨塔氨气排放约占氨总损耗的 40%，进入废水中的氨为（　　　）t/a。

A. 2　　　　B. 3　　　　C. 5　　　　D. 15

58. 某厂用水情况如下图所示，该厂的用水重复利用率是（   ）。

A. 32.2%   B. 57%   C. 67.4%   D. 63.3%

59. 某液氨管道出现 10 min 的液氨泄漏，其后果计算应采用的模式是（   ）。

A. 估算模式   B. 多烟团模式

C. 分段烟羽模式   D. 高斯烟羽模式

60. 某煤油输送管道设计能力为 12 t/h，运行温度为 25℃，管道完全破裂环境风险事故后果分析时，假定 5 min 内输煤油管道上下游阀门自动切断，则煤油泄漏事故的源强估算为（   ）t。

A. 60   B. 24   C. 12   D. 1

61. 下列关于建设项目废气排放口的说法，错误的是（   ）。

A. 主要排放口管控许可排放浓度和许可排放量

B. 一般排放口管控许可排放浓度

C. 特殊排放口暂不管控许可排放浓度和许可排放量

D. 特殊排放口管控许可排放浓度和许可排放量

62. 下列做法中，不属于清洁生产的是（   ）。

A. 火力发电厂燃煤发电前对煤进行脱硫处理

B. 燃烧炉中添加喷淋装置，采用炉内喷钙技术减少 SO_2 生成

C. 尾气处理阶段使用湿式电除尘技术，减少有机污染物排放到大气中

D. 活性污泥法处理时设置污泥回流工段减少污泥产生量

63. 山区小型引水式电站建设对生态环境产生的影响，主要来源于（   ）。

A. 土地淹没   B. 厂房占地   C. 移民安置   D. 河流减脱水

64. 施工期的工程措施对生态影响途径分析，主要包括施工人员施工活动、机械设备使用等使（   ）改变，使土地和水体生产能力及利用方向发生改变。

A．大气、地形地貌　　　　　　B．植被、地形地貌

C．植被、声环境　　　　　　　D．地形地貌

65．油气开采项目退役期工程分析应重点关注的是（　　）。

A．钻井工艺　　B．泥浆处理　　C．封井作业　　D．含油废水处理

66．在生态影响型项目环境影响评价中，不属于工程分析对象的是（　　）。

A．总投资

C．项目组成和建设地点　　　　B．施工组织设计

D．国民经济评价和财务评价

67．某管道项目中，下列管道的作业方式中对土地的影响最小的是（　　）。

A．大开挖方式　　　　　　　　B．悬架穿越方式

C．定向钻穿越方式　　　　　　D．隧道穿越方式

68．公路项目桥梁基础施工时，需关注的主要环境问题是（　　）。

A．施工废水对河流的影响　　　B．混凝土搅拌产生的噪声影响

C．河底爆破产生的振动影响　　D．底泥清淤弃渣对环境的影响

二、不定项选择题（每题的备选项中至少有一个符合题意）

1．污染影响型项目工程分析从环保角度要分析其（　　）。

A．技术经济先进性　　　　　　B．总图布置合理性

C．污染治理措施的可行性　　　D．项目实施的有效性

2．合成氨生产工艺流程及产污节点图中，可以表示出（　　）。

A．氨的无组织排放分布　　　　B．生产工艺废水排放位置

C．工业废气排放位置　　　　　D．固体废物排放位置

3．工程分析中应给出环境影响预测的污染源参数有（　　）。

A．产污节点　　　　　　　　　B．污染源坐标和源强

C．污染物年排放时间　　　　　D．污染物年排放总量

4．与拟建污染影响型项目环境影响程度有关的因素包括（　　）。

A．选址　　B．生产工艺　　C．生产规模　　D．原辅材料

5．对于污染影响型项目，一般从其厂区总平面布置图中可以获取的信息有（　　）。

A．采用的工艺流程　　　　　　B．建（构）筑物位置

C．主要环保设施位置　　　　　D．评价范围内的环境敏感目标位置

6．某项目总排水量大于新鲜水用量，增加的水量可能来源于（　　）。

A．物料带入水量　　　　　　　B．重复用水量

C．循环用水量　　　　　　　　D．反应生成水量

7．炼油企业产品升级改造项目环境影响评价中，清洁生产分析的指标有（　　）。

A．单位产品运行成本　　　　　　B．单位产品新用水量

C．汽油产品指标　　　　　　　　D．环境管理要求

8．关于建设项目碳排放量核算方法说法正确的是（　　　）。

A．温室气体（GHG）排放=活动数据（AD）×排放因子（EF），其中 AD 为导致温室气体排放的生产或消费活动的活动量，如每种化石燃料的消耗量、石灰石原料的消耗量、净购入的电量、净购入的蒸汽量等；EF 是与活动水平数据对应的系数，包括单位热值含碳量或元素碳含量、氧化率等

B．二氧化碳排放=（原料投入量×原料含碳量−产品产出量×产品含碳量−废物输出量×废物含碳量）×44/12

C．实测法

D．反推法

9．估算废气无组织排放源排放量的方法有（　　　）。

A．物料衡算法　　B．A-P 值法　　　C．类比法　　　D．反推法

10．采用类比法进行工程分析时，应充分注意分析对象与类比对象之间的相似性和可比性，具体应注意以下哪些方面？（　　　）。

A．环境特征的相似性　　　　　　　　B．投资渠道的相似性

C．工程一般特征的相似性　　　　　　D．污染物排放特征的相似性

11．技改或扩建项目在统计污染物排放量时，应算清新老污染源"三本账"，具体包括（　　　）。

A．技改或扩建项目污染物排放量　　　B．技改或扩建前污染物削减量

C．技改或扩建前污染物排放量　　　　D．技改或扩建完成后污染物排放量

12．对于新建项目污染物排放量的计算，应算清"两本账"，这"两本账"指（　　　）。

A．生产过程中的产污量　　　　　　　B．污染物最终排放量

C．实行污染物防治措施后的污染物削减量　　D．"以新带老"削减量

13．对于用装置流程图的方式说明生产过程的建设项目，同时应在工艺流程中标明污染物的（　　　）。

A．产生位置　　B．产生量　　　C．处理方式　　　　D．种类

14．下列污染物排放中，属于无组织排放的有（　　　）。

A．装置检修吹扫气经高架火炬排放　　B．高度 20 m 的厂房天窗排放

C．无排气筒排放　　　　　　　　　　D．高度大于 15 m 的排气筒排放

15．无组织排放源的源强确定方法有（　　　）。

A．反推法　　B．物料衡算法　　　C．类比法　　　D．产污系数法

16．石化企业的挥发性有机物无组织排放源有（　　　）。

A. 物料输送管道连接点　　　　　　B. 空气装置排气口

C. 含油污水处理场　　　　　　　　D. 油品装卸站

17. 环境影响评价中，在（　　）的情况下，需进行非正常工况分析。

A. 正常开车、停车　　　　　　　　B. 工艺设备达不到设计规定要求

C. 部分设备检修　　　　　　　　　D. 环保设施达不到设计规定要求

18. 污染型建设项目工程分析应包括的内容有物料平衡、水平衡、热平衡，以及（　　）。

A. 产品方案　　　　　　　　　　　B. 污染物种类

C. 污染物源强核算　　　　　　　　D. 事故的环境危害分析

19. 下列属于工程分析中污染源强核算内容的是（　　）。

A. 物料平衡与水平衡　　　　　　　B. 工艺流程及污染物产生环节

C. 无组织排放源强统计及分析　　　D. 非正常排放源强统计及分析

20. 工业建设项目对附近景观和文物的影响方式主要有（　　）。

A. 废气影响　　　B. 振动影响　　　C. 腐蚀影响　　　D. 游人污损

21. 属于废气污染源排放口统计的参数的是（　　）。

A. 排放口坐标　　B. 排放规律　　C. 污染物种类　　D. 排放口温度

22. 某技改项目拟依托原有公辅工程，其治理措施可行性分析应考虑的因素有（　　）。

A. 能力匹配性　　　　　　　　　　B. 工艺可行性

C. 经济合理性　　　　　　　　　　D. 与现行环保政策的相符性

23. 生态影响型项目工程分析应包括的内容有工程建设性质、工程投资及（　　）等。

A. 占地类型和面积　　　　　　　　B. 施工方案

C. 弃渣量　　　　　　　　　　　　D. 施工废水排放量

24. 某铁路项目山区路段附近有自然保护区，该保护区的主要保护对象对声音极为敏感。工程分析中应给出（　　）。

A. 弃渣场数量及位置　　　　　　　B. 保护对象的生活习性

C. 桥梁数量及位置　　　　　　　　D. 爆破工艺

25. 油气开发项目工程分析除运营期外，还应包括的时段有（　　）。

A. 勘察设计期　　B. 施工期　　　C. 试运营期　　　D. 退役期

26. 某石灰石矿山原矿区已开采完毕，将外延扩建新矿区，工程分析时应考虑（　　）。

A. 新矿区征用的土地量　　　　　　B. 原矿山的渣场

C. 新矿区办公楼的建筑面积　　　　D. 原矿山采矿机械设备

27. 生态影响型建设项目工程分析中，应纳入生态影响源项分析的有（　　）。
　　A. 取弃土场位置和土石方量　　　　B. 占地类型和面积
　　C. 移民安置方案　　　　　　　　　D. 生态恢复措施

28. 公路项目某桥梁拟跨越敏感水体，水环境影响评价的工程分析应考虑（　　）。
　　A. 施工方案　　B. 桥梁结构设计　　C. 事故风险　　D. 桥面径流

29. 高速公路建设项目工程分析中，勘察期应重点关注（　　）。
　　A. 项目与沿线自然保护区的位置关系　　B. 施工方式和施工时间
　　C. 与城镇规划的关系　　　　　　　　　D. 交通噪声的影响

30. 对高速公路弃土场进行工程分析时，应明确弃土场的（　　）。
　　A. 弃土数量　　B. 占地类型　　C. 弃土方式　　D. 生态恢复措施

31. 对煤矿采选项目进行工程分析时，生态影响应明确（　　）。
　　A. 土地占压　　B. 开采沉陷　　C. 地表挖损　　D. 工业场地占用

32. 下列属于水库建设项目工程分析内容的有（　　）。
　　A. 坝址方案比选　　B. 施工方式　　C. 水库淹没占地　　D. 鱼类调查计划

33. 高速公路建设项目运营期对生态环境的影响主要有（　　）。
　　A. 植被破坏　　B. 水土流失　　C. 动物迁徙通道阻隔　　D. 景观破坏

34. 具有日调节性能的水电站，运行期对坝址下游河道水生态产生的影响因素有（　　）。
　　A. 水量波动　　B. 水位涨落　　C. 水温分层　　D. 气候变化

35. 陆地油田开发过程中，钻井泥浆处置不当可能会造成（　　）。
　　A. 土壤污染　　B. 辐射污染　　C. 地表水污染　　D. 地下水污染

36. 隧道施工可能对生态环境产生影响的因素有（　　）。
　　A. 弃渣占地　　B. 施工涌水　　C. 施工粉尘　　D. 地下水疏干

参考答案

一、单项选择题

1. D　【解析】生产工艺流程图能反映产生水污染物的环节或节点。

2. C　【解析】根据《建设项目环境影响评价技术导则　总纲》7.2 原文，环境质量不达标的区域，应采取国内外先进可行的环境保护措施，结合区域限期达标规划及实施情况，分析建设项目实施对区域环境质量改善目标的贡献和影响。

3. A　【解析】环境影响评价工艺流程图有别于工程设计工艺流程图，环评关心的是工艺过程中产生污染物的具体部位，污染物的种类、数量；工艺流程图应包括涉及产生污染物的装置和工艺过程，不产生污染物的过程和装置可以简化，有化学反应发生的工序要列出主要化学反应式和副反应式，在总平面布置图上标出污染源的准确位置。

4．B

5．A　【解析】污染源源强核算方法包括实测法、物料衡算法、产污系数法、排污系数法、类比法、实验法等。"首次"说明属于新技术，无文献资料及类比数据。本题问的是有效性分析的基础数据，不能等建成后再实测。

6．A

7．A　【解析】物料流 Q 是一种概括性表达，可以设想为水、气、渣、原材料等的加工流程，是一种物质平衡体系。系统有下列平衡关系：

把全厂看作一个衡算系统，平衡关系为：$Q_1=Q_5+Q_8$

把 A 车间作为一个衡算系统，平衡关系为：$Q_1=Q_2+Q_3$

把 B 车间作为一个衡算系统，平衡关系为：$Q_2+Q_4=Q_5+Q_6$

把 C 车间作为一个衡算系统，平衡关系为：$Q_3+Q_6=Q_4+Q_8$

把 B、C 车间作为一个衡算系统，平衡关系为：$Q_2+Q_3=Q_5+Q_8$。注意：Q_4 和 Q_6 作为 B、C 两车间之间的交换不参与系统的衡算。循环量 Q_7 会互相消去。

8．B　9．D

10．C　【解析】工程分析中常用的物料衡算包括：①总物料衡算；②有毒有害物料衡算；③有毒有害元素物料核算。

11．C　【解析】技改扩建项目工程分析中，在统计污染物排放量时，应算清新老污染源"三本账"，即技改扩建前污染物排放量、技改扩建项目污染物排放量、技改扩建完成后（包括"以新带老"削减量）污染物排放量，其相互的关系可表示为：技改扩建前排放量−"以新带老"削减量＋技改扩建项目排放量＝技改扩建完成后排放量。

12．C　【解析】汽油罐有大小呼吸产生的废气无组织排放，这类废气主要污染物是非甲烷总烃。

13．A　【解析】常减压装置是常压蒸馏和减压蒸馏两个装置的总称，因为两个装置通常在一起，故称为常减压装置。常减压装置加热炉连续排放废气。

14．D　【解析】A、B 属于源头控制，C 项属于废物利用。

15．A　【解析】其他非正常工况排污是指工艺设备或环保设施达不到设计规定指标运行时的可控排污，因为这种排污不代表长期运行的排污水平，所以列入非正常排放评价中。此类异常排污分析都应重点说明其发生的原因、发生频率和处置措施。

16．C　【解析】非正常情况下污染物排放量优先采用实测法核定，其次采用物料核算法和产排污系数法。

17．C　【解析】对排污单位自行监测技术指南及排污许可证等未要求采用自动监测的污染因子，核算源强时优先采用自动监测数据，其次采用手工监测数据。

18．A　【解析】无组织排放是对应于有组织排放而言的，主要针对废气排放，表现为生产工艺过程中产生的污染物没有进入收集和排气系统，而通过厂房天窗排放或直接弥散到环境中。工程分析中将没有排气筒或排气筒高度低于 15 m 排放源定为无组织排放源。由于题中排气筒高度 30 m＞15 m，所以不属于无组织排放，故该企业 HCl 的无组织排放量为 7 200×0.8×（1−90%）=576 kg ≈ 0.58（t）。

19．D　【解析】空干基（空气干燥基）是将煤样放置与空气湿度平衡的状态，含有部分游离水，干燥基是除去水分后的基准，收到基是以收到的煤样状态为基准。根据干煤量不变，空干基煤用量 X 可用下式求得：X=1 104.1×（1−24%）/（1−14%）= 975.72（t/a），进入气相中的硫年排放量为：975.72×0.61%×10^3=5 951.9（kg/a）。

20．C　【解析】100×1%×（1−20%）×（1−80%）×2=0.32（t/h）。

21．A　【解析】废气年排放量 = 200×1.2 + 300×1.5 = 690（万 m^3）。

22．B　【解析】每小时进入除尘系统的烟尘量=12 000×2 200×10^{-6}=26.4（kg）

根据物料衡算：进入的烟尘量=收集的烟尘量+排放的烟尘量

所以：排放的烟尘量=26.4−22=4.4（kg）

由于不考虑除尘系统漏气影响，净化后的废气量等于入口量，则：

净化后的废气含尘浓度=（4.4×10^6）/12 000=366.67（mg/m^3）。

23．B　【解析】烟尘去除量 = 200×（1 200−200）×300×20×10^{-6} = 1 200 kg。

24．A　【解析】烟尘排放量 = 200×200×300×20×10^{-6} = 240 kg。

25．C　【解析】用物料衡算法计算二氧化硫排放量（二氧化硫源强公式[①]）。二氧化硫排放量 =（300×10^9×2×0.8×1.2%）/（300×20×3 600）= 266.7 mg/s。注意单位转换。

26．C　【解析】（2 000×1.5%×2 − 6×2）×（1−60%）=48×0.4=19.2。此题注意两点：一是计算二氧化硫量时没有乘 0.8，是因为题中已告之进入灰渣硫量，表示了硫不能完全转化为二氧化硫；二是本题要计算二氧化硫的排放量，灰渣硫量 6 kg/h 要乘以 2 才是二氧化硫量。

27．B　【解析】第一本账（改扩建前排放量）：200 t/a；第二本账（扩建项目最终排放量）：技改后增加部分为 240−200 = 40 t/a，处理效率为（240−80）/240×100%= 66.7%，技改新增部分排放量为 40×（1−66.7%）= 13.32 t/a；"以新带老"削减量为 200×66.7% = 133.4 t/a；第三本账（技改工程完成后排放量）：80 t/a。

---

① 此公式虽然在参考教材中没有列出，但在实务中经常用到。

注：此题因处理效率不是整数，算出来的结果与三本账的平衡公式有点出入。

28. D　【解析】SO_2 最大排放量=2 000×1.5%×2×80%=48 kg/h。注意如果题中给的单位是 t，注意单位换算。SO_2 最大排放浓度=（48×10⁶）/30 000 = 1 600 mg/m³。

29. B　【解析】锅炉 SO_2 的排放量=10 000 t/a×1%×2=200 t，（200–40）/200=0.8。此题要注意：SO_2 排放量的计算公式中不能少乘 2（2 是根据硫转化为 SO_2 的化学反应式得来的）。

30. B　【解析】外排废气中 NH_3 浓度=5 000×（1–95%）×（1–90%）=25 mg/m³。

31. B　【解析】考察处理效率计算方法。假设焚烧前烟气量为 V，则焚烧后烟气量为 $2V$；处理效率为（15 000V–90×2V）/15 000V=98.8%。

32. A　【解析】本项目 VOCs 处理工艺的总效率=95%×99%=94.05%，本题焚烧工艺处理的是经沸石转轮吸附的废气。

33. B　【解析】油品的体积=60/0.7=80 m³，装车非甲烷总烃的排出体积即为装入油品的体积，即排出量=80×9=720 g。

34. B　【解析】废气排放量=100×（1–90%）×（1–5%）=9.5 kg/h。

35. A　【解析】排放浓度=进水浓度×（1–去除率），故出水 COD 浓度=900×（1–90%）×（1–50%）=90 mg/L。

36. B　【解析】工业用水重复利用率=重复利用水量/（重复利用水量+取用新鲜水量），本题中重复利用水量为 25 000 m³/d，取用新鲜水量包括循环补水量和其他新鲜用水量，即 400+2 600=3 000 m³/d，水的重复利用率=25 000/（25 000+3 000）=89.3%。

37. B　【解析】本题需要注意单位的换算。COD 排放总量=（1 000×1 000+100×300）×300×10⁻⁶×（1–90%）×40%=12.36 t/a。

38. B　【解析】本题属化学原料的物料衡算。

首先要从分子式中算铬的换算值，铬的换算值=$\frac{52}{52+16×3}×100\%=52\%$。

据物料衡算和题中提供的信息，从废水流失的六价铬只有 50%，则全年随废水排放的铬=4×50%×52%=1.04（t）。

39. C　【解析】

（1）锌在原料中的质量分数=$\frac{65.4}{65.4+35.5×2}×100\%=\frac{65.4}{136.4}×100\%=47.95\%$。

（2）每吨原料所含有锌质量=1×10³×47.95%=479.5（kg/t）。

（3）进入废水中锌的质量=100×（1–98%–1.9%）×479.5=47.95（kg）。

（4）废水中总锌的质量浓度=（47.95×10⁶）/（15 000×10³）≈3.2（mg/L）。

40. C　【解析】本题比较复杂，这种题可能会放在案例中考试。

（1）产品（铬酸铅）中铬的质量分数 $= \dfrac{52}{207 + 52 + 16 \times 4} \times 100\%$

$$= \dfrac{52}{323} \times 100\% = 16.1\% \; ;$$

原料（重铬酸钠）中铬的质量分数 $= \dfrac{2 \times 52}{23 \times 2 + 52 \times 2 + 16 \times 7} \times 100\%$

$$= \dfrac{104}{262} \times 100\% = 39.69\% \; 。$$

（2）每吨产品所消耗的重铬酸钠原料中的六价铬质量 $=260 \times 39.69\% = 103.2$（kg/t）；

每吨产品中含有六价铬质量（铬酸铅占 54.5%）$=1\,000 \times 54.5\% \times 16.1\% = 87.7$（kg/t）。

（3）生产每吨产品六价铬的损失量 $=103.2 - 87.7 = 15.5$（kg/t）。

（4）全年六价铬的损失量 $=15.5 \times 400 = 6\,200$（kg）$=6.2$（t）。

（5）回收产品中六价铬的重量 $=4\,000 \times 54.5\% \times 16.1\% = 351$（kg）$=0.351$（t）。

（6）全年六价铬的实际排放量 $=6.2 - 0.351 = 5.849$（t）≈ 5.85（t）。

按照上述方法还可计算其他污染物的排放量。

41．D　【解析】利用公式 $\sum G_{排放} = \sum G_{投入} - \sum G_{回收} - \sum G_{处理} - \sum G_{转化} - \sum G_{产品}$ 变换可求得 $\sum G_{产品}$。

42．A　【解析】根据技术方法教材中工程分析的工作内容（污染源源强分析与核算），工程污染排放总量控制建议指标必须满足以下要求：①满足达标排放要求；②符合其他相关环保要求（如特殊控制的区域与河段）；③技术可行。故选 A。

43．B　【解析】因为该题问的是"该工程水重复利用率"，新鲜水应为 $4\,000\ \mathrm{m^3/d}$，而不是生产工艺用新鲜水 $3\,200\ \mathrm{m^3/d}$。$49\,200/（49\,200+4\,000）\times 100\% = 92.5\%$。

44．B　【解析】2008 年考题。

$$该工程水重复利用率 = \dfrac{24\,600}{24\,600 + 1\,600 + 130 + 270} \times 100\% = 92.5\%$$

45．A　【解析】水的重复利用率 = 重复利用水量/（重复利用水量 + 新鲜水用量），新鲜水用量为 $1\,000 \times 5\% = 50\ \mathrm{m^3/h}$，用水量 = 新鲜水量 + 重复利用水量 $= 1\,000\ \mathrm{m^3/h}$，故重复利用水量为 $950\ \mathrm{m^3/h}$，水的重复利用率为 $950/（50+950）\times 100\% = 95\%$。

46．D　【解析】此题是一个文字描述题，在实际中应用较广。工艺改革前的造纸日用新鲜水量为：$3\,000 \times 450 = 1\,350\,000$（t/d）；工艺改革后的日用新鲜水量为：$3\,000 \times 220 = 660\,000$（t/d）；该厂的重复用水量为：$1\,350\,000 - 660\,000 = 690\,000$（t/d）；

该厂的重复用水率为：（690 000/1 350 000）×100%=51.1%。当然，此题有很简捷的计算方法。

47. C 【解析】本题考察物料平衡法。污泥浓缩或脱水后，污泥量（含水）减少，但干污泥质量（即含固量）和体积不变。假设污泥含水量降低为 x，则（1−96%）=0.1（1−x），x=60%。

48. B 【解析】本题重复利用水量既有串级重复使用（2次），也有循环重复使用。重复利用水量为：（50+50+900）=1 000 m³/d，取用新水量为 250 m³/d。用水重复利用率=1 000/（1 000 + 250）×100%=80%。

从上述计算和实例中可知，重复用水量的实质是节约用水量。因为水被重复使用了，也就相当于节省了新鲜水的用量。

49. B 【解析】800×（1−60%）×（1−x）=80 mg/L，解得 x=75%，所以"生化"处理单元的去除率至少应达到75%。

50. A 【解析】2005 年考试出了这类题（8分，每空 2 分）[①]，考查水平衡与清洁生产有关指标的知识。注意：该图的画法与前面的图有些不同，有的环节不是串级重复用水，仅表示一个过程。根据工艺水回用率的公式：工艺水回用率=工艺水回用量/（工艺水回用量 + 工艺水取水量），工艺水回用量为（400+600）m³/d，工艺水取水量为（200+200）m³/d。

51. B 【解析】根据工业用水重复利用率的公式：工业用水重复利用率=重复利用水量/（重复利用水量 + 取用新水量），重复利用水量为（1 600+400+600）m³/d，取用新水量为（100+200+200+200）m³/d。

52. A 【解析】根据间接冷却水循环率的公式：间接冷却水循环率=间接冷却水循环量/（间接冷却水循环量 + 间接冷却水系统取水量），间接冷却水循环量为 600 m³/d，间接冷却水系统取水量为 200 m³/d。

53. B 【解析】根据污水回用率的公式：污水回用率=污水回用量/（污水回用量 + 直接排入环境的污水量），污水回用量为 400 m³/d，直接排入环境的污水量为（90 + 380）m³/d，冷却塔排放的为清净下水，不计入污水量。

54. B 【解析】水的重复利用率=重复利用水量/（重复利用水量+取用新鲜水量），其中重复利用水量=污水回用量；取用新鲜水量=工业取水量，故水的重复利用率为 1 000/（10 000+1 000）×100%=9.1%。

55. B 【解析】本题考察物料平衡。设氯化钠的工艺水为 a，稀溶液含氯化钠的浓度为 y。根据物料平衡原理可知：1%×a=y×60%×a+2.4%×a×（1−60%），y=0.07%。

56. D 【解析】污泥浓缩前后，固体成分不变。浓缩后污泥量=150×（1−99%）/

---

① 因仅凭编者回忆，数字不是原试题的数字。

（1−97%）=50 m³/d。

57. B 【解析】本题考察物料核算法，产生量=回收量+损耗量。废水中的氨=（1 000×5%−300×15%）×60%=3 t/a。

58. D 【解析】本题稍复杂，关键是要从图中找出新鲜水量和重复用水量。各车间的串级使用属于重复用水。计算公式和详细图解如下：

$$重复用水率 = \frac{600 + 570 + 300 + 270 + 330}{\underbrace{(1\,000 + 200)}_{新鲜水} + \underbrace{(600 + 570 + 300 + 270 + 330)}_{重复用水}} \times 100\%$$

$$= \frac{2\,070}{3\,270} \times 100\% = 63.3\%。$$

59. B

60. D 【解析】源强是指单位时间（1 h）内污染源排放污染物的质量，煤油泄漏事故的源强估算为12×5/60=1 t。

61. D 【解析】根据行业排污许可证管理的要求，建设项目废气排放口通常可划分为主要排放口、一般排放口和特殊排放口。主要排放口管控许可排放浓度和许可排放量，一般排放口管控许可排放浓度，特殊排放口暂不管控许可排放浓度和许可排放量。

62. C 【解析】清洁生产即由末端控制向生产全过程控制转变的重要措施。清洁生产强调预防污染物的产生，即从源头和生产过程防止污染物的产生。C选项属于尾气处理措施。

63. D 【解析】引水式电站主要通过引水发电、下游主要通过形成减脱水段，显著改变水文情势（水量减少、流速变缓等）影响水生生态环境。根据技术方法教材生态影响型项目工程分析中工程分析技术要点的相关内容，对于引水式电站，厂址间段会出现不同程度的脱水河段，其水生生态、用水设施和景观影响较大。

64. B 【解析】施工期的工程措施对生态影响途径分析，主要包括施工人员施工活动、机械设备使用等使植被、地形地貌改变，使土地和水体生产能力及利用方向发生改变，以及由于生态因子的变化使自然资源受到影响。

65. C 【解析】油气开采项目退役期主要关注封井作业。

66. D

67. B 【解析】悬架穿越方式对土地几乎没有影响。

68. D 【解析】施工期应注意主体工程行为带来的环境问题，如桥梁基础施工涉及底泥清淤弃渣等。

二、不定项选择题

1. ABC　【解析】污染影响型项目分析从项目建设性质、产品结构、生产规律、原料路线、工艺技术、设备选型、能源结构、技术经济指标、总图布置方案等基础资料入手，确定工程建设和运行过程中的产污环节、核算污染源强、计算排放总量。从环境保护角度分析技术的先进性、污染治理措施的可行性、总图布置的合理性、达标排放的可靠性。

2. BCD　【解析】在工艺流程及产污节点图中只能标出无组织排放的位置。

3. AB　【解析】工程分析专题是环境影响评价的基础，工程分析给出的产污节点、污染源坐标、源强、污染物排放方式和排放去向等技术参数是大气环境、水环境、土壤环境、噪声环境影响预测计算的依据。

4. ABCD　【解析】以污染影响为主的建设项目应明确项目组成、建设地点、原辅料、生产工艺、主要生产设施、产品（包括主产品和副产品）方案、平面布置、建设周期、总投资及环境保护投资等。

5. BC　【解析】厂区总平面布置图中能标明临近的环境敏感目标位置，教材中也要求总图布置要标识保护目标与建设项目的关系，但要把"评价范围内"的环境敏感目标位置在平面布置图中都标明，不符合实际，还需要用其他图件另外标明。

6. AD　【解析】重复用水量和循环用水量均属于项目内部多次使用水，不会使排水量大于新鲜水用量；物料带入水量和反应生成水量不属于新鲜水用量的范畴，它们会使项目总排水量大于新鲜水用量。

7. BCD　【解析】清洁生产分析指标分类包括生产工艺与装备要求、资源能源利用指标（包括物耗指标、能耗指标、新水用量指标）、产品指标、污染物产生指标、废物回收利用指标、环境管理要求。

8. ABC　【解析】建设项目碳排放量核算方法包括排放因子法、质量平衡法、实测法，不包括 D 选项。A 选项为排放因子法；B 选项为质量平衡法。

9. ACD　【解析】无组织排放的确定方法主要有：① 物料衡算法，通过全厂物料的投入产出分析，核算无组织排放量；② 类比法，与工艺相同、使用原料相似的同类工厂进行类比，在此基础上，核算本厂无组织排放量；③ 反推法，通过对同类工厂正常生产时无组织监控点进行现场监测，利用面源扩散模式反推，以此确定工厂无组织排放量。

10. ACD　11. ACD　12. AC　13. AD

14. BC　【解析】无组织排放是对应于有组织排放而言的，主要针对废气排放，表现为生产工艺过程中产生的污染物没有进入收集和排气系统，而通过厂房天窗排放或直接弥散到环境中。工程分析中将没有排气筒的排放定为无组织排放。

15. ABCD 【解析】无组织排放源确定方法主要有3种：①物料衡算法；②类比法；③反推法。产污系数法属于类比法。

16. ACD 【解析】无组织排放是对应于有组织排放而言的，主要针对废气排放，表现为生产工艺过程中产生的污染物没有进入收集和排气系统，而通过厂房天窗或直接弥散到环境中。B项，空气装置排气口属于有组织排放源。

17. ABCD 【解析】非正常工况包括正常开停车、设备检修、工艺设备或环保设施达不到设计规定指标，但不包括事故状态下停车。

18. ABC 【解析】根据《建设项目环境影响评价技术导则 总纲》（4.1建设项目概况），以污染影响为主的建设项目应明确项目组成、建设地点、原辅料、生产工艺、主要生产设备、产品（包括主产品和副产品）方案、平面布置、建设周期、总投资及环境保护投资等。产品方案属于工程概况内容，污染物种类属于工艺流程及产污环节，污染物源强核算属于工程分析内容。事故的环境危害分析属于风险评价的内容。

19. ACD 【解析】污染源源强分析与核算的内容包括：①污染源分布及污染物源强核算；②物料平衡与水平衡；③无组织排放源强统计及分析；④非正常排放源强统计及分析；⑤污染物排放总量建议指标。

20. AB 【解析】项目建设过程会产生废气、废水、噪声、振动等影响，对附近景观和文物产生废气、振动影响。

21. ABCD 【解析】废气污染源排放口参数包括排放口坐标、高度、温度、压力、流量、内径，污染物排放速率、状态、排放规律（连续排放、间断排放、排放频次），无组织排放源的位置及范围等。

22. ABCD 【解析】技术经济条件和国家相关法规政策符合性均要考虑。

23. ABCD 【解析】根据《建设项目环境影响评价技术导则 总纲》（4.1建设项目概况），以生态影响为主的建设项目应明确项目组成、建设特点、占地规模、总平面及现场布置、施工方式、施工时序、建设周期和运行方式、总投资及环境保护投资等。占地类型和面积大小为工程概况中的建设地点和规模的具体内容；工程的弃渣量为工程行为分析的内容；生态影响型项目也有污染影响，间接对生态环境产生影响，污染源分析要明确污染源的位置、属性、排放量等。

24. ACD 【解析】根据技术方法教材生态影响型项目工程分析（工程分析内容），工程行为分析时，应给出土地征用量、临时用地量、地表植被破坏面积、取土量、弃渣量、库区淹没面积和移民数量等。铁路项目弃渣场数量及位置属于工程行为分析的内容；保护对象的生活习性属于现状调查的内容；桥梁数量及位置属于施工方案的内容；保护对象对声音极为敏感，爆破会产生噪声影响，需进行工程分析。

25. ABD　【解析】根据技术方法教材生态影响型项目工程分析（工程分析技术要点），油气开发项目工程分析涉及勘察设计期、施工期、运营期和退役期四个时段。

26. ABCD　【解析】根据技术方法教材生态影响型项目工程分析（影响源识别），工程分析时，应明确给出土地征用量、临时用地量、地表植被破坏面积、取土量、弃渣量、库区淹没面积和移民数量等。污染源分析时，原则上按污染型建设项目要求进行，从废水、废气、固体废物、噪声与振动、电磁等方面分别考虑，明确污染源位置、属性、产生量、处理处置和最终排放量。对于改扩建项目，还应分析原有工程存在的环保问题，识别原有工程影响源和源强。

27. ABC　【解析】A、B、C 3 个选项均涉及生态影响。至于 D 选项，它是生态保护措施，不应属于生态影响源。

28. ABCD　【解析】公路以桥梁形式跨越敏感水体对水环境的影响是需要特别关注的。不同的施工方案对水环境的影响是不同的，如水中墩施工时是否设置围堰或设置什么形式的围堰；桥梁结构设计也是要考虑的，如是否设置防撞栏，是否设置导排水设施（这与桥面径流有关）等。对水环境有影响的运输危险品事故风险也要考虑。

29. AC　【解析】根据技术方法教材生态影响型项目工程分析（工程分析技术要点），公路项目工程分析应涉及勘察设计期、施工期和运营期，以施工期和运营期为主。勘察设计期工程分析的重点是选址选线和移民安置，详细说明工程与各类保护区、区域路网规划、各类建设规划和环境敏感区的相对位置关系及可能存在的影响。

30. ABCD

31. ABC　【解析】根据《环境影响评价技术导则　煤炭采选工程》6.1.2.3 环境影响因素分析的主要内容 a）生态影响因素分析：简述建设期、运行期主要生态影响因素，主要包括土地占压、开采沉陷与地表挖损。

32. ABC　【解析】D 属于现状调查与评价阶段的工作。

33. CD　【解析】公路项目运营期主要考虑交通噪声、管理服务区"三废"、线性工程阻隔和景观等方面的影响。

34. AB　【解析】对于日调节水电站，下泄流量、下游河段河水流速和水位在日内变化较大，对下游河道的航运和用水设施影响明显。

35. ACD　【解析】钻井泥浆处置不当可能会流入地表水体对地表水造成污染；渗入土壤进入地下水，对土壤和地下水造成污染。

36. ABD　【解析】隧道工程除弃渣外，还可能对隧道区域的地下水和坡面植被产生影响；若有施工爆破则会产生噪声、振动等影响，甚至会引发局部地质灾害。

第二章　环境现状调查与评价

一、单项选择题（每题的备选选项中，只有一个最符合题意）

1. 现状调查中，在进行环境保护目标调查时，应调查评价范围内的环境功能区划和（　　）。

　　A. 主要的环境敏感区　　B. 地理位置　　C. 地表水　　　　D. 保护对象

2. 不属于大气二级评价项目现状调查内容的是（　　）。

　　A. 调查评价范围内有环境质量标准的评价因子的环境质量监测数据

　　B. 调查项目所在区域环境质量达标情况

　　C. 计算环境空气保护目标和网格点的环境质量现状浓度

　　D. 对评价范围内有环境质量标准的评价因子进行补充监测

3. 某项目评价范围涉及自然保护区，其基本污染物数据来源说法正确的是（　　）。

　　A. 各污染物环境质量现状浓度可取符合 HJ 664 规定，并且与评价范围地理位置邻近，地形、气候条件相似的环境空气质量城市点或背景点监测数据

　　B. 各污染物环境质量现状浓度可取符合 HJ 664 规定，并且与评价范围地理位置邻近，地形、气候条件相似的环境空气质量区域点或背景点监测数据

　　C. 各污染物环境质量现状浓度可取符合 HJ 664 规定，并且与评价范围地理位置邻近，地形、气候条件相似的环境空气质量区域点或城市点监测数据

　　D. 对一类区基本污染物进行至少 7 天的补充监测

4. 国家或地方生态环境主管部门公开发布的城市环境空气质量数据中包含的基本污染物为（　　）。

　　A. SO_2　　　　B. Pb　　　　C. TSP　　　　D. NO_x

5. 区域空气质量现状评价不包括（　　）。

　　A. 年评价指标　　　　　　　　B. 现状浓度范围

　　C. 标准值　　　　　　　　　　D. 占标率及达标情况

6. 关于年评价指标相关说法，不正确的有（　　）。

　　A. SO_2 年平均、24 h 平均第 98 百分位数浓度

　　B. $PM_{2.5}$ 年平均、24 h 平均第 98 百分位数浓度

C. CO 24 h 平均第 95 百分位数

D. O$_3$ 日最大 8 h 滑动平均值的第 90 百分位数

7. 炼钢项目环境空气现状监测点共测得 CO 小时平均浓度数据 28 个,其中无效数据 4 个,超标数据 12 个,未检出 1 个,则 CO 小时平均浓度的超标率是(   )。

A. 42.5%   B. 46.2%   C. 50.0%   D. 54.5%

8. 铅酸蓄电池项目环境影响评价,环境空气现状监测的特征因子是(   )。

A. 二氧化硫   B. 镍尘   C. 氟化物   D. 铅尘

9. 对于 TSP,不宜在(   )进行现状监测。

A. 重污染季节   B. 秋冬季

C. 春夏季   D. 大气扩散条件差的季节

10. 某项目拟建环境空气质量二类区(SO$_2$ 24 h 平均浓度限值为 150 μg/m^3,1 h 平均浓度限值为 500 μg/m^3)。补充监测站的 SO$_2$ 1 h 浓度为 620 μg/m^3。该站位 SO$_2$ 1 h 浓度的超标倍数是(   )。

A. 0.24   B. 1.24   C. 2.3   D. 3.1

11. 污染源监测数据应采用(   )工况下的监测数据。

A. 75%   B. 75% 或 75% 以上

C. 满负荷   D. 满负荷或者换算至满负荷

12. 大气环境补充监测应至少取得(   )天的有效数据。

A. 1   B. 3   C. 5   D. 7

13. 某一级评价项目,补充监测布点以 20 年统计的当地主导风向为轴向,在厂址及主导风向下风向(   )km 范围内设置 1~2 个监测点。

A. 2.5   B. 3   C. 5   D. 10

14. 若进行一年 SO$_2$ 的环境质量监测,每天测 12 h,每小时采样时间 45 min 以上,每月测 12 天。在环境影响评价中这些资料可用于统计分析 SO$_2$ 的(   )。

A. 1 h 平均浓度   B. 日平均浓度

C. 季平均浓度   D. 年平均浓度

15. 某项目环境空气现状需要补充监测下列污染物现状质量数据,为获得其日均浓度数据有效性,采样时间需要每日 24 h 的为(   )。

A. SO$_2$ B. NO$_2$ C. CO   D. TSP

16. 某地区公布了该地区全年 365 天每日基本污染物的 24 h 的浓度数据,则关于该地区 SO$_2$ 的 24 h 平均第 98 百分位数浓度说法正确的是(   )。

A. 为序号第 357 位对应的日均值浓度

B. 为序号第 358 位对应的日均值年浓度

C. 为序号第 356 位和第 357 位对应的日均值浓度两者之间的插值

D. 为序号第 357 位和第 358 位对应的日均值浓度两者之间的插值

17. 某化工项目评价范围内涉及大气环境一类区，对氮氧化物和 TSP 进行补充监测，监测时温度为 10℃，大气压为标准大气压，实测得到的小时浓度分别为 157 μg/m³ 和 98 μg/m³，为判断小时浓度是否达标而转换后的对标浓度分别为（　　）μg/m³。

　　A. 149、98　　　　B. 157、98　　　　C. 149、93　　　　D. 157、93

18. 某地区环境空气现状监测中，测得 NO_2 小时地面浓度最大值为 0.28 mg/m³，执行环境质量二级标准（0.24 mg/m³），其超标倍数为（　　）。

　　A. 2.33　　　　　B. 1.33　　　　　C. 1.17　　　　　D. 0.17

19. 关于可吸入颗粒物 PM_{10} 年平均浓度环境空气现状监测数据统计有效性规定的说法，正确的是（　　）。

　　A. 每年至少有分布均匀的 60 个日平均浓度值

　　B. 每年至少有分布均匀的 30 个日平均浓度值

　　C. 每年至少有分布均匀的 324 个日平均浓度值

　　D. 每年至少有分布均匀的 90 个日平均浓度值

20. 下列污染物按照 GB/T 8170 中规则对其环境现状监测数据进行修约，统计结果正确的是（　　）。

　　A. TSP：1.25 μg/m³　　　　　　　B. CO：1.25 mg/m³

　　C. Pb：0.125 μg/m³　　　　　　　D. 苯并[a]芘：0.012 5 μg/m³

21. 达标区判定时，若评价项目范围涉及多个行政区，判定原则正确的是（　　）。

　　A. 分别评价各行政区的达标情况，若存在不达标行政区，则判定项目所在评价区域为不达标区

　　B. 评价距项目所在的行政区，若为不达标区，则判定项目所在评价区域为不达标区

　　C. 评价与项目地理位置接近，地形、气候条件相近的行政区，若为不达标区，则判定项目所在评价区域为不达标区

　　D. 根据补充监测数据判定，若不达标，则判定项目所在评价区域为不达标区

22. 作为项目所在区域达标判定的环境质量现状数据，应优先采用（　　）。

　　A. 符合规定，并且与评价范围地理位置接近，地形、气候条件相近的环境空气质量区域点

　　B. 国家或地方生态环境主管部门公开发布的评价基准年环境质量公告中的数据

　　C. 近 3 年与项目排放的污染物有关的历史监测资料

　　D. 厂址及主导风向下风向 5 km 范围内设置 1~2 个监测点，监测其一次空气质量浓度

23．关于各污染物的环境质量现状评价，下列说法错误的是（　　　）。

A．对于超标的污染物，计算其超标倍数和超标率

B．长期监测数据的现状评价内容，对各污染物的年评价指标进行环境质量现状评价

C．补充监测数据的现状评价内容，分别对各监测点位不同污染物的短期浓度进行环境质量现状评价

D．分析大气污染物浓度的日变化规律以及大气污染物浓度与地面风向、风速等气象因素及污染源排放的关系

24．关于环境空气保护目标环境质量现状浓度的说法，下列说法正确的是（　　　）。

A．对采用多个长期监测点位数据进行现状评价的，取各污染物相同时刻各监测点位的浓度平均值作为评价范围内环境空气保护目标的现状浓度

B．对采用多个长期监测点位数据进行现状评价的，取各污染物相同时刻各监测点位的浓度最大值作为评价范围内环境空气保护目标的现状浓度

C．对采用补充监测数据进行现状评价的，取各污染物相同时刻各监测点位的浓度平均值作为评价范围内环境空气保护目标的现状浓度

D．对采用补充监测数据进行现状评价的，取各污染物不同评价时段监测浓度的平均值作为评价范围内环境空气保护目标的现状浓度

25．关于环境空气质量现状中污染物现状的说法，不正确的有（　　　）。

A．空气质量达标区判定包括各年评价指标、现状浓度、标准、占比率及达标情况等

B．基本污染物环境质量现状包括监测点位、污染物、年评价指标、评价标准、现状浓度、最大浓度占标率、超标频率及达标情况等

C．其他污染物环境质量现状包括监测点位、污染物、平均时间、评价标准、监测浓度范围、最大浓度占标率、超标频率及达标情况等

D．基本污染物环境质量现状包括监测点位、污染物、平均时间、评价标准、现状浓度、最大浓度占标率、超标频率及达标情况等

26．大气环境影响评价时，下列哪项作为评价基准年（　　　）。

A．近5年中数据相对完整的3个日历年作为评价基准年

B．近5年中数据相对完整的3个自然年作为评价基准年

C．近3年中数据相对完整的1个日历年作为评价基准年

D．近3年中数据相对完整的1个自然年作为评价基准年

27．某新建项目排放的污染物含其他污染物，环境空气质量现状采用的数据来源优先采用顺序为（　　　）。

A．近年与项目排放的其他污染物有关的历史监测资料、质量监测网中评价基准

年连续 1 年的监测数据、补充监测

    B. 质量监测网中评价基准年连续 1 年的监测数据、近 3 年与项目排放的其他污染物有关的历史监测资料、补充监测

    C. 质量监测网中评价基准年连续 1 年的监测数据、近 1 年与项目排放的其他污染物有关的历史监测资料、补充监测

    D. 质量监测网中评价基准年连续 3 年的监测数据、近 1 年与项目排放的其他污染物有关的历史监测资料、补充监测

28. 某建设项目排放甲大气污染物，现有工程运行时，对敏感点处的贡献值为 $3\ mg/m^3$，现有工程不运行时，敏感点处的现状监测值是 $17\ mg/m^3$。新建化工项目甲大气污染物在敏感点处的增量是 $7\ mg/m^3$，评价范围内有一处在建的热电厂，预测甲大气污染物对敏感点处的贡献值是 $8\ mg/m^3$，热电机组替代区域内的供暖污染源，甲大气污染物在敏感点处的贡献值是 $3\ mg/m^3$，该建设项目进行技改，技改后甲大气污染物在敏感点处的增量是 $7\ mg/m^3$，则技改项目建成后甲大气污染物在敏感点处的大气环境质量为（　　　）mg/m^3。

    A. 32　　　　　　B. 39　　　　　　C. 42　　　　　　D. 31

29. 对于编制报告书的工业项目的一级评价项目，污染源调查时不包括（　　　）项目。

    A. 评价范围内与评价项目排放污染物有关的其他在建项目污染源

    B. 受本项目物料及产品运输影响新增的交通运输移动源

    C. 本项目污染源

    D. 评价范围内与评价项目排放污染物有关的其他正常运行的已建项目

30. 对于编制报告书的工业项目，分析调查受本项目物料及产品运输影响的交通运输移动源，不包括的项目为（　　　）。

    A. 运输方式　　　　　　　　　　B. 新增交通流量

    C. 排放污染物及排放量　　　　　D. 车辆年限

31. 对于城市快速路、主干路等城市道路的新建项目，需调查的污染源内容有（　　　）。

    A. 交通流量及污染物排放量　　　B. 车辆类型

    C. 最大车速　　　　　　　　　　D. 道路周边敏感点分布情况

32. 某改建项目现状工程的污染源调查时，下列数据中优先采用的是（　　　）。

    A. 项目监督性监测数据　　　　　B. 在线监测数据

    C. 年度排污许可执行报告　　　　D. 自主验收报告

33. 关于项目大气污染源调查内容的说法，说法不正确的是（　　　）。

    A. 一级评价项目调查本项目不同排放方案有组织及无组织排放源，对于改扩

建项目，还应调查本项目现有污染源

B．一级评价项目调查评价范围内在建项目、拟建项目等污染源

C．二级评价项目调查本项目现有及新增污染源和拟被替代的污染源

D．三级评级项目调查本项目新增污染源和拟被替代的污染源

34．区域现状污染源排放清单数据应采用（   ）。

A．近 3 年内相关污染源监测数据

B．近 3 年内国家或地方生态环境主管部门发布的包含人为源和天然源在内的所有区域污染源清单数据

C．近 5 年内国家或地方生态环境主管部门发布的包含人为源和天然源在内的所有区域污染源清单数据

D．近 3 年未发布污染源清单之前，可参照污染源签单编制指南自行建立区域污染源清单，并对污染源清单准确性进行验证分析。

35．某编制环境影响报告表的新建项目，大气环境影响评价等级为一级，无需进行调查分析的大气污染源是（   ）。

A．本项目污染源

B．拟被替代的污染源

C．受本项目物料及产品运输影响新增的交通运输移动源

D．评价范围内与评价项目排放污染物有关的其他在建、已批复环评的拟建项目

36．关于环境空气质量监测点布设要求，说法不正确的有（   ）。

A．环境空气质量评价城市点，位于各城市的建成区内，并相对均匀分布，覆盖全部建成区

B．环境空气质量评价区域点和背景点应远离城市建成区和主要污染源，区域点原则上应离开城市建成区和主要污染源 10 km 以上，背景点原则上应离开城市建成区和主要污染源 20 km 以上

C．背景点设置在不受人为活动影响的清洁地区

D．区域点和背景点的海拔高度应合适。在山区应位于局部高点，避免受到局地空气污染物的干扰和近地面逆温层等局地气象条件的影响；在平缓地区应保持在开阔地点的相对高低，避免空气沉积的凹地

37．大气污染源调查中，不应列入点源调查清单的是（   ）。

A．点源坐标   B．排气筒出口内径

C．排放工况   D．环境温度

38．关于 TSP、颗粒物中重金属、苯并[a]芘、氟化物等污染物的样品采集，说法不正确的是（   ）。

A. 采样期间如遇特殊天气，如扬沙、沙尘暴天气或重度及以上污染过程时应及时清洗。采样时长超过 7 d 时，也需定期清洗

B. 样品采集后，立即装盒（袋）密封，尽快运至实验室分析，并做好交接记录

C. 样品运输过程中，应避免剧烈振动。对于需平放的滤膜，保持滤膜采集面向下

D. 样品到达实验室应及时分析，尽快分析。如不能及时称重及分析，应将样品放在 4℃以下冷藏保存，并在监测方法标准要求的时间内完成称重和分析

39. 2008 年，某企业 15 m 高排气筒颗粒物最高允许排放速率为 3.50 kg/h，受条件所限排气筒高度仅达到 7.5 m，则颗粒物最高允许排放速率为（　　）kg/h。

A. 3.50　　　　　B. 1.75　　　　　C. 0.88　　　　　D. 0.44

40. 按《大气污染物综合排放标准》规定，某企业 100 m 高排气筒 SO_2 最高允许排放速率为 170 kg/h，但是，在距该企业 100 m 处有一栋建筑物有 105 m，则该企业 SO_2 最高允许排放速率为（　　）kg/h。

A. 170　　　　　B. 340　　　　　C. 85　　　　　D. 200

41. 按规定，某企业 100 m 高排气筒 SO_2 最高允许排放速率为 170 kg/h，90 m 高排气筒 SO_2 最高允许排放速率为 130 kg/h。该企业排气筒实建 95 m，则该企业 SO_2 最高允许排放速率为（　　）kg/h。

A. 130　　　　　B. 170　　　　　C. 150　　　　　D. 165

42. 某拟建项目排放 SO_2 700 t/a，NO_2 1 000 t/a，烟粉尘 200 t/a，挥发性有机物（VOCs）30 t/a。该项目所在城市当年环境空气质量如下表所示。为满足项目的环境可行性，区域削减量最少的方案是（　　）。

污染物	SO_2	NO_2	PM_{10}	$PM_{2.5}$
年平均浓度/（μg/m³）	50	45	70	30
年平均浓度标准/（μg/m³）	60	40	75	35

A. SO_2 不削减，NO_2 削减 2 000 t/a，烟粉尘不削减，VOCs 不削减

B. SO_2 削减 700 t/a，NO_2 削减 1 000 t/a，烟粉尘削减 200 t/a，VOCs 削减 300 t/a

C. SO_2 削减 700 t/a，NO_2 削减 2 000 t/a，烟粉尘削减 200 t/a，VOCs 削减 300 t/a

D. SO_2 削减 1 400 t/a，NO_2 削减 2 000 t/a，烟粉尘削减 200 t/a，VOCs 削减 600 t/a

43. 某市建成区南北长 10 km，东西宽 10 km。某日 AQI 指数为 101，环境空气质量为轻度污染水平，当天平均混合层高度为 200 m，风向为北风，平均风速为 3 m/s。预计第二天平均混合层高度为 600 m，风向仍为北风，平均风速下降到 2 m/s，在污染源排放不变的情况下，第二天环境空气质量预计是（　　）。

A. 重度污染　　　　　　　　　B. 中度污染

C. 维持轻度污染　　　　　　　D. 空气质量好转

44. 影响大气扩散能力的主要动力因子是（　　）。

A．风和大气稳定度　　　　　　　　　B．温度层结和大气稳定度

C．风和湍流　　　　　　　　　　　　D．温度层结和湍流

45．下列关于山谷风的说法，错误的是（　　）。

A．山谷风是发生在山区的山风和谷风的总称

B．白天风从山谷近地面吹向山坡，晚上风从山坡近地面吹向山谷

C．晚上风从山谷近地面吹向山坡，白天风从山坡近地面吹向山谷

D．山谷风是由于山坡和山谷受热不均而产生的

46．下列关于城市热岛环流的说法，正确的是（　　）。

A．城市热岛环流是由于城乡湿度差异形成的局地风

B．近地面，风从郊区吹向城市，高空则相反

C．白天风从城市近地面吹向郊区，晚上风从郊区近地面吹向城市

D．市区的污染物通过近地面吹向郊区

47．在风玫瑰图中出现 C=34%，其表达的意思是（　　）。

A．主导风频率为34%　　　　　　　　B．静风频率为34%

C．小风频率为34%　　　　　　　　　D．静风联合频率为34%

48．某城市 E 和 ESE 风向出现的频率分别为20%和18%，静风频率为45%，新建热电厂选址方案正确的是（　　）。

A．选址在城市的东面　　　　　　　　B．选址在城市的东南偏东面

C．选址在城市的西面　　　　　　　　D．选址在城市的东南面

49．企业位于狭长的山谷中，夜间有连续的低矮污染源排放，则日出后，夜间聚集在逆温层中的污染物会向（　　）扩散。

A．高空　　　B．沿着山谷的上风向　　　C．地面　　　D．沿着山谷的下风向

50．下列关于海陆风的说法，错误的是（　　）。

A．海陆风是由于海陆热量反应差异造成的　　B．白天下层气流由海洋吹向陆地

C．夜间上层气流由海洋吹向陆地　　　　　　D．夜间下层气流由海洋吹向陆地

51．AERMOD 模型气象数据选取时，离地高度3 000 m 以内的有效数据层数应不少于（　　）层。

A．5　　　　　　B．15　　　　　　C．10　　　　　　D．20

52．估算模型的地表参数根据模型特点取项目周边（　　）km 范围内占地面积最大的土地利用类型来确定。

A．1　　　　　　B．5　　　　　　C．10　　　　　　D．3

53．AERMOD 所需的区域湿度条件划分可根据（　　）进行选择。

A．地面气象资料　　　　　　　　　　B．中国干湿地区划

C. 高空气象资料　　　　　　　　D. 生态环境部门公布的数据

54. 以下选项中，（　　　）不属于环境空气质量现状监测点位图中所包含的内容。

A. 环境保护目标　　　　　　　　B. 国家监测站点

C. 基础底图　　　　　　　　　　D. 现状补充监测点

55. 关于水文要素影响型建设项目水资源与开发利用状况调查有关说法，错误的有（　　　）。

A. 应开展建设项目所在流域、区域的水资源与开发利用状况调查

B. 水资源现状调查包括水资源总量、水资源可利用量、水资源时空分布特征、人类活动对资源的影响等

C. 主要涉水工程调查包括主要开发任务、开发方式、运行调度及其对水文情势、水环境的影响

D. 水资源利用状况调查包括各类用水现状与规划，各类用水的供需关系、水质要求和渔业、水产养殖业等所需的水面面积

56. 关于水环境质量现状调查的有关说法，错误的有（　　　）。

A. 应根据不同评价等级对应的评价时期要求开展水环境质量现状调查

B. 因优先采用国务院生态环境主管部门统一发布的水环境状况信息

C. 当现有资料不能满足要求时，应按照不同评价等级对应的评价时期开展现状监测

D. 水污染影响型建设项目一、二级评价时，应调查收纳水体近5年的水环境质量数据，分析其变化趋势

57. 对于水污染影响型建设项目的现状调查，与水质调查同步进行的水文测量，原则上可只在（　　　）进行。

A. 两个时期内　　B. 平水期　　　　C. 丰水期　　　　D. 一个时期内

58. 关于建设项目地表水环境区域污染源调查的要求，说法不正确的有（　　　）。

A. 一级评价以收集利用排污许可登记数据、环评及环保验收数据及既有实测数据为主，并辅以现场调查及现场监测

B. 二级评价主要收集利用排污许可证数据、环评及环保验收数据及基础实测数据，必要时补充现场监测

C. 水污染影响型三级A评价与水文要素影响型三级评级，主要收集利用与建设项目排放口的空间位置和所排污染物的性质关系密切的污染源资料，必要时进行现场调查及现场监测

D. 水污染影响型三级B评价，可不开展区域污染源调查，主要调查依托污水处理设施的可行性

59．某新建项目生产民用建材，厂地附近有分散式畜禽养殖，进行地表水面污染源调查时不包括（　　）。

A．畜禽养殖种类　　　　　　　　　B．主要污染物浓度
C．排放口平面位置　　　　　　　　D．养殖方式

60．关于河流环境现状调查补充监测的有关说法，不正确的有（　　）。

A．对于河流，每个水期可监测一次，每次同步连续取样 3～4 d，每个水质取样点每天至少取一组水样，在水质变化较大时，每间隔一定时间取样一次。水温观测频次，每间隔 6 h 观测一次水温，统计计算日平均水温

B．对于湖库，每个水期可监测一次，每次同步连续取样 3～4 d，每个水质取样点每天至少取一组水样，在水质变化较大时，每间隔一定时间取样一次。溶解氧和水温监测频次，每间隔 6 h 取样监测一次，在调查取样期内适当监测藻类

C．对于近岸海域，一个水期宜在半个太阴月内的大潮期或小潮期分别采样，明确所采样品所处潮期；对所有选取的水质监测因子，在同一潮次取样

D．对于入海河口，上游水质取样频次参照感潮河段相关要求执行，下游水质取样频次参照近岸海域相关要求执行

61．关于地表水环境现状调查补充监测有关技术要求，说法不正确的有（　　）。

A．监测断面布设应避开死水区、回水区、排污口处，尽量设置在顺直河段上，选择河床稳定、水流平稳、水面宽阔、无急流或浅滩且方便采样处

B．潮汐河流或受盐度影响的地表水，若中下层水样的盐度大于 2‰，可只采集表层水样，但应记录中下层水样的盐度值

C．采样时不可搅动水底的沉积物。除标准分析方法有特殊要求的监测项目外，采集的水样倒入静置容器中，保证足够用量，自然静置 30 min

D．使用虹吸装置取上层不含沉降性固体的水样，移入样品瓶，虹吸装置进入尖嘴应保持插至水样表层 30 mm 以下位置

62．对于大中型湖泊、水库，建设项目污水排放量为 30 000 m³/d，一级评价时，每（　　）km² 布设一个取样位置。

A．1～2.5　　　　B．1～2　　　　C．0.5～1.5　　　　D．0.5～2.5

63．湖库现状调查补充监测时，其溶解氧每天监测次数为（　　）。

A．2　　　　B．4　　　　C．6　　　　D．12

64．某水污染影响型建设项目排入水库，下列关于其地表水环境补充监测频次最低要求说法正确的是（　　）。

A．监测一次，每次同步连续调查取样 3～4 天
B．监测两次，每次同步连续调查取样 2～4 天

C. 监测一次，每次同步连续调查取样 2～4 天

D. 监测两次，每次同步连续调查取样 3～4 天

65. 河流现状调查补充监测时，其水温应每天监测的次数为（   ）次。

A. 1   B. 2   C. 4   D. 6

66. 水污染影响型建设项目，当受纳水体为湖库时，以排放口为圆心，调查半径在评价范围基础上外延（   ）。

A. 10%～20%   B. 15%～20%   C. 20%～50%   D. 30%～50%

67. 关于内源污染底泥物理指标的说法，不正确的有（   ）

A. 质地   B. 力学性质

C. 与本项目排放污染物相关的因子   D. 粒径

68. 某化工项目，进行地表水环境影响评价等级时，应统计（   ）的排放量。

A. 污染物满足排放要求的锅炉废水   B. 含热量大的冷却水

C. 循环水   D. 间接冷却水

69. 径流要素影响型建设项目评价等级划分时选用的指标是（   ）。

A. 兴利库容与年径流量百分比   B. 年径流量与总库容百分比

C. 过水断面宽度占用比例   D. 工程扰动水底面积

70. 某河流溶解氧标准限值为 5 mg/L，饱和溶解氧为 10 mg/L，河流的实测溶解氧为 12 mg/L，则 DO 的标准指数为（   ）。

A. 2.4   B. −11.6   C. 1.2   D. 0.4

71. 北方某流域拟建引水式电站，坝址处多年平均枯水期月平均流量为 20 m³/s，坝址至厂房间河段工业取水量为 2 m³/s，农业取水量为 1.5 m³/s。为保障坝址下游河道生态用水，该电站下泄的水量最小应为（   ）m³/s。

A. 2.0   B. 3.5   C. 5.5   D. 6.5

72. 某河流监控断面年内共有 6 次监测数据，其 COD 标准限值分别为 0.8、0.9、1.2、1.0、1.5、2.1，该河流断面的 COD 监测数据的超标率是（   ）。

A. 33%   B. 50%   C. 67%   D. 83%

73. 关于底泥污染状况评价方法，推荐采用（   ）。

A. 算术平均法   B. 幂指数法

C. 加权平均法   D. 单项污染指数法

74. 气温为 23℃时，某河段溶解氧浓度为 4.5 mg/L，已知该河段属于Ⅱ类水体，如采用单项指数法评价，其指数为（   ）。（根据 GB 3838—2002，Ⅱ类水体溶解氧标准为≥6 mg/L）

A. 0.75   B. 1.33   C. 1.58   D. 3.25

75. 某河流实测 pH 统计代表值为 6.3，则河流 pH 的标准指数为（   ）。

A. 0.7　　　　　　B. 0.3　　　　　　C. 0.4　　　　　　D. 0.6

76. 某监测点 COD 标准指数为 2.3，表示该点位 COD（　　）。

A. 超标 2.3 倍　　B. 超标 1.3 倍　　C. 超标 0.3 倍　　D. 超标 3.3 倍

77. 某Ⅲ类水 BOD_5 实测质量浓度代表值是 4 mg/L，Ⅲ类水域的标准值是 4 mg/L，该水质因子（　　）。

A. 达标　　　　　B. 不达标　　　　C. 不一定达标　　D. 无法计算，条件不足

78. 建设项目需要确定生态流量时，应结合主要生态保护对象（　　）进行调查分析。

A. 正常用水时段　　　　　　　　　　B. 非用水时段

C. 敏感用水时段　　　　　　　　　　D. 不同用水时段分别

79. 关于水文情势调查要求相关说法，错误的是（　　）。

A. 应尽量收集邻近水文站既有水文年鉴资料和其他相关的有效水文观测资料

B. 水文调查与水文测量宜在平水期进行

C. 在采用水环境数学模型时，应根据所选用的预测模型需输入的水文特征值及环境水力学参数决定水文测量内容

D. 在采用物理模型法模拟水环境影响时，水文测量应根据模型制作及模型试验所需的水文特征值及环境水力学参数

80. 关于地下水天然露天调查目的的说法，正确的是（　　）。

A. 确定包气带水文地质参数

B. 确定地下水环境现状评价范围

C. 确定地下水环境影响评价类别和等级

D. 确定区内含水层层位和地下水埋藏条件

81. 关于地下水环境调查评价范围确定方法，说法不正确的有（　　）。

A. 公式计算法　　B. 查表法　　　　C. 类比法　　　　D. 自定义法

82. 某污水池下游 300 m 处有潜水监测井，该潜水含水层渗透系数为 100 m/d，有效孔隙度为 25%，水力坡度为 0.5%。若污水池发生泄漏，污水进入含水层后在水平运移到达监测井处的时间约为（　　）天。

A. 3　　　　　　　B. 150　　　　　　C. 300　　　　　　D. 600

83. 在潜水地下水位埋深小于毛细水最大上升高度范围内，关于潜水变动带的与地下水位埋深关系，正确的是（　　）。

A. 地下水位埋深越浅，给水度越小

B. 地下水位埋深越深，给水度越小

C. 地下水位埋深越浅，给水度越大

D. 给水度与地下水位埋深无关

84．关于地下水等水位线图的用途，说法不正确的有（　　）。

A．确定地下水流向：在等水位线图上，垂直于等水位线的方向，即为地下水的流向

B．确定潜水的埋藏深度：某一点的地形等高线标高与潜水等水位线标高之差即为该点潜水的埋藏深度

C．确定泉或沼泽的位置：在潜水等水位线与地形等高线高程相等处，潜水出露，即是泉或沼泽的位置

D．推断出含水层的岩性或厚度的变化：在地形坡度变化不大的情况下，若等水位线由疏变密，表明含水层透水性变好或含水层变厚

85．描述孔隙含水层的基本水文地质参数是（　　）。

A．孔隙度、给水度、渗透系数　　　　B．孔隙率、给水度、弹性系数

C．有效孔隙度、渗透系数、实际流速　D．孔隙度、弹性系数、水力传导系数

86．潜水与承压水的差别在于潜水（　　）。

A．为重力驱动　　B．上有隔水层　　C．下有隔水层　　D．具有自由水面

87．某位于山前冲（洪）积区的项目，地下水环境影响评价工作等级为一级。现已收集近 3 年内一个连续水文年的枯、平、丰水期的地下水水位动态监测资料。地下水环境现状评价必须的监测不包括（　　）。

A．开展一期地下水水位现状监测

B．开展一期基本水质因子监测

C．开展枯、丰水期基本水质因子监测

D．开展一期特征因子现状监测

88．下列关于达西定律适用条件的说法，正确的是（　　）。

A．达西定律适用于紊流

B．达西定律适用于雷诺数小于 10 的层流

C．达西定律适用于雷诺数小于 100 的层流

D．达西定律适用于雷诺数小于 1 000 的层流

89．某污水处理设施下伏潜水含水层监测时，发现该污水的特征污染物浓度呈明显上升趋势，立即修复污水处理设施的泄漏点。下列关于泄漏点下伏潜水含水层污染随时间变化特征的说法，正确的是（　　）。

A．污染羽中心浓度不变，且位置不变

B．污染羽中心浓度变小，且位置不变

C．污染羽中心浓度变小，且向下游迁移

D．污染羽中心浓度变大，且向上、下游扩展

90．关于分布连续稳定的包气带防污性能与包气带厚度（B）和包气带垂直渗透

系数（K）之间的关系描述，正确的是（　　　　）。

    A．B/K　　　　B．K/B　　　　C．BK　　　　D．$1/BK$

91．在包气带厚度超过 100 m 的评价区或监测井较难布设的基岩山区，可视情况调整地下水质检测点数，一级、二级评价项目至少设置（　　　）监测点。

    A．7 个　　　　B．5 个　　　　C．3 个　　　　D．一定数量

92．对于改、扩建项目，且特征因子为 DNAPLs（重质非水相液体）时，应至少在含水层（　　　）取一个样品。

    A．地下水水位以下 1.0 m　　　　　　B．底部

    C．地下水水位以下 20 cm　　　　　　D．地下水水位以下 50 cm

93．一级评价项目进行地下水现状监测时，若掌握近 3 年至少一期水质监测数据，基本水质因子可在评价期补充开展（　　　）现状监测；特征因子在评价期内需至少开展（　　　）现状值监测。

    A．二期，一期　　　　　　　　　　B．一期，一期

    C．枯丰，一期　　　　　　　　　　D．枯水期，枯水期

94．环境水文地质试验项目不包括（　　　）。

    A．浸溶试验　　　B．渗水试验　　　C．土柱淋滤试验　　　D．弥散试验

95．根据《环境影响评价技术导则　地下水环境》，地下水水质现状评价应采用（　　　）进行评价。

    A．标准指数法　　B．综合指数法　　C．回归分析法　　D．趋势外推法

96．工业企业环境影响评价中，声环境质量的评价量是（　　　）。

    A．声压级　　　　B．声功率级　　　C．A 声级　　　D．等效连续 A 声级

97．在评价噪声源现状时，需测量最大 A 声级和噪声持续时间的是（　　　）。

    A．较强的突然噪声　　　　　　　　B．稳态噪声

    C．起伏较大的噪声　　　　　　　　D．脉冲噪声

98．下列利用某时段内瞬时 A 声级数据系列计算等效连续 A 声级的方法中，正确的有（　　　）。

    A．调和平均法　　　　　　　　　　B．算术平均法

    C．几何平均法　　　　　　　　　　D．能量平均法

99．关于建设项目噪声源强的获取方法的有关说法，不正确的有（　　　）。

  A．噪声源源强核算应按照 HJ884 的要求进行，有行业污染源源强核算技术指南的应优先按照指南中的规定的方法进行

  B．噪声源源强核算无行业污染源源强核算技术指南的，但行业导则中对源强核算方法有规定的，优先按照行业导则中规定的方法进行

  C．对于拟建项目噪声源源强，当缺少所需数据时，可通过声源类比测量或引

用有效资料、研究成果来确定、采用声源类比测量时应给出类比条件

　　D. 噪声源需获取的参数、数据格式和精度可以不符合环境影响预测模型输入要求

100. 对于声级起伏较大的非稳态噪声或间歇性噪声，采用（　　）为评价量。

　　A. A 声级　　　　　　　　　　　B. 最大 A 声级

　　C. 等效连续 A 声级　　　　　　　D. 计权等效连续噪声级

101. 机场周围区域有飞机低空飞越时，其噪声环境影响的评价量为（　　）。

　　A. L_{dn}　　　　　　B. L_{max}　　　　　　C. L_{WECPN}　　　　D. L_{eq}

102. 某建设项目所在区域声环境功能区为 1 类，昼间环境噪声限值为 55 dB（A），夜间环境噪声限值为 45 dB（A），则该区域夜间突发噪声的评价量为（　　）dB（A）。

　　A. ≤45　　　　　　B. ≤55　　　　　　C. ≤50　　　　　　D. ≤60

103. 在（　　）时，评价范围内可选择有代表性的区域布设测点。

　　A. 没有明显的声源，且声级较低

　　B. 有明显的声源，对敏感目标的声环境质量影响不明显

　　C. 有明显的声源，对敏感目标的声环境质量影响明显

　　D. 没有明显的声源，且声级较高

104. 声环境监测布点时，当敏感目标（　　）时，应选取有代表性的不同楼层设置测点。

　　A. 高于（不含）三层建筑　　　　　B. 高于（含）三层建筑

　　C. 高于（含）二层建筑　　　　　　D. 高于（含）四层建筑

105. 某公路建设项目和现有道路交叉，周围敏感点如图所示，应优先设置为现状监测点的是（　　）。

　　A. ①　　　　　　B. ②　　　　　　C. ③　　　　　　D. ④

106. 对于改、扩建机场工程，声环境现状监测点一般布设在（　　）处。

A. 机场场界　　　　　　　　　　　B. 机场跑道

C. 机场航迹线　　　　　　　　　　D. 主要敏感目标

107. 某铁路改扩建工程沿线有 6 个居民点位于 2 类声环境功能区，昼间环境噪声现状监测结果见下表，则昼间噪声超标排放的敏感点数量为（　　）。

居民点	1	2	3	4	5	6
L_d/dB（A）	60	61	66	58	62	49

A. 1　　　　　　　B. 3　　　　　　　C. 4　　　　　　　D. 5

108. 某敏感点处昼间前 8 h 测得的等效声级为 55 dB（A），后 8 h 测得的等效声级为 65.0 dB（A），该敏感点处的昼间等效声级是（　　）dB（A）。

A. 60　　　　　　B. 62.4　　　　　C. 65　　　　　　D. 65.4

109. 对于两条跑道改、扩建机场工程，测点数量可分别布设（　　）个飞机噪声测点。

A. 3~6　　　　　B. 6~8　　　　　C. 9~14　　　　　D. 12~18

110. 对工况企业环境噪声现状水平调查方法，现有车间的噪声现状调查，重点为处于（　　）dB（A）以上的噪声源分布及声级分析。

A. 80　　　　　　B. 85　　　　　　C. 90　　　　　　D. 75

111. 关于声环境现状评价图、表要求的有关说法，不正确的有（　　）。

A. 应包括评价范围内的声环境功能区划图、声环境保护目标分布图、工矿企业厂区（声源位置）平面布置图等

B. 图中应标明图例、比例尺、方向标等，制图比例尺一般不应小于工程设计文件对其相关图件要求的比例尺

C. 线性工程声环境保护目标与项目关系图比例尺应不小于 1∶5 000

D. 声环境保护目标与项目关系图比例尺不应小于 1∶5 000

112. 对于拟建公路、铁路工程，环境噪声现状调查重点需放在（　　）。

A. 线路的噪声源强及其边界条件参数　　B. 工程组成中固定噪声源的情况分析

C. 环境敏感目标分布及相应执行标准　　D. 环境噪声随时间和空间变化情况分析

113. 公路、铁路等线路型工程，其环境噪声现状水平调查一般测量（　　）。

A. A 计权声功率级　　　　　　　　B. 声功率级

C. 等效连续感觉噪声级　　　　　　D. 等效连续 A 声级

114. 工业企业噪声源强调查清单（室外声源）不包括（　　）。

A. 声源名称　　　　　　　　　　　B. 空间相对位置

C. 室内边界声级　　　　　　　　　D. 声源控制措施

115. 公路/城市道路噪声源强清单不包括（　　）。

A. 车流量　　　　B. 车速　　　　C. 源强　　　　D. 声源控制措施

116. 机场航空器噪声源调查清单不包括（　　）。

　　A. 航空器型号　　　　　　　　　　B. 发动机类型、型号、数量

　　C. 机型噪声适航阶段代号　　　　　D. 噪声源强值

117. 工业企业声环境保护目标调查表不包括（　　）。

　　A. 保护目标名称　　　　　　　　　B. 空间相对位置

　　C. 声环境保护目标类型　　　　　　D. 执行环境功能区类别

118. 公路、城市道路声环境保护目标调查表不包括（　　）。

　　A. 线路形式　　　　　　　　　　　B. 保护目标名称

　　C. 空间相对位置　　　　　　　　　D. 距道路边界（红线）距离

119. 机场声环境保护目标调查表不包括（　　）。

　　A. 所属行政区划　　　　　　　　　B. 功能区划

　　C. 保护目标名称　　　　　　　　　D. 声环境保护目标坐标、类型、规模

120. 利用模型计算声环境保护目标的现状噪声值，计算结果和监测结果的允许误差范围在（　　）dB 以内。

　　A. 4.5　　　　　　B. 3.0　　　　　　C. 3.5　　　　　　D. 4.0

121. 根据《环境影响评价技术导则　生态影响》，当涉及区域范围较大或主导生态因子的空间等级尺度较大，通过人力踏勘较为困难或难以完成评价时，生态现状调查可采用（　　）。

　　A. 生态监测法　　　　　　　　　　B. 现场勘查法

　　C. 遥感调查法　　　　　　　　　　D. 资料收集法

122. 下列野生动物中，不属于国家一级重点保护野生动物的是（　　）。

　　A. 猕猴　　　　　B. 巨蜥　　　　　C. 大熊猫　　　　　D. 穿山甲

123. 下列植物中，属于国家一级保护植物的是（　　）。

　　A. 木棉　　　　　B. 红椿　　　　　C. 水杉　　　　　D. 黄山松

124. 在无法获得项目建设前的生态质量背景资料时，应首选（　　）作为背景资料进行类比分析。

　　A. 当地长期科学观测累计的数据资料

　　B. 同一气候带类似生态系统类型的资料

　　C. 全球按气候带和生态系统类型的统计资料

　　D. 当地地方志记载的有关资料

125. 鱼卵和仔鱼的分布属于哪类水生生态调查内容（　　）。

　　A. 底栖生物　　　B. 潮间带生物　　　C. 鱼类　　　　　D. 浮游生物

126. 为掌握水鸟的生活规律变化，宜选用（　　）调查方法。

　　A. 全部计数法　　　　　　　　　　B. 分区直数法

C.鸣声计数法　　　　　　　　　　D.访问调查法

127.关于两栖爬行类动物的调查方法，不正确的有（　　　）。

A.样线（带）法　　　　　　　　　B.红外相机陷阱法

C.全部计数法　　　　　　　　　　D.鸣声计数法

128.下列动物物种中，适用卵块或窝巢计数法进行调查的有（　　　）。

A.虎纹蛙　　　　B.猿猴　　　　C.松鼠　　　　D.长臂猿

129.关于陆生植被与植物调查，相关说法错误的是（　　　）。

A.根据已确定的对象、内容以及调查区域的地形、地貌、海拔、生境等确定调查线路或调查点

B.样点的布局要分布在整个调查区域的各代表性地段

C.无须考虑被调查区域的不同地段的生境差异

D.调查线路或调查点的设立应注意代表性、随机性、整体性及可行性

130.关于陆生植被与植物的调查方法，说法正确的有（　　　）。

A.样方法适用于物种丰富、分布范围相对集中、种群数量较多的区域

B.样线（带）法适用于物种不十分丰富、分布范围相对分散、种群数量相对较少的区域

C.样方法适用于物种丰富、分布范围相对集中、分布面积较大的地段

D.样线（带）法适用于物种十分丰富、分布面积较大，种群数量较多的区域

131.根据《生物多样性观测技术导则　陆生维管植物》，陆生维管植物样方调查面积设置说法错误确的是（　　　）。

A.森林观测样地的面积以≥1 hm² （100 m×100 m）为宜

B.灌丛观测样地一般不少于 5 个 10 m×10 m 的样方

C.对大型或稀疏灌丛，样方面积扩大到 50 m×50 m 或更大

D.草地观测样地一般不少于 5 个 1 m×1 m 样方

132.根据《生物多样性观测技术导则　内陆水域鱼类》，内陆水域鱼类观测方法不包括（　　　）。

A.渔获物调查　　　　　　　　　　B.网捕法

C.标记重捕法　　　　　　　　　　D.声呐水声学调查

133.下列调查结果中，不能确定调查区某灵长类野生动物仍然存在的是（　　　）。

A.该种动物的毛发　　　　　　　　B.该种动物的历史记载

C.该种动物的粪便　　　　　　　　D.该种动物的足迹

134.根据《生物多样性观测技术导则　水生维管植物》，水生维管植物观测方法不包括（　　　）。

A.直接测量法　　　　　　　　　　B.资料查阅和野外调查

C．样点法　　　　　　　　　　D．遥感或收获法

135．下列关于淡水浮游生物现状调查内容的说法，不正确的有（　　　）。

A．种类组成及分布　　　　　　B．细胞总量

C．鱼卵和仔鱼的数量及种类、分布　　D．群落与优势种

136．关于陆生动物中两栖爬行类物种调查的内容，说法不正确的有（　　　）。

A．应选择在繁殖季节进行调查

B．分析统计区系成分组成，如东洋种、古北种、广布种等

C．在一个样点最好能进行 2 次以上的调查

D．样区的选择应覆盖评价区各种栖息地类型

137．反映地面生态学特征的植被指数 NDVI 是指（　　　）。

A．比值植被指数　　　　　　　B．农业植被指数

C．归一化差异植被指数　　　　D．多时相植被指数

138．植被现状调查时，一般草本、灌木林、乔木林样方面积正确的分别为（　　　）。

A．1 m×1 m、5 m×5 m、50 m×50 m　　B．1 m×1 m、10 m×10 m、50 m×50 m

C．1 m×1 m、10 m×10 m、20 m×20 m　　D．1 m×1 m、5 m×5 m、10 m×10 m

139．某个植被样方调查面积为 10 m^2，调查结果如下表。样方中物种乙的密度、相对密度分别为（　　　）。

物种	个体数	覆盖面积/m^2
甲	2	2
乙	2	3
丙	1	1

A．0.2 个/m^2、40%　　　　B．0.2 个/m^2、50%

C．0.3 个/m^2、40%　　　　D．0.3 个/m^2、50%

140．下列有关陆生动物调查的说法中，不正确的是（　　　）。

A．哺乳类物种的调查类型应选择在繁殖季节，以天为频度展开调查

B．鸟类物种调查应选择在合适的时间或不同的季节进行

C．在调查中每个样点最好能进行 2 次以上调查

D．陆生生物的调查样区应覆盖评价区内的各种栖息地类型

141．如果某地生物生产量为 2.6 t/（hm^2·a），其荒漠化程度属于（　　　）。

A．潜在的荒漠化　　　　　　　B．正在发展的荒漠化

C．强烈发展的荒漠化　　　　　D．严重荒漠化

142．在进行某地块样方调查时，一般面积为 50～500 hm^2 样方数量应设（　　　）个，面积大于 500 hm^2 的每增（　　　）hm^2 增设一个，但总样方数最多控制在（　　　）个以内。

A．2，50，10　　　　　　　　B．5，100，10

C．3，50，10　　　　　　　　D．5，50，10

143．某次样方调查资料给出了样方总数和出现某种植物的样方数，据此可以计算出该种植物的（　　　）。

　　A．密度　　　　　B．优势度　　　　　C．频度　　　　　D．多度

144．陆地生态系统生产能力的估测是通过对自然植被（　　）的估测来完成。

　　A．净第一性生产力　　　　　　　　B．总初级生产量

　　C．净初级生产量　　　　　　　　　D．呼吸量

145．下列生态系统平均生物量最大的是（　　　）。

　　A．热带季雨林　　B．北方针叶林　　C．温带阔叶林　　D．热带雨林

146．一定地段面积内某个时期生存着的活动有机体的重量是指（　　　）。

　　A．物种量　　　　B．生长量　　　　C．生物生产力　　D．生物量

147．采用样地调查收割法实测植物生物量时，草本群落或森林草本层样地面积一般选用（　　　）m^2。

　　A．1　　　　　　B．10　　　　　　C．100　　　　　　D．500

148．香农-威纳指数（Shannon-Weiner Index）是物种多样性调查最常用的方法，其计算公式为（　　　）。（注：P_i 为属于第 i 物种在全部采样中的比例；S 是物种数；N 是总个体数）

A．$H' = -\sum_{i=1}^{s} \left(\frac{P_i}{\ln P_i} \right)$　　　　　　　B．$H' = (S-1)/\ln N$

C．$H' = -\sum_{i=1}^{s} (S_i)(\ln N_i)$　　　　　　D．$H' = -\sum_{i=1}^{s} (P_i)(\ln P_i)$

149．在植物样方调查时，首先要确定样方面积大小，对于一般草本而言，其样方面积不应小于（　　　）m^2。

　　A．1　　　　　　B．10　　　　　　C．100　　　　　　D．200

150．在植物多样性调查时，首先要确定样方面积大小，对于灌木林样，选取样方对角的 2 个（　　　）小样方，对灌木层进行详细调查。

　　A．1 m×1 m　　B．10 m×10 m　　C．20 m×30 m　　D．3 m×3 m

151．某样地景观生态调查测得 W 斑块的频率和景观比例分别为 36%和 40%，若样地内 W 斑块的数量为 48，斑块总数为 300，则 W 斑块的优势度值是（　　　）。（注：$D_o = 0.5 \times [0.5 \times (R_d + R_f) + L_p] \times 100\%$）

　　A．27%　　　　　B．32%　　　　　C．33%　　　　　D．71%

152．用边长 50 cm 的正方形带网铁铗采集某湖泊植物样品，样方平均高等植物鲜重生物量 75 g（无滴水时的鲜重），则湖泊中高等植物群落平均鲜重生物量为

（ ）g/m²。

  A．300   B．150   C．225   D．75

153．水生生态系统包括（ ）。

  A．海洋和河流生态系统   B．河流和湖泊生态系统

  C．海洋、河流和湖泊生态系统   D．海洋和湖泊生态系统

154．关于重要野生动物调查结果的内容，不正确的有（ ）。

  A．物种名称   B．极小种群野生动物

  C．保护级别   D．濒危级别

155．关于古树名木调查结果的内容，不正确的有（ ）。

  A．物种名称   B．生长状况

  C．经纬度和海拔   D．分布区域

156．我国亚热带地区分布的地带性植被类型是（ ）。

  A．雨林   B．针阔混交林

  C．常绿阔叶林   D．落叶针叶林

157．利用GPS系统进行定位时，需要接收至少（ ）颗卫星的信号。

  A．3   B．4   C．5   D．24

158．利用遥感影像资料可识别（ ）。

  A．鱼类的产卵场   B．植被的分布情况

  C．候鸟的迁徙通道   D．陆生生物的活动规律

159．（ ）基于景观是高于生态系统的自然系统，是一个清晰的和可度量的单位。

  A．空间结构分析   B．景观模地分析

  C．景观廊道分析   D．功能与稳定性分析

160．建设项目生态评价为二级的，生态影响评价图件不包括（ ）。

  A．土地利用现状图   B．植被类型图

  C．地表水系图   D．典型生态保护措施平面布置示意图

161．根据《环境影响评价技术导则 生态影响》，可用景观生态学法开展生态现状评价的是（ ）。

  A．物种多样性丰富程度   B．森林生态系统生物量

  C．区域生态系统空间结构   D．河流水生生物群落结构

162．根据《环境影响评价技术导则 土壤环境（试行）》，工业园区内的建设项目，应重点在建设项目占地范围内开展现状调查工作，并兼顾其（ ）。

  A．可能影响的占地范围外围土壤环境敏感目标

  B．可能影响的周边企业

C．可能影响的土壤

D．可能影响的园区外围土壤环境敏感目标

163．尾矿库项目的土壤环境现状监测，应结合地形地貌，在占地范围外的（　　）各设置 1 个表层样监测点。

A．上、下游　　　　　　　　　　B．下游

C．上、下游及两侧　　　　　　　D．上、下游及重点污染风险源处

164．线性工程土壤现状监测，应重点在（　　）设置监测点。

A．工程边界两侧向外延伸 0.2 km　　B．站场位置

C．评价范围内　　　　　　　　　D．工程沿线有代表性的保护目标

165．下列建设项目，土壤环境影响评价项目类别不属于Ⅰ类的有（　　）。

A．长度 3 km 的引水工程　　　　B．某铜冶炼项目

C．煤矿采选项目　　　　　　　　D．生活垃圾焚烧项目

166．土壤环境影响评价等级为（　　）的建设项目应填写土壤剖面调查表。

A．一级　　　B．一级、二级　　　C．二级　　　D．三级

167．关于氧化还原电位，以下说法错误的是（　　）。

A．氧化还原电位是长期惯用的氧化还原指标

B．可以被理解为物质提供或接受电子的趋向或能力

C．物质接受电子的强烈趋势意味着高氧化还原电位

D．提供电子的强烈趋势则意味着高氧化还原电位

168．关于建设项目土壤环境影响识别的有关说法，不正确的是（　　）。

A．土壤污染影响型项目污染途径包括大气沉降、地面漫流、垂直入渗

B．土壤生态影响型项目影响类型包括盐化、碱化、酸化、潜育化

C．土壤生态影响型项目影响途径包括物质输入/运移、水位变化

D．根据 GB/T21010 识别建设项目及周边的土地利用类型，分析建设项目可能影响的土壤环境敏感目标

169．关于土壤酸化、碱化分级标准，说法不正确的是（　　）。

A．pH<3.5，极重度酸化　　　　B．3.5≤pH<4.0，重度酸化

C．4.0≤pH<4.5，高度酸化　　　D．4.5≤pH<5.5，轻度酸化

170．矿藏丰富的地区，采用（　　）更能反映土壤人为污染程度。

A．单污染指数法　　　　　　　　B．累积指数法

C．污染分担率评价法　　　　　　D．内梅罗污染指数评价法

171．关于区域环境背景土壤采样的有关说法，不正确的是（　　）。

A．采集表层土，采样深度 0～20 cm，特殊要求的监测（土壤背景、环评、污染事故等）必要时选择部分采样点采集剖面样品

B. 挖掘土壤剖面要使观察面向阳，表土和底土分两侧放置

C. 一般每个剖面采集三层土样，地下水位较高时，剖面挖至地下水出露时为止；山地丘陵土层较薄时，剖面挖至风化层

D. 干旱地区剖面发育不完整的土层，在表层 0～20 cm、心土层 50 cm、底土层 100 cm 左右采样

172. 关于农田土壤采样布点的有关说法，不正确的是（　　　）。

A. 大气污染型土壤监测单元和固体废物堆污染型土壤监测单元以污染源为中心放射状布点

B. 灌溉水污染监测单元、农用固体废物污染型土壤监测单元和农用化学物质污染型土壤监测单元采用带状布点

C. 灌溉水污染监测单元采用按水流方向带状布点，采样点自纳污口起由密渐疏

D. 综合污染型土壤监测单元布点采用综合放射状、均匀、带状布点法

173. 关于农田土壤混合样的采集方法，不正确的是（　　　）。

A. 对角线法　　　　　　　　　　B. 梅花点法

C. 蛇形法　　　　　　　　　　　D. 网格点法

174. 经调查，某建设项目所在地土壤中，砂粒成分为 60%、细黏土成分为 20%，该调查结果说明了土壤的理化性质是（　　　）。

A. 土壤质地　　　B. 土壤结构　　　C. 土体构型　　　D. 土壤容重

175. 某地土壤 pH 为 10，此地区土壤（　　　）。

A. 轻度碱化　　　B. 中度碱化　　　C. 重度碱化　　　D. 极重度碱化

176. 关于土壤环境影响源的调查方法，不正确的有（　　　）。

A. 资料收集法　　　　　　　　　B. 现场踏勘法

C. 人员访谈法　　　　　　　　　D. 现状监测法

177. 改、扩建的污染影响型建设项目，其评价工作等级为（　　　）的，应对现有工程的土壤环境保护措施情况进行调查。

A. 一级　　　　　　　　　　　　B. 一级、二级

C. 二级　　　　　　　　　　　　D. 一级、二级、三级

178. 关于土壤环境现状调查影响源调查，应调查与建设项目产生（　　　）或造成相同土壤环境影响后果的影响源。

A. 同种特征因子　　　　　　　　B. 同种因子

C. 同种基本因子　　　　　　　　D. 类似特征因子

179. （　　　）土壤污染风险筛选值与 pH 密切相关。

A. 乡村住宅用地　　　　　　　　B. 旅游用地

C. 果园　　　　　　　　　　　　D. 交通水利设施用地

180. 根据土壤结构体的大小、形状以及与土壤肥力的关系，可以把土壤结构体划分为（ ）种。

A. 3   B. 4   C. 5   D. 6

181. 进行建设项目土壤环境现状监测时，涉及大气沉降影响的，可（ ）。

A. 在最大落地浓度点增设表层样监测点

B. 在最大落地浓度点增设表层样、柱状样监测点

C. 主导风向上风向设置 2 个表层样监测点

D. 主导风向下风向设置 1 个柱状样监测点

182. 从土壤剖面采取土壤样品正确的方法是（ ）。

A. 随机取样   B. 由上而下分层取样

C. 由下而上分层取样   D. 由中段向上、下扩展取样

183. 土壤环境现状调查说法错误的是（ ）。

A. 调查评价范围内的土壤理化特性、土壤环境质量状况、影响源

B. 掌握土地利用现状情况、后期的土地利用规划情况

C. 重点收集场地作为工业用地时期的生产及污染状况

D. 分析周边土壤环境污染程度，为后期的监测布点提供依据

184. 不属于污染影响型土壤理化特性调查项目的是（ ）。

A. 地下水埋深   B. 土地构型

C. 土壤结构   D. 有机质

185. 进行土壤质地调查，对土壤进行初步划分可采用的方法是（ ）。

A. 搓条法   B. 密度计法

C. 吸管法   D. 激光粒度仪法

二、不定项选择题（每题的备选项中至少有一个符合题意）

1. 大气环境现状调查包括（ ）。

A. 大气环境质量现状调查   B. 大气污染源调查

C. 气象观测资料调查   D. 地形高差

2. 属于大气环境一级评价项目环境空气质量现状调查内容和目的的有（ ）。

A. 计算环境空气保护目标环境质量现状浓度

B. 项目所在区域污染物环境质量现状

C. 评价所在区域环境质量达标情况

D. 计算网格点的环境质量现状浓度

3. 某水泥厂二期项目，在 5 km 范围内淘汰 500 万 t/a 产能的基础上进行，大气环境影响评价等级为二级，$D_{10\%}$=5 m，本项目环评需要分析的污染源有（ ）。

　　A．二期项目污染源　　　　　　　　　B．现有工程污染源

　　C．5 km 范围内淘汰污染源　　　　　　D．评价范围内居民污染源

4．关于环境空气保护目标调查内容，说法正确的有（　　　）。

　　A．保护对象　　　　　　　　　　　　B．保护内容

　　C．环境功能区　　　　　　　　　　　D．坐标取距离厂址最近点位位置

5．关于环境空气质量现状的有关内容，说法正确的有（　　　）。

　　A．空气质量达标区域判定包括污染物、年评价指标、现状浓度、标准值、占标率及达标情况

　　B．基本污染物环境质量现状包括监测点位及坐标、污染物、平均时间、评价标准、现状浓度、占标率、超标频率和达标情况等

　　C．其他污染物环境质量现状包括监测点位及坐标、污染物、平均时间、评价标准、现状浓度范围、最大浓度占标率、超标率和达标情况等

　　D．在基础底图上叠加环境质量现状监测点位分布，并明确标示国家监测站点、地方监测站点和现状补充监测点的位置

6．对于其他污染物环境质量现状数据，符合要求的有（　　　）。

　　A．国家或地方环境空气质量监测网中评价基准年连续 1 年的监测数据

　　B．评价范围内近 3 年与项目排放的其他污染物有关的历史监测资料

　　C．国家或地方环境空气质量监测网中评价基准年连续 1 季度的监测数据

　　D．评价范围内近 5 年与项目排放的其他污染物有关的历史监测资料

7．某项目大气环境影响评价环境空气现状调查补充监测，下面关于补充监测说法正确的有（　　　）。

　　A．选择污染较重的季节进行现状监测

　　B．补充监测至少取得 7 天有效数据

　　C．以监测季节主导风向为轴向，在厂址及下风向布点

　　D．各级评价监测点位数不少于 6 个

8．城市主干道项目大气 NO_2 质量现状监测布点时应考虑（　　　）。

　　A．主导风向　　　　　　　　　　　　B．道路布局

　　C．环境空气保护目标　　　　　　　　D．道路两侧敏感点高度

9．某项目大气环境现状监测，其统计结果需保留两位小数点的有（　　　）。

　　A．Pb 的浓度　　　B．达标率　　　C．$PM_{2.5}$ 的浓度　　　D．超标倍数

10．大气环境质量现状调查中，若监测结果出现超标，应分析其（　　　）。

　　A．平均浓度　　　　　　　　　　　　B．超标率

　　C．最大超标倍数　　　　　　　　　　D．超标原因

11．某项目环境空气现状监测，采用时间为每天 22 h。下列污染物中，满足日

平均浓度有效规定的有（　　　）。

    A. SO_2 日平均浓度   B. NO_2 日平均浓度

    C. 苯并[a]芘日平均浓度   D. CO 日平均浓度

12. 某采用光气法生产聚碳酸酯的项目，大气环境影响评价等级为一级，该项目污染源核算必须包含的内容有（　　　）。

    A. 50%工况下光气的排放量   B. 75%工况下光气的排放量

    C. 满负荷工况下光气的排放量   D. 非正常工况下光气的排放量

13. 下列关于大气污染源调查数据来源有关说法，正确的是（　　　）。

    A. 新建项目污染源依据 HJ 2.1、HJ 130、HJ 942、排污许可证申请与核发技术规范及各污染物核算技术指南，并结合工程分析从严确定污染物排放量

    B. 在建和拟建项目污染源使用已批复的环评文件中的资料

    C. 改建、扩建现状工程的污染源和评价范围内拟被替代的污染源调查，可根据数据的可获得性，依次优先使用在线监测数据、年度排污许可证报告、自主验收报告、排污许可证数据、项目监督性监测数据、环评数据或补充污染源监测数据等

    D. 区域现状污染源排放清单应采样近 3 年内国家或地方生态环境主管部门发布的包含人为源和天然源在内所有区域污染源清单数据

14. 某项目为二级评价，下列属于其污染源调查内容的有（　　　）。

    A. 新增污染源   B. 本项目拟替代污染源

    C. 评价范围内的环境空气敏感目标   D. 评价范围内的在建项目污染源

15. 下列属于大气环境现状调查中火炬源调查内容的有（　　　）。

    A. 火炬底部中心坐标   B. 火炬等效内径

    C. 火炬等效高度   D. 火炬等效烟气排放速度

16. 下列属于大气污染源调查中点源调查内容的有（　　　）。

    A. 垂直扩散参数   B. 烟气流速

    C. 排气筒几何高度   D. 出口烟气温度

17. 某新建城市主干路项目，大气一级评价，下列属于其污染源调查内容有（　　　）。

    A. 横向扩散参数   B. 道路交通流量

    C. 污染物排放量   D. 平均车速

18. 下列属于污染源调查内容的有（　　　）。

    A. 污染源参数   B. 非正常排放

    C. 项目的拟被替代污染源   D. 周期性变化系数

19. 某复杂地形区建材项目，大气环境影响评价等级为二级，评价范围为边长 36 km 的矩形，大气环境影响评价必需的气象资料有（　　）。

　　A. 环境空气现状监测期间的卫星云图资料

　　B. 评价范围内最近 20 年以上的主要气候统计资料

　　C. 50 km 范围内距离项目最近地面气象站近 3 年内的至少连续 1 年的常规地面气象观测资料

　　D. 50 km 范围内距离项目最近高空气象站近 4 年内的至少连续 1 年的常规高空气象探测资料

20. 利用估算模型进行预测时，关于模型所需的气象数据，说法正确的是（　　）。

　　A. 最高环境温度来自评价区域近 20 年内资料统计结果

　　B. 最低环境温度来自评价区域近 20 年内资料统计结果

　　C. 最小风速可取 0.5 m/s

　　D. 风速计高度取 10 m

21. 下列莫奥长度与稳定度和混合层高度的关系，下列说法正确的是（　　）。

　　A. $L_{mo} > 0$，近地面大气边界层处于稳定状态

　　B. $L_{mo} = 0$ 时，近地面大气边界层处于中性状态

　　C. $|L_{mo}|$ 数值越小，越不稳定

　　D. 当 $L_{mo} > 0$ 时，L_{mo} 趋于正无穷大时，边界层处于中性状态

22. 地表水环境影响二级评价项目，区域水污染源调查的必须包括的内容有（　　）。

　　A. 收集利用已建项目的排污许可证登记数据

　　B. 收集利用已建项目的环保验收数据

　　C. 收集利用已建项目的既有实测数据

　　D. 辅以现场调查及现场监测

23. 拟在某河流上建设水电站项目，则该项目地表水环境影响评价因子有（　　）。

　　A. 水温　　　　　　　　　　　B. 径流过程

　　C. 水力停留时间　　　　　　　D. 冲淤变化

24. 关于建设项目地表水环境污染源调查的要求，说法正确的有（　　）。

　　A. 一级、二级评价中，建设项目直接导致收纳水体内源污染变化，或存在与建设项目排放污染物同类的且内源污染影响收纳水体水环境质量，应开展内源污染调查，必要时开展底泥污染补充监测

　　B. 具有已审批入河排放口的主要污染物种类及其排放浓度和总量数据，以及国家或地方发布的入河排放口数据的，可不对入河排放口汇水区域的污染源开展调查

C. 面源污染调查主要采取收集利用既有数据资料的调查方法，必要时进行实测

D. 建设项目的污染物排放指标需要等量替代或减量替代时，还应对替代项目开展污染源调查

25. 关于河流环境现状调查补充监测断面的有关说法，不正确的有（　　）。

A. 水污染影响型建设项目在拟建排污口上游应布置对照断面（宜在 500 m 以内）

B. 根据受纳水域水环境质量控制管理要求设定控制断面

C. 控制断面可结合水环境功能区或水功能区、水环境控制单元区划情况，直接采用国家或地方确定的水质控制断面

D. 评价范围内不同水质类别区、水环境功能区或水功能区、水环境敏感区及需要进行水质预测的水域，应布设水质监测断面

26. 关于环境现状评价内容及要求的有关说法，正确的有（　　）。

A. 评价建设项目评价范围内水环境功能区或水功能区各评价时期的水质状况与变化特征，给出水环境功能区或水功能区达标评价结论，明确水质超标因子、超标程度，分析超标原因

B. 评价底泥污染项目及污染程度，识别超标因子，结合底泥处置排放去向，评价退水水质与超标情况

C. 评价所在流域（区域）水资源与开发利用程度、生态流量满足程度、水域岸线空间占用状况等

D. 流域（区域）水资源（包括水能源）与开发利用总体状况、生态流量管理要求与现状满足程度、建设项目占用水域空间的水流状况与河湖演变状况

27. 关于地表水环境现状调查补充监测的有关技术要求，说法正确的有（　　）。

A. 石油类、五日生化需氧量、溶解氧、硫化物、悬浮物、粪大肠菌群、叶绿素 a 等或标准分析方法有特殊要求的项目要单独采样

B. 采集石油类样品，采样前应先破坏可能存在的油膜，使用专用的石油类采样器，在水面下至 30 cm 水深采集柱状水样。保证水样采集在水面下进行，不得采入水面可能存在的油膜或水底的沉积物

C. 采集的水样含有明显藻类时，可将水样全部通过孔径为 63 μm 的过滤筛后，倒入静置容器中，保证足够需用量后，自然静置 30 min，使用虹吸管取上层水样，移入样品瓶，立即加入保存剂

D. 水样运输前，应将样品瓶的外（内）盖盖紧，需要冷藏保存的样品应按照标准分析方法要求保存，并在运输过程中确保冷藏效果。采集后宜尽快送往实验室

28. 某建设项目排放的污水影响到附近的入海河口，其地表水评价等级为二级，则该项目的评价时期一般应包括（　　）。

A．丰水期　　　　B．春季　　　　C．枯水期　　　　D．秋季

29．某项目排放污水中含重金属，排放口下游排放区域内分布有鱼类产卵场等敏感区，现状评价中应调查（　　）。

A．常规水质因子　　　　　　　　B．项目特征水质因子

C．水生生物项目特征因子　　　　D．沉积物项目特征因子

30．不对入河排放口汇水区域的污染源开展调查的必要条件是（　　）。

A．具有国家或地方发布的入河排放口数据

B．具有已审批入河排放口的主要污染物种类及其排放浓度

C．具有已审批入河排放口的主要污染物总量数据

D．已建项目具有排污许可证登记数据

31．河流和湖泊（水库）确定监测范围应考虑的因素有（　　）。

A．必须包括建设项目对地表水环境影响比较敏感的区域

B．各类水域的环境监测范围，可根据污水排放量和水域的规模而定

C．要求每天监测一次

D．如果下游段附近有敏感区，则监测范围应延长到敏感区上游边界，以满足全面预测地表水环境影响的需求

32．某水污染影响型项目，其废水直接排放至湖泊，排放量为 100 m³/d，水污染物最大当量数 1 000，关于该项目的地表水环境影响评价工作，以下说法正确的是（　　）。

A．影响范围涉及水环境保护目标的，评价范围至少应扩大到水环境保护目标内受到影响的水域

B．至少评价一个季节

C．面污染源调查可不进行实测

D．可定性预测水环境影响

33．受纳水体为湖泊时，其底泥补充监测点位布设应考虑的因素有（　　）。

A．底泥分布深度　　　　　　　B．底泥污染物成分

C．底泥超标因子　　　　　　　D．底泥扰动深度

34．地表水环境现状调查阶段，无法获得临近水文站资料或资料不足时，宜同步进行（　　）。

A．水文调查　　B．水文测量　　C．水质调查　　D．补充监测

35．入海河口的水文调查，除与河流相同的内容外，还有（　　）。

A．感潮河段的范围　　　　　　B．潮区界与潮流界的划分

C．潮位及潮流　　　　　　　　D．水温分层情况

E．水流分层

36．潮汐河流现状水质调查比较合理的采样时刻有（　　）。

A．大潮涨憩 　　　　　　　　　　　B．小潮落憩

C．小潮涨憩 　　　　　　　　　　　D．大潮落憩

37．为解决某河流溶解氧超标严重问题，可削减的污染物有（　　）。

A．总砷　　　　　B．氨氮　　　　　C．BOD_5　　　　　D．氰化物

38．某河流断面 DO 和 pH 的标准指数均大于1，可能存在的状态有（　　）。

A．现状 DO 浓度低于功能区水质标准

B．现状 DO 浓度高于功能区水质标准

C．现状存在碱污染

D．现状存在酸污染

39．水质计算中，下列流速，以及降解系数、横向混合系数、纵向离线系数的单位表达，正确的是（　　）。

A．m/s、1/s、m^2/s、m^2/s 　　　　B．m/s、1/a、m^2/s、m/s

C．m/s、1/a、m^2/s、m^2/s 　　　　D．m/s、1/d、m^2/s、m^2/s

40．地表水环境现状调查范围应覆盖评价范围，应以平面图方式表示，并明确（　　）。

A．起始断面位置 　　　　　　　　　B．终止断面位置

C．水功能区 　　　　　　　　　　　D．涉及范围

41．某项目排放的污水受影响的地表水体为附近水库，该水库的水用于哪些用途时，应评价冰封期（　　）。

A．渔业用水 　　　　　　　　　　　B．食品加工用水的水源

C．灌溉用水 　　　　　　　　　　　D．生活饮用水

42．下列属于某湖泊地表水环境影响内源污染调查内容的有（　　）。

A．底泥力学性质 　　　　　　　　　B．湖泊水域超标因子

C．底泥含水率 　　　　　　　　　　D．底泥粒径

43．某水污染影响型新建项目受纳水体为河流，下列属于该河流水文情势调查内容的有（　　）。

A．水文年及水期划分 　　　　　　　B．水动力学参数

C．河流水沙参数 　　　　　　　　　D．河流物理形态参数

44．某水污染影响型建设项目排入水库，其地表水环境评价等级为二级，关于其补充监测下列说法正确的是（　　）。

A．水质取样垂线数宜不少于16条

B．每个监测同步连续取样 2～4 d

C．至少要监测丰水期、平水期、枯水期

D. 溶解氧和水温每间隔 6 h 取样监测一次

45. 按埋藏条件和含水介质，地下水类型可划分为（　　）。

A. 毛细水、重力水 　　　　　　　B. 饱和带水、承压水

C. 孔隙水、裂隙水、岩溶水 　　　D. 包气带水、潜水、承压水

46. 关于包气带防污性能的说法，正确的有（　　）。

A. 包气带岩土层越厚，防污性能越弱

B. 包气带岩土层渗透性能越强，防污性能越弱

C. 包气带岩土层防污性能与下伏含水层水位相关

D. 包气带岩土层防污性能与岩土层稳定分布程度相关

47. 建设项目地下水环境影响跟踪监测的目的有（　　）。

A. 监测地下水水力坡度

B. 监测地下水基本水质因子变化趋势

C. 监测含水层渗透系数变化

D. 监测地下水特征水质因子浓度变化

48. 地下水两个含水层之间的补给需要（　　）。

A. 降水量充足 　　　　　　　　　B. 两个含水层具有水头差

C. 含水层附近有地表水体 　　　　D. 含水层之间具有水力联系通道

49. 地下水两个含水层之间可以通过（　　）补给。

A. 天窗 　　　　　　　　　　　　B. 导水断裂

C. 弱透水层越流 　　　　　　　　D. 不整合接触面

50. 下列关于地下水的径流强度，说法正确的有（　　）。

A. 径流强度与含水层的透水性成正比

B. 径流强度与补水区和排泄区之间的水力坡度成正比

C. 承压水的径流强度与蓄水构造的开启及封闭程度有关

D. 地下径流强度在垂直方向上，从地表向下逐渐减弱

51. 一般从水文地质柱状图中可获取的信息有（　　）。

A. 潜水水位 　　　　　　　　　　B. 含水层厚度

C. 包气带岩性 　　　　　　　　　D. 含水层之间的补给关系

52. 下列与地下水降水入渗补给系数值大小有关的因子有（　　）。

A. 包气带岩性和土层结构 　　　　B. 降水量大小和降水形式

C. 地形坡度和植被覆盖 　　　　　D. 含水层岩性和水力坡度

53. 在同一水力梯度喜爱，下列关于潜水含水层防污性能的说法，正确的有
（　　）。

A. 含水层埋深越大，防污性能越弱

B．含水层渗透系数越大，防污性能越弱

C．含水层厚度越大，防污性能越弱

D．含水层介质颗粒物越细，防污性能越强

54．某污水池下伏潜水含水层渗透系数为 100 m/d，有效孔隙度为 25%，水力坡度为 0.5%，在该污水池下伏潜水主径流方向上的下游分布有系列监控井（1～4 号井），若该污水厂发生泄漏，其特征污染物在 65 天内在污水池下游监测井可能被检出的是（　　）。

A．下游 30 m 处的 1 号井　　　　　B．下游 60 m 处 2 号井

C．下游 120 m 处的 3 号井　　　　D．下游 240 m 处 4 号井

55．地下水水质现状调查的方法有（　　）。

A．勘探试验　　　　　　　　　　B．搜集利用现有资料

C．现场调查　　　　　　　　　　D．物料衡算法

56．地下水环境现状调查与评价中，水文地质参数的确定方法主要有（　　）。

A．抽水试验　　　　　　　　　　B．地下水动态观测资料

C．渗水试验　　　　　　　　　　D．淋溶试验

57．地下水环境现状调查包括（　　）。

A．水文地质条件　　　　　　　　B．地下水水质特征

C．地下水污染源分布　　　　　　D．包气带分布情况

58．根据《环境影响评价技术导则　地下水环境》，环境水文地质勘查与试验是在充分收集已有相关资料和地下水环境现状调查的基础上，针对（　　）而进行的工作。

A．为了获取包气带的物理属性

B．进一步查明地下水含水层特征

C．为获取预测评价中必要的水文地质参数

D．为获取现状评价中必要的水文地质参数

59．污染场地修复工程中，对于地下水监测点布设应遵循（　　）。

A．采样深度应在井水面下 1 m 以下

B．采样深度应在井水面下 0.5 m 以下

C．低密度非水溶性有机物污染的，应设在含水层顶部

D．高密度非水溶性有机物污染的，应设在含水层底部或不透水层顶部

60．根据《环境影响评价技术导则　地下水环境》，根据地下水现状监测结果应进行（　　）的分析。

A．标准差　　　　　　　　　　　B．最大值、最小值、均值

C．检出率　　　　　　　　　　　D．超标率、超标倍数

61．根据《环境影响评价技术导则　地下水环境》，关于地下水样品采集与现场测定相关说法，正确的是（　　　）。

 A．地下水样品应采用自动式采样泵或人工活塞闭合式与敞口式定深采样器进行采集

 B．样品采集前，应先测量井孔地下水水位（或地下水埋深）并做好记录，然后采用潜水泵或离心泵对采样井（孔）进行全井孔清洗

 C．清洗抽汲的水量不得小于 2 倍的井筒水（量）体积

 D．pH、E_h、DO、水温等不稳定项目应在现场测定

62．下列属于地下水现状调查时抽水试验目的的有（　　　）。

 A．评价水源地的可允许开采量

 B．查明强径流带位置

 C．确定包气带的防护能力

 D．获得取水工程设计提供所需的水文地质数据

63．关于环境水文地质试验方法的目的说法正确的是（　　　）。

 A．抽水试验目的是确定含水层的导水系数、渗透系数、给水度、影响半径等水文地质参数

 B．当钻孔中地下水位埋藏很深或试验层透水不含水时，可用注水试验代替抽水试验，近似地测定该岩层的渗透系数

 C．渗水试验目的是测定包气带渗透性能及防污性能

 D．浸溶试验目的是查明固体废弃物受雨水淋溶或在水中浸泡时，其中的有害成分转移到水中，对水体环境直接形成的污染或通过地层渗漏对地下水造成的间接影响

 E．土柱淋滤试验目的是确定包气带的防护能力

64．在某同一区域，进行直接试坑和双环法试坑渗水试验，下列说法正确的是（　　　）。

 A．两者目的是测定包气带侧向渗透系数

 B．直接试坑法和双环试坑法时，渗透速度都是从大到小，最后趋于稳定

 C．直接试坑法测得渗透系数要比双环试坑法测得渗透系数要小

 D．两者试验的最大缺陷皆为下渗时不能完全排除岩石中的空气

65．某位于丘陵山区的项目，地下水环境影响评价工作等级为二级，现已收集近 3 年内中某一年的枯平水期地下水水位和水质监测资料。地下水环境现状评价必须进行的监测有（　　　）。

 A．开展一期地下水水位现状监测 B．开展一期基本水质因子监测

 C．无须开展地下水水位监测   D．开展一期特征因子现状监测

66. 某建设项目所在区域声环境功能区为 1 类,昼间环境噪声限值为 55 dB(A),夜间环境噪声限值为 45 dB(A),则该区域声环境功能区的环境质量评价量为(　　)。

    A. 昼间等效声级(L_d)≤55 dB(A)

    B. 夜间等效声级(L_n)≤45 dB(A)

    C. 昼间突发噪声的评价量≤70 dB(A)

    D. 夜间突发噪声的评价量≤60 dB(A)

67. 某一钢铁厂扩建项目,工程建设内容包含铁路专用线 5 km,环境噪声现状监测点应布设在(　　)。

    A. 现有项目边界处　　　　　　　B. 厂区周边的敏感点处

    C. 铁路专用线两侧敏感点处　　　D. 现有厂内办公楼处

68. 环境噪声现状评价中,需图示说明的内容有(　　)。

    A. 环境噪声现状监测点位置　　　B. 噪声源强

    C. 建筑物高度　　　　　　　　　D. 地形高差

69. 某拟建公路中心线 200 m 范围内有一条铁路,为满足声环境影响预测需要,现状监测点布设应考虑的因素(　　)。

    A. 敏感目标分布情况　　　　　　B. 地形状况

    C. 既有铁路位置　　　　　　　　D. 拟建公路永久占地类型

70. 下列关于工矿企业建设项目声环境现状调查的方法及要点的说法,正确的有(　　)。

    A. 厂区内噪声水平调查一般采用极坐标法

    B. 厂区内噪声水平调查一般采用网格法,每间隔 10~50 m 划分长方形网格

    C. 大型厂区内噪声水平调查采用每间隔 50~100 m 划分正方形网格法

    D. 采用网格法调查时,在交叉点(或中心点)布点测量

71. 下列关于公路、铁路环境噪声现状水平调查的说法,正确的有(　　)。

    A. 调查评价范围内敏感目标在沿线的分布和建筑情况以及执行的声环境标准

    B. 重点关注沿线的环境噪声敏感目标

    C. 若沿线敏感目标较多时,应分路段测量环境噪声背景值

    D. 若存在现有噪声源,应调查其分布状况和对周围敏感目标影响的范围和程度

72. 属于环境噪声现状评价的内容有(　　)。

    A. 现状噪声源分析　　　　　　　B. 声环境质量现状评价

    C. 固定声源几何尺寸大小分析　　D. 公路长度分析

73. 关于声环境现状评价图的要求说法正确的是(　　)。

    A. 一般应包括评价范围内的声环境功能区划图,声环境保护目标分布图

    B. 包括工矿企业厂区(声源位置)平面布置图现状监测布点图、声环境保护目

　　标与项目关系图等

　C. 图中应标明图例、比例尺、方位标等

　D. 线性工程声环境保护目标与项目位置关系图比例尺应不小于 1∶10 000

74. 关于声环境现状评价表要求说法正确的是（　　）。

　A. 声环境保护目标调查表，应列表给出评价范围内声环境保护目标的名称、户数、建筑物层数和建筑物数量

　B. 声环境保护目标调查表，应明确声环境保护目标与建设项目的空间位置关系等

　C. 声环境保护目标调查表，应给出不同声环境功能区或声级范围内的超标户数

　D. 声环境现状评价结果表，应列表给出厂界（场界、边界）各声环境保护目标现状值及超标和达标情况分析，给出不同声环境功能区或声级范围内的超标户数

75. 工业企业噪声源强调查清单（室内声源）的内容包括（　　）。

　A. 建筑物名称　　　　　　　　　　B. 声源名称

　C. 声源控制措施　　　　　　　　　D. 建筑物外噪声

76. 公路/城市道路噪声源强调查清单的内容包括（　　）。

　A. 路段　　　　　B. 源强　　　　　C. 车流量　　　　D. 车速

77. 铁路/城市轨道交通噪声源强调查清单的内容包括（　　）。

　A. 无砟/有砟轨道　　　　　　　　B. 防撞墙/挡板结构高出轨面高度

　C. 线路形式　　　　　　　　　　D. 噪声源强值

78. 工业企业声环境保护目标调查表包括（　　）。

　A. 保护目标名称　　　　　　　　　B. 空间相对位置

　C. 距厂界最近距离、方位　　　　　D. 执行标准/功能区类别

79. 公路、城市道路声环境保护目标调查表包括（　　）。

　A. 保护目标名称　　　　　　　　　B. 所在路段

　C. 距道路中心线距离　　　　　　　D. 不同功能区户数

80. 铁路、城市轨道交通声环境保护目标调查表包括（　　）。

　A. 保护目标名称　　　　　　　　　B. 行政区划

　C. 功能区划　　　　　　　　　　D. 轨面与保护目标地面高差

81. 机场声环境保护目标调查表包括（　　）。

　A. 保护目标名称　　　　　　　　　B. 行政区划

　C. 保护目标坐标　　　　　　　　　D. 保护目标类型、轨面

82. 下列属于陆生植被调查内容的有（　　）。

　A. 植被类型　　　B. 植被分布　　　C. 群落结构　　　D. 物种组成

83．关于生态现状调查方法，下列说法正确的是（　　）。

A．使用资料收集法时，应保证资料的现时性，引用资料必须建立在现场校验的基础上

B．专家和公众咨询可以与资料收集和现场勘查不同步开展

C．对于生态系统生产力的调查，必要时需现场采样、实验室测定

D．遥感调查过程中没有必要辅助现场勘查工作

84．利用资料收集法进行生态现状调查时，可以从下列方面进行资料收集（　　）。

A．可以从农、林、牧、渔和生态环境部门收集资料

B．可以从环境影响报告书、有关污染源调查报告中收集资料

C．可以从生态保护规划、生态功能区划中收集资料

D．可以从植物志、动物志、地方志中收集资料

85．在海洋生态调查中，海洋生态要素调查包括（　　）。

A．海洋生物要素调查　　　　　　B．海洋环境要素调查

C．入海污染要素调查　　　　　　D．海水养殖生产要素调查

86．植被中物种的重要值取决于物种的（　　）。

A．相对密度　　　B．相对优势度　　　C．相对盖度　　　D．相对频度

87．以下属于陆生动物中两栖爬行类调查方法有（　　）。

A．全部计数法　　　　B．样线（带）法　　　C．鸣叫调查法

D．卵块或窝巢计数法　　　E．访问调查法　　　F．红外相机陷阱法

88．在植物样方调查时，以下必须调查的指标是（　　）。

A．经济价值　　　　　　B．生物量　　　　　　C．覆盖度

D．密度　　　　　　　　E．抗病虫性

89．样地调查收割法的局限性在于不能计算（　　）。

A．草食性动物所吃掉的物质

B．绿色植物自身代谢所耗费的物质

C．绿色植物自身生长、发育所耗费的物质

D．绿色植物当时有机物质的数量

90．在陆生动物鸟类多样性调查时，鸟类物种调查的方法包括（　　）。

A．样线（线路或条带）调查法　　　　B．样点调查法

C．分区直数法　　　　　　　　　　　D．红外相机陷阱法

91．水生生态调查初级生产力测定方法有（　　）。

A．氧气测定法　　　　　　　　　　　B．原子吸收光谱测定法

C．CO_2测定法　　　　　　　　　　D．叶绿素测定法

　　E．放射性标记物测定法

92．某油气田开发项目位于西北干旱荒漠区，占地面积 100 km²，1 km 外有以保护鸟类为主的国家重要湿地保护区，下列方法中，可用于评价该项目生态环境现状的有（　　　）。

　　A．图形叠置法　　　　　　　　　B．列表清单法

　　C．单因子指数法　　　　　　　　D．景观生态学法

93．某风电场建设项目，符合鸟类调查要求的有（　　　）。

　　A．选择不同的季节调查　　　　　B．覆盖各种栖息地调查

　　C．每条样线要进行 2 次以上调查取样　　　D．可采用全查法

94．下列工程项目中，可采用景观生态学方法进行生态现状调查与评价的有（　　　）。

　　A．大型水利工程　　　　　　　　B．输油管道工程

　　C．铁路建设工程　　　　　　　　D．人防工程

95．下列工程项目中，应采用景观生态学方法进行生态影响预测与评价的有（　　　）。

　　A．垃圾焚烧厂　　　　　　　　　B．花卉基地建设

　　C．城市住宅小区开发项目　　　　D．具有多年调节性能的大型水电站

96．景观生态学方法对景观的功能和稳定性分析包括（　　　）。

　　A．生物恢复力分析　　　　　　　B．异质性分析

　　C．景观组织的开放性分析　　　　D．稳定性分析

　　E．种群源的持久性和可达性分析

97．景观生态学对生态环境质量状况的评判是通过（　　　）进行的。

　　A．空间结构分析　　　　　　　　B．物种量分析

　　C．生物生产力分析　　　　　　　D．功能与稳定性分析

98．关于生态现状评级图件的相关要求，说法正确的有（　　　）。

　　A．一级、二级评级需植被类型图、土地利用现状图、重要物种重要生境分布图、生态系统类型分布图等

　　B．一级、二级所涉及国家重点保护野生动植物，需图示工程与物种生境分布的空间关系

　　C．涉及生态敏感区的，需图示生态敏感区及其主要保护对象、功能分区与工程的位置关系

　　D．三级评价需土地利用现状图、植被类型图、生态保护目标分布图等

99．关于陆生两栖爬行动物调查的有关说法，正确的有（　　　）。

　　A．调查应在繁殖季节进行调查，宜以天为频度开展观察

　　B．在一个样点（样地）最好能进行 2 次以上的调查

C. 应覆盖评价区各种栖息地类型，每种生境确定不同数量的调查点和线

D. 调查方法包括全部计数法、样线（带）法、鸣声计数法、卵块或窝巢计数法、访问调查法

100. 景观生态学方法对生态环境质量状况的评判是通过（　　　）。

A. 空间结构分析　　　　　　　　　B. 生态完整性

C. 生态系统演替规律　　　　　　　D. 功能与稳定性分析

101. 生态现状调查与评价中，调查前要针对调查的对象、区域，收集整理现有的相关资料，包括（　　　）。

A. 地理位置　　　　　　　　　　　B. 地形地貌

C. 土壤、气候　　　　　　　　　　D. 植被、农业和林业相关资料

102. 生态现状调查与评价中，调查路线或调查点的设立的特点（　　　）。

A. 代表性　　　　B. 随机性　　　　C. 整体性　　　　D. 可行性

103. 关于陆生动物鸟类物种多样性调查，需分析与评价的内容包括（　　　）。

A. 对调查区域的鸟类进行地理区划分析

B. 分析评价区不同生境类型的代表性鸟类

C. 居留类型分析

D. 栖息生境及质量

104. 采用踪迹判断法对哺乳类物种进行调查，可以得到哺乳动物的下列哪些内容（　　　）。

A. 生境偏好　　　　B. 具体数量　　　　C. 雌雄性别　　　　D. 个体相对大小

105. 关于陆生植被与植物调查，调查方法包括（　　　）。

A. 样方法　　　　　　　　　　　　B. 样线（带）法

C. 全查法　　　　　　　　　　　　D. 访问调查法

106. 下列属于陆生植被与植物现状调查的分析与评价内容的有（　　　）。

A. 植被类型分析　　　　　　　　　B. 物种的生境状况分析

C. 区系组成分析　　　　　　　　　D. 用途及价值类型分析

107. 根据《生物多样性观测技术导则　内陆水域鱼类》，内陆水域鱼类物种资源调查主要观测方法有（　　　）。

A. 鱼类早期资源调查　　　　　　　B. 渔获物调查

C. 标记重捕法　　　　　　　　　　D. 遗传结构分析

108. 根据《生物多样性观测技术导则　内陆水域鱼类》，鱼类物种资源调查内容包括（　　　）。

A. 鱼类物种多样性　　　　　　　　B. 鱼类群落结构

C. 鱼类个体生物学及种群结构　　　D. 鱼类种群遗传结构

109. 根据《生物多样性观测技术导则　水生维管植物》，水生维管植物种类及其数量特征主要观测方法有（　　）。

　　A. 样方法　　　　　B. 样点截取法　　　　C. 遥感法　　　　　D. 收获法

110. 根据《生物多样性观测技术导则　陆生维管植物》（HJ 710.1—2014），下列属于森林植物分类观测的有（　　）。

　　A. 对胸径（DBH）≥3 cm 乔木、灌木植物的观测

　　B. 对 3 cm≥胸径（DBH）≥1 cm 乔木、灌木植物的观测

　　C. 对胸径（DBH）≥1 cm 乔木、灌木植物的观测

　　D. 对胸径（DBH）≤1 cm 乔木、灌木植物的观测

111. 根据《生物多样性观测技术导则　陆生维管植物》（HJ 710.1—2014），陆生维管植物需进行定性或定量描述的生境概况包括（　　）。

　　A. 地理位置、地形地貌　　　　　　B. 气候条件

　　C. 土壤状况　　　　　　　　　　　D. 植被状况

112. 根据《生物多样性观测技术导则　陆生维管植物》（HJ 710.1—2014），关于森林植物观测方法的有关描述，正确的有（　　）。

　　A. 对胸径（DBH）≥1 cm 乔木、灌木植物的观测内容包括植物个体标记、定位，胸径、冠幅、枝下高测量，物候期、个体生长状态观测，以及物种鉴定等

　　B. 对胸径（DBH）≤1 cm 乔木、灌木植物的观测内容包括个体标记、定位，基径、高度、冠幅测量，主干叶片数、根萌数、根萌叶片数的观测，生长状态观测，单个种盖度、样方总盖度的估计

　　C. 对胸径（DBH）≥1 cm 的高大灌丛植物的观测内容参照森林群落的观测方法

　　D. 对胸径（DBH）≤1 cm 或高度＜1.3 m 的灌木植物，观测内容包括个体（丛）标记、定位，个体（丛）高度和冠幅，物候期、每个灌木种的盖度，样方灌木总盖度，及个体（丛）生长状态

113. 根据《生物多样性观测技术导则　陆生哺乳动物》（HJ 710.3—2014），下列属于陆生哺乳动物观测方法的有（　　）。

　　A. 总体计数法　　　　　　　　B. 样方法

　　C. 可变距离样线法（截线法）　　D. 固定宽度样线法

114. 根据《生物多样性观测技术导则　鸟类》（HJ 710.4—2014），下列属于鸟类观测方法的有（　　）。

　　A. 样线法　　　　B. 样方法　　　　C. 样点法　　　　D. 目测法

115. 根据建设项目特点、可能产生的环境影响和当地环境特征，有针对性收集调查评价范围内的相关土壤资料，主要包括（　　）。

　　A. 土地利用现状图、土地利用规划图、土壤类型分布图

B．气象资料、地形地貌特征资料

C．土地利用历史情况

D．与建设项目土壤环境影响评价相关的其他资料

E．水文及水文地质资料

116．关于土壤环境影响评价项目类别划分，属于Ⅱ类的是（　　）。

A．库容 1 000 万 m^3 至 1 亿 m^3 的水库　　B．年出栏生猪 10 万头以上的养殖场

C．危险废物利用处置项目　　　　　　D．石油及成品油的输送管线

117．生态影响型建设项目土壤环境现状监测点布设应根据建设项目（　　）确定。

A．土壤环境影响类型　　　　　　　B．评价工作等级

C．土地利用类型　　　　　　　　　D．建设项目所在地的地形特征

E．地面径流方向

118．下列关于土壤环境现状监测点数量的要求，说法正确的有（　　）。

A．生态影响型建设项目可优化调整占地范围内、外监测点数量，保持总数不变

B．生态影响型建设项目占地范围超过 5 000 hm^2 的，每增加 1 000 hm^2 增加 1 个监测点

C．污染影响型建设项目可优化调整占地范围内、外监测点数量，保持总数不变

D．污染影响型建设项目占地范围超过 100 hm^2 的，每增加 20 hm^2 增加 1 个监测点

119．在土壤环境现状调查中，基本因子现状监测频次的要求有（　　）。

A．评价工作等级为一级的建设项目，应至少开展 1 次现状监测

B．评价工作等级为一级、二级的建设项目，应至少开展 1 次现状监测

C．评价工作等级为三级的建设项目，若掌握近 5 年至少 1 次的监测数据，可不再进行现状监测

D．引用监测数据应说明数据有效性

120．污染影响型建设项目土壤环境污染源类型包括（　　）。

A．大气沉降　　　B．土壤酸化　　　C．垂向入渗　　　D．地面漫流

121．关于土壤酸化、碱化分级，说法正确的是（　　）。

A．5.5≤pH<8.5，无酸化或碱化　　　B．4.5≤pH<5.5，轻度酸化

C．4.0≤pH<4.5，中度酸化　　　　　D．pH<3.5，极重度酸化

122．某地区土壤含盐量检测值为 1.5 g/kg，经判断属于未盐化，则该地区可能属于（　　）地区。

A．半干旱　　　　　　B．半湿润　　　　　　C．干旱

D．半荒漠　　　　　　E．荒漠

123. 关于建设项目土壤特性调查的有关说法，正确的是（　　　）。

A. 土壤理化特性调查内容主要包括土体构型、土壤结构、土壤质地、阳离子交换量、氧化还原电位、饱和导水率、土壤容重、孔隙度、有机质、全氮、有效磷、有效钾等

B. 土壤结构按形状分为块状、片状和柱状三大类；按其大小、发育程度和稳定性等分为团粒、团块、块状、棱块状、棱柱状、柱状和片状等

C. 土壤质地的精细判别依据是土壤颗粒大小。搓条法划定土壤为砂土、砂壤土、轻壤土或中壤土等

D. 测定土壤饱和导水率需选取原状土样进行室内环刀试验；测定土壤容重可采用环刀法、蜡封法、水银排除法、填沙法等，以环刀法应用最为广泛

124. 对生态影响型建设项目土壤理化特性调查时，调查内容有（　　　）。

A. 土壤质地　　　　　　　　　　B. 植被特征

C. 地下水位埋深　　　　　　　　D. 地下水溶解性总固体

125. 进行土壤环境现状调查时，可采用（　　　）方法。

A. 资料收集　　　　　　　　　　B. 现场调查

C. 现状监测　　　　　　　　　　D. 物料衡算法

126. 土壤剖面调查表中应包含（　　　）。

A. 景观照片　　　　　　　　　　B. 土壤剖面照片

C. 层次　　　　　　　　　　　　D. 经纬度

127. 关于农田土壤采样的说法，正确的是（　　　）。

A. 对角线法适用于污灌农田土壤，对角线分5等份，以等分点为采样分点

B. 梅花点法适用于面积较小，地势平坦，土壤组成和受污染程度相对比较均匀的地块

C. 棋盘式法适用于面积大，地势平坦，土壤均匀的地块，设分点10个左右；受污泥、垃圾等固体废物污染的土壤，设分点20个以上

D. 蛇形法适宜于面积较大、土壤不够均匀且地势不平坦的地块，多用于农业污染型土壤

128. 根据《环境影响评价技术导则　土壤环境（试行）》，涉及大气沉降影响的改、扩建项目，可（　　　）。

A. 在主导风向上、下风向适当增加监测点位

B. 在主导风向下风向适当增加监测点位

C. 以反映降尘对土壤环境的影响

D. 以反映降雨对土壤环境的影响

129. 进行土壤环境现状调查时，应考虑的因素有（　　　）。

　A. 土壤结构　　　　　　　　　B. 土壤类型
　C. 土壤分布　　　　　　　　　D. 污染情况

130. 关于土壤环境现状监测因子，以下说法正确的是（　　　）。
　A. 分为基本因子和建设项目的特征因子
　B. 根据调查评价范围内的土地利用类型选取基本因子
　C. 一般的监测点位可仅监测特征因子
　D. 新建项目可仅监测特征因子

131. 生态影响型建设项目土壤环境补充调查内容包括（　　　）。
　A. 植被特征　　　　　　　　　B. 地下水位埋深
　C. 溶解性总固体　　　　　　　D. 有机质

132. 进行野外土壤鉴别时，土壤结构类型按形状进行分类的类别有（　　　）。
　A. 块状　　　　B. 团状　　　　C. 片状　　　　D. 柱状

133. 土壤环境现状评价方法包括（　　　）。
　A. 单污染指数法　　　　　　　B. 综合指数法
　C. 污染分担率评价法　　　　　D. 内梅罗污染指数评价法

参考答案

一、单项选择题

1. A　【解析】根据《建设项目环境影响评价技术导则　总纲》5.3.2 环境保护目标调查　调查评价范围内的环境功能区划和主要的环境敏感区，详细了解环境保护目标的地理位置、服务功能、四至范围、保护对象和保护要求等。

2. C　【解析】根据《环境影响评价技术导则　大气环境》，计算环境空气保护目标和网格点的环境质量现状浓度属于一级评价项目现状调查内容。

3. B　【解析】对于位于环境空气质量一类区的环境空气保护目标或网格点，各污染物环境质量现状浓度可取符合 HJ 664 规定，并且与评价范围地理位置邻近、地形、气候条件相近的环境空气质量区域点或背景点的监测数据。基本污染物必须开展年指标评价，因此补充监测的数据是无法满足年评价指标要求的。

4. A　【解析】根据《环境影响评价技术导则　大气环境》3.3，基本污染物指 GB 3095 中规定的基本项目污染物，包括 SO_2、NO_2、PM_{10}、$PM_{2.5}$、CO 和 O_3。

5. B　【解析】根据《环境影响评价技术导则　大气环境》附录 C 中表 C.5 区域空气质量现状评价内容包括污染物、年评价指标、现状浓度、标准值、占比率及达标情况。区域达标判定优先采用国家或地方生态环境主管部门公开发布的评价基准年环境质量公告或环境质量报告中的数据或结论，现状浓度是单个值，不是范围。

6. A　【解析】根据技术方法教材"大气环境现状调查与评价"中基本污染物年评价指标要求，$PM_{2.5}$ 为年平均，24 h 平均第 95 百分位数。

7. C　【解析】参加统计计算的监测数据必须是符合要求的监测数据，无效数据不纳入统计计算，未检出的数据纳入统计计算，故超标率=12/（28-4）×100%=50%。

8. D　【解析】环境空气现状监测的监测因子应与评价项目排放的污染物相关，应包括评价项目排放的常规污染物和特征污染物。铅酸蓄电池电极主要由铅及其氧化物制成，电解液是硫酸溶液。铅酸蓄电池生产企业的所有生产工序均不同程度产生以铅尘、铅烟为主的有害物质，少部分工序还有硫酸雾的散逸。因此对铅酸蓄电池项目进行环境影响评价时，环境空气现状监测的特征因子是铅尘。

9. C　【解析】根据《环境影响评价技术导则　大气环境》6.3.1.1，监测因子的污染特征，选择污染较重的季节进行现状监测。

10. A　【解析】根据技术方法教材第三章第二节，大气环境现状调查与评价，超标倍数计算按公式 $B_i=（C_i-S_i）/S_i=C_i/S_i-1=620/500-1=0.24$，其中 C_i 为超标因子的浓度值，S_i 为超标因子的标准值。

11. D　【解析】根据技术方法教材中大气环境现状调查与评价（大气污染源调查—数据来源与要求），污染源监测数据应采用满负荷工况下的监测数据或者换算至满负荷工况下的排放数据。

12. D　【解析】根据《环境影响评价技术导则　大气环境》（HJ 2.2），补充监测应至少取得 7 天有效数据。

13. C　【解析】根据《环境影响评价技术导则　大气环境》（HJ 2.2），补充监测布点以 20 年统计的当地主导风向为轴向，在厂址及主导风向下风向 5 km 范围内设置 1～2 个监测点。

14. A　【解析】根据《环境空气质量标准》（GB 3095—2012），SO_2 数据统计的有效性为：① 年平均指每年至少有 324 个日平均浓度值，每月至少有 27 个日平均浓度值（二月至少有 25 个日平均浓度值）；② 24 h 平均指每日至少有 20 个小时平均浓度值或采样时间；③ 1 h 平均指每个小时至少有 45 min 的采样时间。结合题目，只能统计分析 SO_2 1 h 平均浓度。季平均浓度在 SO_2 标准中没有此值的统计。

15. D　【解析】总悬浮颗粒物（TSP）、苯并[a]芘（BaP）、铅（Pb）每日应有 24 h 的采样时间。

16. D　【解析】根据环境空气质量评价技术规范附录 A 计算公式。SO_2 第 98 百分位数浓度的序数 $K=1+（365-1）×98\%=357.72$，第 98 百分位数 $m_{98}=X_{(357)}+$

$[X_{(358)}-X_{(357)}]\times(357.72-357)$。

17. A 【解析】《大气环境质量标准修改单》，二氧化硫、二氧化氮、一氧化碳、臭氧、氮氧化物等气体污染物采用参比状态（大气温度为 298.15 K，大气压力为 1 013.25 hPa 时的状态）。颗粒物（粒径≤10 μm）、颗粒物（粒径≤2.5 μm）、总悬浮颗粒物及其组分铅、苯并[a]芘等采用实况浓度（为监测时大气温度和压力下的浓度）。氮氧化物采用参比状态下浓度：157×（273+10）/298.15=149。

18. D 【解析】超标倍数=（0.28-0.24）/0.24=0.17。

19. C 【解析】根据环境空气质量评价技术规范，PM_{10} 年平均浓度数据统计有效性规定为每年至少有 324 个日平均浓度值，每月至少有 27 个日平均浓度值（二月至少有 25 个日平均浓度值）。

20. D 【解析】根据环境空气质量评价技术规范，SO_2、NO_2、PM_{10}、$PM_{2.5}$、O_3、TSP、NO_x 保留小数位 0 位；CO 保留小数位 1 位；Pb 保留小数位 2 位；苯并[a]芘保留小数位 4 位。

21. A 【解析】根据《环境影响评价技术导则　大气环境》，如项目评价范围涉及多个行政区，需分别评价各行政区的达标情况，若存在不达标行政区，则判定项目所在评价区域为不达标区。

22. B 【解析】根据《环境影响评价技术导则　大气环境》，项目所在区域达标判定，优先采用国家或地方生态环境主管部门公开发布的评价基准年环境质量公告或环境质量报告中的数据或结论。

23. D 【解析】D 选项为《环境影响评价技术导则　大气环境》（HJ 2.2—2008）的内容，注意区分新老导则相关内容。

24. A 【解析】对采用补充监测数据进行现状评价的，取各污染物不同评价时段监测浓度的最大值作为评价范围内环境空气保护目标的环境质量现状浓度。

25. D 【解析】根据《环境影响评价技术导则　大气环境》附录 C.3 中表 C.5～表 C.8，基本污染物环境质量现状评价包括监测点、污染物、年评价指标、评价标准、现状浓度、占标率、超标频率、达标情况；其他污染物环境质量现状评价包括监测点、污染物、平均时间、评价标准、监测浓度范围、最大浓度占标率、超标频率、达标情况。

26. C 【解析】根据《环境影响评价技术导则　大气环境》5.5，评价所需环境空气质量现状、气象资料等数据的可获得性、数据质量、代表性等因素，选择近 3 年中数据相对完整的 1 个日历年作为评价基准年。

27. A 【解析】其他污染物环境质量现状数据，优先采用评价范围内国家或地方环境空气质量监测网中评价基准年连续 1 年的监测数据；评价范围内没有环境空气质量监测网数据或公开发布的环境空气质量现状数据的，可收集评价范围内近

3 年与项目排放的其他污染物有关的历史监测资料；在没有以上相关监测数据或者监测数据不能满足规定的评价要求时，应按要求进行补充监测。

28. B 【解析】一种污染物在敏感点的大气环境质量的贡献值叠加计算，方法是所有贡献值的加和，本题中敏感点背景值17、现有工程贡献值3、新建化工项目贡献值7，热电厂贡献值8（需要注意的是热电机组替代的供暖污染源为3，故需减去）、技改项目贡献值7，故结果为：$3+17+7+8-3+7=39$（mg/m^3）。

29. D 【解析】正常运行的已建项目环境影响体现于背景值，不属于污染源调查范畴。

30. D 【解析】对于编制报告书的工业项目，分析调查受本项目物料及产品运输影响的交通运输移动源，包括运输方式、新增交通流量、排放污染物及排放量。

31. A 【解析】对于城市快速路、主干路等城市道路的新建项目，需调查道路交通流量及污染物排放量。

32. A 【解析】根据《环境影响评价技术导则　大气环境》，改、扩建项目现状工程污染源调查，依次优先使用项目监督性监测数据、在线监测数据、年度排污许可执行报告、自主验收报告、排污许可证数据、环评数据或补充污染源监测数据等。

33. B 【解析】根据《环境影响评价技术导则　大气环境》，一级评价项目调查评价范围内与评价项目排放污染物有关的其他在建项目、已批复环境影响评价文件的拟建项目等污染物。

34. B 【解析】根据《环境影响评价技术导则　大气环境》，区域现状污染源排放清单数据应采用近3年内国家或地方生态环境主管部门发布的包含人为源和天然源在内所有区域污染源清单数据。

35. C 【解析】根据《环境影响评价技术导则　大气环境》，一级评价项目对于编制报告书的工业项目，分析调查受本项目物料及产品运输影响新增的交通运输移动源，包括运输方式、新增交通流量、排放污染物及排放量。

36. C 【解析】根据《环境空气质量监测定位布设技术规范（试行）》（5.2环境空气质量评价区域点、背景点），环境空气质量评价区域点和背景点应远离城市建成区和主要污染源，区域点原则上应离开城市建成区和主要污染源20 km以上，背景点原则上应离开城市建成区和主要污染源50 km以上。

37. D 【解析】根据《环境影响评价技术导则　大气环境》附录C.4.1点源调查内容，包括：①排气筒底部中心坐标以及排气筒底部的海拔高度；②排气筒几何高度及出口内径；③烟气流速；④排气筒出口处烟气温度；⑤各主要污染物排放速率，排放工况，年排放小时数。调查的是出口处的烟气温度，不是环境温度。

38. C 【解析】根据《环境空气质量手工监测技术规范》6.3滤膜采样法，滤膜采样法适用于总悬浮颗粒物、可吸入颗粒物、细颗粒物等大气颗粒物的质量浓度监测及成分分析，依据颗粒物中重金属、苯并[a]芘、氟化物（小时和日均浓度）等污染物的样品采集。6.3.5.2 样品运输过程中，应避免剧烈振动。对于需平放的滤膜，保持滤膜采集面向上。

39．D 【解析】2009 年考题。当某排气筒的高度大于或小于《大气污染物综合排放标准》列出的最大或最小值时，以外推法计算其最高允许排放速率。低于《大气污染物综合排放标准》表列排气筒高度的最低值时（标准中表 1 和表 2），计算公式为：

$$Q = Q_c\,(h/h_c)^2$$

式中：Q——某排气筒最高允许排放速率；

Q_c——表列排气筒最低高度对应的最高允许排放速率；

h——某排气筒的高度；

h_c——表列排气筒的最低高度。

所有的污染物的排气筒最低高度是 15 m，因此，上述公式适用。

本题：$Q = 3.50 \times (7.5/15)^2 = 0.875 \approx 0.88$（kg/h）。

同时，《大气污染物综合排放标准》还规定：若新污染源的排气筒必须低于 15 m 时，其排放速率标准值按外推法计算结果再严格 50% 执行。因此，本题排放速率应为 0.44 kg/h。

40．C 【解析】《大气污染物综合排放标准》规定：排气筒高度应高出周围 200 m 半径范围的建筑 5 m 以上，不能达到该要求的排气筒，应按其高度对应的排放速率标准值严格 50% 执行。

41．C 【解析】某排气筒高度处于两高度之间，用内插法计算其最高允许排放速率，按下式计算：

$$Q = Q_a + (Q_{a+1} - Q_a)(h - h_a)/(h_{a+1} - h_a)$$

式中：Q——某排气筒最高允许排放速率；

Q_a——比某气筒低的表列限值中的最大值；

Q_{a+1}——比某排气筒高的表列限值中的最小值；

h——某排气筒的几何高度；

h_a——比某排气筒低的表列高度中的最大值；

h_{a+1}——比某排气筒高的表列高度中的最小值。

本题：$Q = 130 + (170 - 130)(95 - 90)/(100 - 90) = 150$（kg/h）。

42．A 【解析】根据《建设项目主要污染物排放总量指标审核及管理暂行办法》，用于建设项目的"可替代总量指标"不得低于建设项目所需替代的主要污染物排放总量指标。上一年度环境空气质量年平均浓度不达标的城市、水环境质量未达到要求的市县，相关污染物应按照建设项目所需替代的主要污染物排放总量指标的 2 倍进行削减替代（燃煤发电机组大气污染物排放浓度基本达到燃气轮机组排放限值的除外）；细颗粒物（$PM_{2.5}$）年平均浓度不达标的城市，二氧化硫、氮氧化物、烟粉尘、挥发性有机物四项污染物均需进行 2 倍削减替代（燃煤发电机组大气污染物排放浓度基本达到燃气轮机组排放限值的除外）。地方有更严格倍量替代要求的，按照相关规定执行。

43. D　【解析】混合层的高度决定了垂直方向污染物的扩散能力。题中混合层高度由 200 m 变为 600 m，变化幅度大，在平均风速略微减小的情况下，混合层高度的大幅增加是污染物扩散的主导因素，故在污染源排放不变的情况下，第二天环境空气质量将会好转。

44. C

45. C　【解析】大气的水平运动称为风，风是由高压吹向低压。在同一水平面上，温度高、气压低，温度低、气压高。当日出以后，太阳辐射光照射到山坡上，山坡上的空气比谷底上同高度的空气温度高、密度小、气压低，因而谷底空气将沿山坡上升，形成由山谷吹向山坡的风，称为谷风。山坡向上升的气流上升到一定高度后就向山谷流动，在高空形成反谷风，在山谷间形成谷风局地环流。晚上则相反。

46. B　47. B

48. C　【解析】连续 45° 风向，主导风向角风频之和 20% + 18%＞30%，故新建热电场址在城市的西面。也可根据各风向出现的频率、静风频率，可在极坐标中按各风向标出其频率的大小，绘制各季及年平均风向玫瑰图，从而确定主导风向。

49. C

50. D　【解析】海陆风是指在大水域（海洋和湖泊）的沿岸地区，在晴朗、小风的气象条件下，由于昼夜水域和陆地的温差，日间太阳辐射使陆面增温高于水面，水面有下沉气流产生，贴地气流由水面吹向陆面，在海边形成海风，而夜间则风向相反，成为陆风。也就是白天吹海风，夜间吹陆风。

51. C　【解析】离地高度 3 000 m 以内的有效数据层数应不少于 10 层。

52. D　【解析】估算模型 AERSCREEN 和 ADMS 的地表参数根据模型特点取项目周边 3 km 范围内占地面积最大的土地利用类型来确定。

53. B　【解析】AERMOD 所需的区域湿度条件划分可根据中国干湿地区划分来进行选择。

54. A　【解析】《环境影响评价技术导则　大气环境》附录 C.3.4 原文：“在基础底图上叠加环境质量现状监测点位分布，并明确标示国家监测站点、地方监测站点和现状补充监测点的位置。”

55. A　【解析】根据《环境影响评价技术导则　地表水环境》第 6.6.5 条，不是所有水文要素影响型建设项目都要开展建设项目所在区域、流域的水资源与开发利用状况调查，对一级、二级提出要求。

56. D　【解析】根据《环境影响评价技术导则　地表水环境》6.6.3.4 原文，水污染影响型建设项目一、二级评价时，应调查收纳水体近 3 年的水环境质量数据，分析其变化趋势。

57. D　【解析】根据《环境影响评价技术导则　地表水环境》6.6.6.4 原文，水污染影响型建设项目开展与水质调查同步进行的水文测量，原则上可只在一个时期（水期）内进行。

58. C　【解析】根据《环境影响评价技术导则　地表水环境》第 6.6.2 条，区域水污染源调查，应详细调查与建设项目排放污染物同类的，或有关联关系的已建项目、在建项目、拟建项目等污染源。水污染影响型三级 A 评价与水文要素影响型三级评级，主要收集利用与建设项目排放口的空间位置和所排污染物的性质关系密切的污染源资料，可不进行现场调查及现场监测。

59. C　【解析】根据《环境影响评价技术导则　地表水环境》B.2.2，面污染源调查内容原文，c）畜禽养殖污染源：调查畜禽养殖的种类、数量、养殖方式、粪便污水收集与处置情况、主要污染物浓度、污水排放方式和排污负荷量、去向及受纳水体等。畜禽粪便污水作为肥水进行农田利用的，需考虑畜禽粪便污水土地承载力。

60. B　【解析】根据《环境影响评价技术导则　地表水环境》附录 C，对于湖库，每个水期可监测一次，每次同步连续取样 2～4 d，每个水质取样点每天至少取一组水样，在水质变化较大时，每间隔一定时间取样一次。溶解氧和水温监测频次，每间隔 6 h 取样监测一次，在调查取样期内适当监测藻类。

61. D　【解析】根据《地表水环境质量监测技术规范》4.1.1.1 原文，A 选项正确；4.2.4.2（i）原文，B 选项正确；4.2.4.4（c），C 选项正确；4.2.4.4（d），使用虹吸装置取上层不含沉降性固体的水样，移入样品瓶，虹吸装置进入尖嘴应保持插至水样表层 50 mm 以下位置。

62. A　【解析】大中型湖泊、水库，当建设项目污水排放量 $<50\,000\ m^3/d$ 时：① 一级评价每 $1～2.5\ km^2$ 布设一个取样位置；② 二级评价每 $1.5～3.5\ km^2$ 布设一个取样位置；③ 三级评价每 $2～4\ km^2$ 布设一个取样位置。当建设项目污水排放量 $>50\,000\ m^3/d$ 时：① 一级评价每 $3～6\ km^2$ 布设一个取样位置；② 二、三级评价每 $4～7\ km^2$ 布设一个取样位置。

63. B　【解析】根据《环境影响评价技术导则　地表水环境》附录 C.2.3 原文，溶解氧和水温监测频次，每间隔 6 h 取样监测一次。

64. C　【解析】湖库采样频次为每个水期可监测一期，每次同步连续取样 2～4 d，每个水质取样点每天至少取一组水样。

65. C　【解析】溶解氧和水温监测频次，每间隔 6 h 取样监测一次。

66. C　【解析】《环境影响评价技术导则　地表水环境》6.2.2 原文，受纳水体为湖库时，以排放口为圆心，调查半径在评价范围基础上外延 20%～50%。

67. D　【解析】根据《环境影响评价技术导则　地表水环境》附录 B2.3，底泥物理指标包括力学性质、质地、含水率、粒径等；化学指标包括水域超标因子、与本项目排放污染物相关的因子。

68. B　【解析】根据《环境影响评价技术导则　地表水环境》表 1 注 2，应统计含热量大的冷却水的排放量，可不统计间接冷却水、循环水以及其他含污染物极少的清净下水的排放量。

69. A　【解析】根据《环境影响评价技术导则　地表水环境》表 2，水文要素影响型建设项目评价等级划分时，与径流有关的指标是兴利库容与年径流量百分比、取水量占多年平均径流量百分比。

70. D　【解析】根据《环境影响评价技术导则　地表水环境》附录 D 中溶解氧的标准指数计算公式。本题中饱和溶解氧大于实测溶解氧，故 $S_{DO, j}=|10-12|/(10-5)=0.4$。

71. C　【解析】维持水生生态系统稳定所需最小水量一般不应小于河道控制断面多年平均流量的 10%，则该电站下泄的水量最小 = 2 + 1.5 + 20×10% = 5.5（m^3/s）。

72. B　【解析】标准指数大于 1 时超标，等于不算超标，故超标率=3/6=50%。

73. D　【解析】根据《环境影响评价技术导则　地表水环境》6.9.3 原文，底泥污染状况评价方法采用单项污染指数法评价。

74. B　【解析】根据《环境影响评价技术导则　地表水环境》附录 D.1.2 公式进行计算。$DO_f=468/（31.6+23）=8.57$，$DO_j=4.5$，$DO_s=6$。$DO_j<DO_f$，因此 $S_{DO}=DO_s/DO_j=1.33$

75. A　【解析】在单项指数法中，推荐采用标准指数，特殊因子为 pH 时，即当 $pH_j≤7.0$ 时，采用的公式为：$S_{pH, j} = （7.0 - pH_j）/（7.0 - pH_{sd}）$，式中，$S_{pH, j}$ 为 pH 的标准指数；pH_j 为 pH 的实测统计代表值；pH_{sd} 为评价标准中 pH 的下限值。代入数值得该河流 pH 的标准指数为 0.7。《地表水环境质量标准》规定，pH 范围为 6～9，则 $pH_{sd}=6$。水质因子的标准指数≤1 时，表明该水质因子在评价水体中的浓度符合水域功能及水环境质量标准的要求。

76. B　【解析】水质评价方法采用单因子指数评价法。单因子指数评价是将每个水质因子单独进行评价，利用统计及模式计算得出各水质因子的达标率或超标率、超标倍数、水质指数等项结果。水质因子的标准指数≤1 时，表明该水质因子在评价水体中的浓度符合水域功能及水环境质量标准的要求。标准指数计算公式为：$S_{i,j} = c_{i,j}/c_{s,i}$。式中，$S_{i,j}$ 表示标准指数；$c_{i,j}$ 表示评价因子 i 在 j 点的实测统计代表值，mg/L；$c_{s,i}$ 表示评价因子 i 的评价标准限值，mg/L。依据题意，该监测点 COD 标准指数 = c_1（该点处 COD 实测统计代表值）/c_2（该点处 COD 评价标准限值）= 2.3。因此，$c_1 = 2.3c_2$，该点处 COD 超标倍数 = $(c_1 - c_2)/c_2$ = 1.3，表示该点位 COD 超标 1.3 倍。

77. A 【解析】《环境影响评价技术导则 地表水环境》在地表水环境现状评价时，水质参数的标准指数＞1，表明该水质参数超过了规定的水质标准，不能满足使用要求，因此监测浓度等于标准值时属于达标。

78. C 【解析】根据《环境影响评价技术导则 地表水环境》6.7.2.2 原文，建设项目需要确定生态流量时，应结合主要生态保护对象敏感用水时段进行调查分析。

79. A 【解析】水文调查与水文测量宜在枯水期进行。必要时，可根据水环境影响预测需要、生态环境保护要求，在其他时期（丰水期、枯水期、冰封期等）进行。

80. D 【解析】地下水露头的调查是整个地下水环境地面调查的核心。地下水的天然露天包括泉、地下水溢出带、某些沼泽湿地、岩溶区的暗河出口及岩溶洞穴等。①通过对泉水出露条件和补给水源的分析，可帮助确定区内的含水层层位；②根据泉的出露标高，可确定地下水的埋藏条件；③泉的流量、涌势、水质及其动态，在很大程度上代表着含水层（带）的富水性、水质和动态变化规律，并在一定程度上反映出地下水是承压水还是潜水；④根据泉水的出露条件，还可判别某些地质或水文地质条件，如断层、侵入体接触带或某种构造界面的存在，或区内存在多个地下水系统等。

81. C 【解析】根据《环境影响评价技术导则 地下水环境》8.2.2.1 原文，建设项目（除线性工程外）地下水环境影响现状调查评价范围可采用公式计算法、查表法和自定义法确定。

82. C 【解析】$v = K \times I = 100 \times 0.5\% = 0.5$ m/s，$u = v/n_e = 0.5/25\% = 2$ m/s，$T = L/u = 300/2 = 150$ d。

83. A 【解析】地下水位埋深越浅，地下水占用毛细水上升高度越大，所以当埋深浅的地下水位下降时，释放出了一部分毛细水上升高度，这部分高度将会填充毛细水，导致给水度小。

84. D 【解析】等水位线由密变疏，表明含水层透水性变好或含水层变更；在含水层厚度大、渗透性好、地下水流汇集的地方即为地下水富集区。

85. A 【解析】描述孔隙含水层的基本水文地质参数有：① 孔隙度，指某一体积岩石（包括孔隙在内）中孔隙体积所占的比例。② 给水度，即把地下水位下降一个单位深度，从地下水位延伸到地表面的单位水平面积岩石柱体，在重力作用下释出的水的体积。③渗透系数，又称水力传导系数。在各向同性介质中，它定义为单位水力梯度下的单位流量，表示流体通过孔隙骨架的难易程度；在各向异性介质中，渗透系数以张量形式表示。

86. D　【解析】潜水是指地表以下，第一个稳定隔水层以上具有自由水面的地下水。潜水没有隔水顶板，或只有局部的隔水顶板。承压水是指充满于上下两个隔水层之间的地下水，其承受压力大于大气压力。承压含水层上部的隔水层（弱透水层）称作隔水顶板，下部的隔水层（弱透水层）称作隔水底板。隔水顶底板之间的距离为承压含水层厚度。在自然与人为条件下，潜水与承压水经常处于相互转化之中。显然，除了构造封闭条件下与外界没有联系的承压含水层外，所有承压水最终都是由潜水转化而来，或由补给区的潜水侧向流入，或通过弱透水层接受潜水的补给。

87. B　【解析】根据《环境影响评价技术导则　地下水环境》，评价等级为一级的建设项目，若掌握近3年内至少一个连续水文年的枯、平、丰水期地下水位动态观监测资料，评价其至少开展一期地下水位监测，故本项目开展一期地下水位监测（A选项）；若掌握近3年至少一期的水质监测数据，基本水质因子可在评价期补充开展一期现状监测，故查表可知，山前冲（洪）积区一级评价基本水质因子在枯、丰水期开展监测（C选项）；特征因子在评价期内需至少开展一期现状值监测（D选项）。

88. B　【解析】达西定律适用于层流，雷诺数小于10。

89. C　【解析】污水处理设施泄漏为事故排放，事故排放后，泄漏的污染物会形成污染羽随着地下水的流动而向下游迁移扩散。在污水处理设施立即修复以后，事故排放源消失，已形成的污染羽的中心浓度会因地下水的机械过滤、对流、弥散、吸附解析、溶解沉淀、氧化还原等作用而降低。

90. A　【解析】包气带厚度越大，污染物衰减的机会越多，防污性能越强；中介颗粒越大，裂隙或溶隙越多，渗透性越好，污染物的衰减能力越低，防污性能越差。

91. C　【解析】根据《环境影响评价技术导则　地下水环境》8.3.3.3，一般情况下，该类地区一级、二级评价项目至少设置3个监测点，三级评价项目根据需要设置一定数量的监测点。

92. B　【解析】根据《环境影响评价技术导则　地下水环境》8.3.3.4，建设项目为改、扩建项目，且特征因子为DNAPLs（重质非水相液体）时，应至少在含水层底部取一个样品。

93. B　【解析】根据《环境影响评价技术导则　地下水环境》8.3.3.6地下水环境现状监测频率要求，b）一级评价项目，地下水现状监测时，若掌握近3年至少一期水质监测数据，基本水质因子可在评价期补充开展一期现状监测；特征因子在评价期内需至少开展一期现状值监测。

94. D　【解析】根据《环境影响评价技术导则　地下水环境》8.3.4.4，环境水文地质试验项目通常有抽水试验、注水试验、渗水试验、浸溶试验及土柱淋滤试验等。

95. A　【解析】根据《环境影响评价技术导则　地下水环境》8.4.1.2，地下水水质现状评价应采用标准指数法。

96. D　【解析】根据《环境影响评价技术导则　声环境》4.3.2 原文，声环境质量评价量为昼间等效 A 声级（L_d）、夜间等效 A 声级（L_n），夜间突发噪声的评价量为最大 A 声级（L_{Amax}）。

97. A　【解析】环境噪声现状测量要求，环境噪声测量为等效连续 A 声级；频发、偶发噪声，非稳态噪声测量还应有最大 A 声级及噪声持续时间，而脉冲噪声还应同时测量 A 声级和脉冲周期。

98. D　【解析】根据技术方法教材中"噪声源的几何发散"的相关内容，等效连续 A 声级（L_{eq} 或 L_{Aeq}）将某一段时间内连续暴露的不同 A 声级变化，用能量平均的方法以 A 声级表示该段时间内的噪声大小。

99. D　【解析】根据《环境影响评价技术导则　声环境》6.2 原文，噪声源需获取的参数、数据格式和精度应符合环境影响预测模型输入要求。

100. B　【解析】A 声级一般用来评价噪声源。对特殊的噪声源在测量 A 声级的同时还需要测量其频率特性，频发、偶发噪声，非稳态噪声往往需要测量最大 A 声级（L_{Amax}）。

101. C

102. D　【解析】声环境功能区的环境质量评价量为昼间等效声级、夜间等效声级，突发噪声的评价量为最大 A 声级。据 GB 3096，各类声环境功能区夜间突发噪声，其最大声级超过环境噪声限值的幅度不得高于 15 dB（A）。

103. A　104. B

105. B　【解析】根据《环境影响评价技术导则　声环境》7.3.1 原文，当声源为固定声源时，现状监测点应重点布设在可能同时受到既有声源和建设项目声源影响的声环境敏感目标处，以及其他有代表性的声环境保护目标处。图中声源为流动声源，且呈线声源特点，现状测点位置选取应兼顾敏感目标的分布状况、工程特点及线声源噪声影响随距离衰减的特点，对于道路，其代表性的敏感目标可布设在车流量基本一致、地形状况和声屏障基本相似、距线声源不同距离的敏感目标处。

106. D

107. B　【解析】根据《声环境质量标准》，2 类声环境功能区昼间环境噪声限值为 60 dB（A），故超标的居民点有 3 个。等于 60 dB（A）不算超标。

108. B　【解析】等效连续 A 声级的数学表达式为：$L_{eq}=10\lg\left(\dfrac{1}{T}\displaystyle\int_0^T 10^{0.1L_A(t)}dt\right)$

109. B

110. B　【解析】对工况企业环境噪声现状水平调查方法，现有车间的噪声现状调查，重点为 85 dB（A）以上的噪声源分布及声级分析。

111. D　【解析】根据《环境影响评价技术导则　声环境》7.5.1 原文，声环境保护目标与项目关系图比例尺不应小于 1∶10 000。

112. C　【解析】公路、铁路为线路型工程，其噪声现状水平调查应重点关注沿线的环境噪声敏感目标，具体方法为：① 调查评价范围内有关城镇、学校、医院、居民集中区或农村生活区在沿线的分布和建筑情况以及相应执行的噪声标准。② 通过测量调查环境噪声背景值，若敏感目标较多时，应分路段测量环境噪声背景值（逐点或选典型代表点布点）；若存在现有噪声源（包括固定源和流动源），应调查其分布状况和对周围敏感目标影响的范围和程度。③ 环境噪声现状水平调查一般测量等效连续 A 声级。必要时，除给出昼间和夜间背景噪声值外，还需给出噪声源影响的距离、超标范围和程度，以及全天 24 h 等效声级值，作为现状评价和预测评价依据。

113. D

114. C　【解析】根据《环境影响评价技术导则　声环境》附录 D 中的表 D.1，工业企业噪声源强调查单（室外声源）包括声源名称、型号、空间相对位置、声源源强（声压级/距声源距离、声功率级任选一种）、声源控制措施、运行时段。C 属于工业企业噪声源强调查清单（室内声源）的内容。

115. D　【解析】根据《环境影响评价技术导则　声环境》附录 D 中的表 D.3，公路/城市道路噪声源强调查清单包括路段、时期、车流量、车速、源强。D 属于工业企业噪声源强调查单的内容。

116. D　【解析】根据《环境影响评价技术导则　声环境》附录 D 中的表 D.6，机场航空器噪声源强调查单包括航空器型号、发动机（类型、型号、数量）、机型噪声适航阶段代号。

117. C　【解析】根据《环境影响评价技术导则　声环境》附录 D 中的表 D.7，工业企业声环境保护目标调查表包括声环境保护目标名称、空间相对位置、距厂界最近距离、方位、执行标准/环境功能区类别、声环境保护目标情况说明（介绍声环境保护目标建筑结构、朝向、楼层、周围环境情况）。C 属于机场声环境保护目标调查表内容。

118. C　【解析】根据《环境影响评价技术导则　声环境》附录 D 中的表 D.8，公路、城市道路声环境保护目标调查表包括声环境保护目标名称、所在路段、里程范围、线路形式、方位、声环境保护目标预测点与路面高差、距道路边界（红线）距离、距道路中心线距离、不同功能区户数、声环境保护目标情况说明（介绍声环境保护目标建筑结构、朝向、楼层、周围环境情况）。C 属于工业企业声环境保护目标调查表的内容。

119. B 【解析】根据《环境影响评价技术导则 声环境》附录 D 中的表 D.10，机场声环境保护目标调查表包括声环境保护目标名称、所属行政区划、声环境保护目标坐标（代表点距离跑道端头距离、代表点距离跑道中心线及延长线的垂直距离、与跑道中心点的高差）、声环境保护目标类型、声环境保护目标规模等。

120. B 【解析】根据《环境影响评价技术导则 声环境》7.3.2 原文，利用监测或调查得到的噪声源强及影响声传播的参数，采用各类噪声预测模型进行噪声影响计算，将计算结果和监测结果进行比较验证，计算结果和监测结果在允许误差范围内（≤3 dB）时，可利用模型计算其他声环境保护目标的现状噪声值。

121. C 【解析】遥感调查适用于涉及范围区域较大、人力勘察较为困难或难以到达的建设项目。遥感调查一般包括以下内容：① 卫星遥感资料、地形图等基础资料，通过卫星遥感技术或 GPS 定位等技术获取专题数据；② 数据处理与分析；③ 成果生成。

122. A 【解析】猕猴为国家二级重点保护野生动物；巨蜥、大熊猫、穿山甲均为国家一级重点保护野生动物。

123. C 【解析】木棉和黄山松没有列入国家级保护植物名单中。红椿为国家二级重点保护野生植物，水杉为国家一级重点保护野生植物。

124. A 【解析】运用资料收集法进行生态背景调查时，应收集现有的能反映生态现状或生态背景的资料。从表现形式上分为文字资料和图形资料。从时间上可分为历史资料和现状资料。从收集行业类别上可分为农、林、牧、渔和生态环境部门类。从资料性质上可分为环境影响报告书，有关污染源调查，生态保护规划、规定，生态功能区划，生态敏感目标的基本情况以及其他生态调查材料等。使用资料收集法时，应保证资料的现时性，引用资料必须建立在现场校验的基础上。在无法获得项目建设前的生态质量背景资料时，应首选当地长期科学观测累积的数据资料作为背景资料进行类比分析。

125. D 【解析】浮游生物包括浮游植物和浮游动物，也包括鱼卵和仔鱼。

126. B 【解析】鸟类物种调查方法中，分区直数法主要针对水鸟，将调查区域（湖面、江面）内按照半径 2 000 m 或者 500 m 一段进行分区，逐一统计各分区内水鸟种类和数量。

127. B 【解析】根据技术方法教材中"生态现状调查与评价"相关内容，两栖爬行类动物调查方法为全部计数法、样线（带）法、鸣声计数法、卵块或窝巢计数法、访问调查法。

128. A 【解析】根据技术方法教材中"生态现状调查与评价"相关内容，卵块或窝巢计数法属于两栖爬行物种的调查方法，虎纹蛙属于两栖动物。

129. C 【解析】陆生植被与植物调查，也要注意被调查区域的不同地段的生境差异，如山脊、沟谷、坡向、海拔等。

130. C 【解析】陆生植被与植物调查方法包括样方法、样线（带）法、全查法。①样方法适用于物种丰富、分布范围相对集中、分布面积较大的地段；②样线（带）法适用于物种不十分丰富、分布范围相对分散、种群数量较多的区域；③全查法适用于物种稀少、分布面积小、种群数量相对较少的区域。

131. C 【解析】根据《生物多样性观测技术导则　陆生维管植物》（HJ 710.1—2014），5.3.2 观测样地面积与样方数量，森林观测样地的面积以 $\geqslant 1\ hm^2$（100 m×100 m）为宜，本标准"面积"均指"垂直投影面积"；灌丛观测样地一般不少于 5 个 10 m×10 m 的样方，对大型或稀疏灌丛，样方面积扩大到 20 m×20 m 或更大；草地观测样地一般不少于 5 个 1 m×1 m 样方，样方之间的间隔不小于 250 m，若观测区域草地群落分布呈斑块状、较为稀疏或草本植物高大，应将样方扩大至 2 m×2 m。

132. B 【解析】根据《生物多样性观测技术导则　内陆水域鱼类》（HJ 710.7—2014），内陆水域鱼类观测方法包括鱼类早期资源调查、渔获物调查、声呐水声学调查、标记重捕法、遗传结构分析等方法。

133. B 【解析】根据技术方法教材中"生态现状调查与评价"相关内容，踪迹判断法为很难直接观察到野生哺乳动物实体或不能采集标本时，根据哺乳类活动时留下的踪迹-足印、粪便、体毛、爪印、食痕、睡窝、洞穴等来判定所属物种、个体相对大小、雌雄性别、家域面积大小、大致数量、昼行或夜行、季节性迁移和生境偏好等。灵长类野生动物是具有灵性的最高等哺乳动物，调查毛发、粪便、足迹等是其存在的依据，历史记载只能说明过去的情况，不能确定现在的物种存在情况。

134. C 【解析】根据《生物多样性观测技术导则　水生维管植物》（HJ 710.12—2016），6 观测内容和指标，水生维管植物观测方法包括直接测量法、资料查阅和野外调查、样方法、目测法、样点截取法、遥感或收获法。

135. D 【解析】根据技术方法教材中"生态现状调查与评价"相关内容，浮游生物调查指标包括：①种类组成及分布；②细胞总量；③生物量；④主要类群；⑤主要优势种及分布；⑥鱼卵和仔鱼的数量及种类、分布。

136. B 【解析】根据技术方法教材中"生态现状调查与评价"相关内容，两栖爬行类物种分析与评价内容为组成分析；区划类型分析（对调查区域的两栖爬行类进行地理区划分析，分析该地区物种所占分区的多样性及每个分区中物种比例）；物种分析等。B属于哺乳类动物分析与评级的内容。

137. C

138. C　【解析】根据《全国植物物种资源调查技术规定（试行）》5.2（4）样方设置根据地形地貌布设样方并进行调查记录，样方面积依据物种多样性来确定。一般森林样方面积设为（20～30）m×（20～30）m，然后再在样方的四个角和对角线交叉点设立灌木和草本小样方；灌木类型的样方面积通常设为（5～10）m×（5～10）m；草本样方的面积通常设为（1～2）m×（1～2）m。

139. A　【解析】物种乙的密度=个体数目/样地面积=2/10=0.2。所有种的密度=个体数目/样地面积=5/10=0.5。物种乙的相对密度=（一个种的密度/所有种的密度）×100%=（0.2/0.5）×100%=40%。

140. A　【解析】两栖爬行类应选择在繁殖季节进行调查。在一个样点（样地）最好能进行 2 次以上的调查，特别是两栖爬行类的繁殖季节相对集中，宜以天为频度开展观察，维持至繁殖行为结束。样区的选择应覆盖评价区各种栖息地类型，每种生境确定不同数量的调查点和线；鸟类调查要选择在合适的时间或不同季节进行调查，在我国越冬的候鸟在冬季调查，在我国繁殖的候鸟在夏季调查，其他鸟类应在全年的不同季节调查。在一个样点（调查点或观察点）最好能进行 2 次以上的调查，样区的选择应覆盖评价区各种栖息地类型，每种生境确定不同数量的调查线路和调查点。

141. B　【解析】此题是 2006 年的一个考题。荒漠化的量化指标如下：潜在荒漠化的生物生产量为 3～4.5 t/（hm²·a），正在发展的荒漠化为 1.5～2.9 t/（hm²·a），强烈发展的荒漠化为 1.0～1.4 t/（hm²·a），严重荒漠化为 0～0.9 t/（hm²·a）。

142. D

143. C　【解析】在样方调查（主要是进行物种调查、覆盖度调查）的基础上，可依下列方法计算植被中物种的重要值：

① 密度 = 个体数目/样地面积。

② 相对密度 = （一个种的密度/所有种的密度）×100%。

③ 优势度 = 底面积（或覆盖面积总值）/样地面积。

④ 相对优势度 = （一个种的优势度/所有种的优势度）×100%。

⑤ 频度 = 包含该种样地数/样地总数。

⑥ 相对频度 = （一个种的频度/所有种的频度）×100%。

⑦重要值 = 相对密度 + 相对优势度 + 相对频度。

144. A

145. D　【解析】热带季雨林平均生物量为 36 kg/m²；北方针叶林平均生物量为 20 kg/m²；温带阔叶林平均生物量为 30 kg/m²；热带雨林平均生物量为 44 kg/m²。

146. D　【解析】生物生产力是指生物在单位面积和单位时间所产生的有机物质的质量，亦即生产的速度，单位为 t/（hm²·a）；在生态评价时，以群落单位面积内的物种作为标准，称为物种量（物种数/hm²），而物种量与标定物种量的比值，称为标定相对物种量。

147. C　【解析】植物调查时首先选样地，然后在样地内选样方，样地选择以花费最少劳动力和获得最大准确度为原则，采用样地调查收割法时，森林样地面积选用 1 000 m²，疏林及灌木林样地选用 500 m²，草本群落或森林草本层样地面积选用 100 m²。注意是"收割法"。

148. D

149. A　【解析】样地调查时，一般草本的样方面积在 1 m² 以上。

150. B

151. C　【解析】决定某一斑块类型在景观中的优势称为优势度值（D_o）。优势度值由密度（R_d）、频率（R_f）和景观比例（L_p）三个参数计算得出。具体数学表达式为：R_d =（斑块 i 的数目/斑块总数）×100%；R_f =（斑块 i 出现的样方数/总样方数）×100%；L_p =（斑块 i 的面积/样地总面积）×100%；D_o = 0.5×[0.5×（R_d + R_f）+ L_p]×100%。

代入数据可得，R_d =（斑块 i 的数目/斑块总数）×100% = 48/300×100% = 16%，则 D_o = 0.5×[0.5×（16% + 36%）+ 40%]×100% = 33%。

152. A　【解析】样方 50 cm 的面积为 0.25 m²，则 1 m² 的生物量为 300 g。

153. C　【解析】根据技术方法教材中"生态现状调查与评价"相关内容，水生生态系统有海洋生态系统和淡水生态系统，淡水生态系统又有河流生态系统和湖泊生态系统之别。

154. B　【解析】根据《建设项目环境影响评价技术导则　生态影响》附录B.10.2，重要野生动物调查结果包括物种名称、保护级别、濒危等级、特有种、分布区域、资料来源、工程占用情况；重要野生植物调查结果包括物种名称、保护级别、濒危等级、特有种、极小种野生植物、分布区域、资料来源、工程占用情况。动物不说极小种群野生动物。

155. D　【解析】根据《建设项目环境影响评价技术导则　生态影响》附录B.10.2，古树名木调查结果包括树种名称、生长状况、树龄、经纬度和海拔、工程占用情况等。

156. C　【解析】亚热带湿润区地带性植被类型是常绿阔叶林。

157. B

158. B　【解析】遥感为景观生态学研究和应用提供的信息包括：地形、地貌、地面水体植被类型及其分布、土地利用类型及其面积、生物量分布、土壤类型及其水体特征、群落蒸腾量、叶面积指数及叶绿素含量等。鱼类的产卵场、候鸟的迁徙通道、陆生动物的活动规律需要现场调查。

159．A　160．B

161．C　【解析】景观生态学法是通过研究某一区域、一定时段内的生态系统类群的格局、特点、综合资源状况等自然规律，以及人为干预下的演替趋势，揭示人类活动在改变生物与环境方面作用的方法。景观生态学对生态质量状况的评判是通过两个方面进行的，一是空间结构分析，二是功能与稳定性分析。空间结构分析基于景观，是高于生态系统的自然系统，是一个清晰的和可度量的单位。

162．D　【解析】根据《环境影响评价技术导则　土壤环境（试行）》7.1.4原文，工业园区内的建设项目，应重点在建设项目占地范围内开展现状调查工作，并兼顾其可能影响的园区外围土壤环境敏感目标。

163．A　【解析】根据《环境影响评价技术导则　土壤环境（试行）》7.4.2.6原文，涉及地面漫流途径影响的，应结合地形地貌，在占地范围外的上、下游各设置1个表层样监测点，尾矿库项目属于涉及地面漫流途径影响的项目。

164．B　【解析】根据《环境影响评价技术导则　土壤环境（试行）》7.4.2.7原文，线性工程应重点在站场位置（如输油站、泵站、阀室、加油站及维修场所等）设置监测点。

165．A　【解析】根据《环境影响评价技术导则　土壤环境（试行）》附录A，煤炭采选项目土壤影响评价类别属于Ⅱ类。

166．C　【解析】《环境影响评价技术导则　土壤环境（试行）》7.3.2.2原文，评价工作等级为一级的建设项目应参照表C.2填写土壤剖面调查表。

167．D　【解析】氧化还原电位是长期惯用的氧化还原指标，它可以被理解为物质提供或接受电子的趋向或能力。物质接受电子的强烈趋势意味着高氧化还原电位，而提供电子的强烈趋势则意味着低氧化还原电位。

168．B　【解析】根据《环境影响评价技术导则　土壤环境（试行）》5.2原文及附录B，土壤生态影响型项目影响类型包括盐化、碱化、酸化，影响途径包括物质输入/运移、水位变化。

169．C　【解析】根据技术方法教材"土壤环境现状调查与评价"中相关内容，土壤酸化强度分为极重度、重度、中度、轻度和无酸化，$4.0 \leqslant pH < 4.5$为中度酸化，无高度酸化一说。

170．B　【解析】各地区土壤背景差异较大，特别是矿藏丰富的地区，在矿藏出露的区域，一般背景值都较高，采用累积指数更能反映土壤人为污染程度。

171．D　【解析】根据《土壤环境监测技术规范》6.1.5原文，干旱地区剖面发育不完整的土层，在表层5~20 cm、心土层50 cm、底土层100 cm左右采样。

172. B 【解析】根据《土壤环境监测技术规范》6.2.2原文，灌溉水污染监测单元、农用固体废物污染型土壤监测单元和农用化学物质污染型土壤监测单元采用均匀布点。

173. D 【解析】根据《土壤环境监测技术规范》6.2.3原文，农田土壤混合样的采集方法包括对角线法、梅花点法、棋盘式法和蛇形法。

174. A 【解析】土壤中砂粒成分＞50%、细黏土成分＜30%，说明该土壤是砂土，表征了土壤质地。

175. D 【解析】土壤酸化、碱化分级标准见下表。

土壤 pH	土壤酸化、碱化强度
pH＜3.5	极重度酸化
3.5≤pH＜4.0	重度酸化
4.0≤pH＜4.5	中度酸化
4.5≤pH＜5.5	轻度酸化
5.5≤pH＜8.5	无酸化或碱化
8.5≤pH＜9.0	轻度碱化
9.0≤pH＜9.5	中度碱化
9.5≤pH＜10.0	重度碱化
pH≥10.0	极重度碱化

注：土壤酸化、碱化强度指受人为影响后呈现的土壤 pH，可根据区域自然背景状况适当调整。

176. D 【解析】根据技术方法教材"土壤环境现状调查与评价"中相关内容，土壤环境影响源调查方法包括资料收集法、现场踏勘法和人员访谈法。土壤环境影响源调查的核心目的是在建设项目还未开展实施之前查清厂区土壤环境质量现状，确定前期的污染事故状况，为建设项目未来可能出现的责任鉴定做好背景数据储备。

177. B 【解析】根据《环境影响评价技术导则　土壤环境（试行）》7.3.3.2原文，改、扩建的污染影响型建设项目，其评价工作等级为一级、二级的，应对现有工程的土壤环境保护措施情况进行调查，并重点调查主要装置或设施附近的土壤污染现状。

178. A 【解析】根据《环境影响评价技术导则　土壤环境（试行）》7.3.3.1原文，应调查与建设项目产生同种特征因子或造成相同土壤环境影响后果的影响源。

179. C 【解析】根据《土壤环境质量　农用地土壤污染风险管控标准（试行）》，农用地土壤污染风险筛选值与 pH 密切相关，果园属于农用地。

180. C 【解析】根据土壤结构体的大小、形状以及与土壤肥力的关系，可以把土壤结构体划分为五种类型：块状结构体、核状结构体、柱状结构体、片状结构体及团粒结构体。

181. A　【解析】根据《环境影响评价技术导则　土壤环境（试行）》7.4.2.5原文，涉及大气沉降影响的，应在占地范围外主导风向的上、下风向各设置1个表层样监测点，可在最大落地浓度点增设表层样监测点。

182. C　【解析】为了研究土壤基本理化性状，除研究表土外，还常研究表土以下的各层土壤。剖面土样的采集方法，一般可在主要剖面观察和记载后进行。必须指出，土壤剖面按层次采样时，必须自下而上（这与剖面划分、观察和记载恰好相反）分层采取，以免采取上层样品时对下层土壤的混杂污染。为了使样品能明显反映各层次的特点，通常在各层最典型的中部采取（表土层较薄，可自地面向下全层采样），这样可克服层次之间的过渡现象，从而增加样品的典型性或代表性。《土壤环境监测技术规范》（HJ/T 166—2004）第6.1.5条规定，采样次序自下而上，先采剖面的底层样品，再采中层样品，最后采上层样品。

183. D　【解析】分析建设项目所在周边的土壤环境敏感程度，为后期的监测布点提供依据。

184. A　【解析】土壤理化特性调查内容包括土体构型、土壤结构、土壤质地、阳离子交换量、氧化还原电位、饱和导水率、土壤容重、孔隙度、有机质、全氮、有效磷、有效钾等。

185. A　【解析】土壤质地的确定可先进行野外确定，运用手指对土壤的感觉，采用搓条法进行粗估计。搓条法可初步确定土壤是砂土、沙壤土、轻壤土还是中壤土等。

二、不定项选择题

1. ABC　【解析】大气环境现状调查包括大气环境质量现状调查、大气污染源调查和气象观测资料调查三方面内容。

2. ABCD　【解析】《环境影响评价技术导则　大气环境》调查内容和目的部分原文。

3. ABC　【解析】根据技术方法教材"大气环境现状调查与评价"中大气污染源调查的相关内容，二级评价项目参考一级评价项目要求调查本项目污染源和拟被替代的污染源。对于改扩建项目还应调查本项目现有污染源。

4. AB　【解析】根据《环境影响评价技术导则　大气环境》附录C.2，环境空气保护目标调查内容包括名称、坐标、保护对象、保护内容、环境功能区、相对厂址方位、相对厂界距离，其中坐标取距离厂址最近点位位置。

5. ACD　【解析】根据《环境影响评价技术导则　大气环境》附录C.3，基本污染物环境质量现状包括监测点位及坐标、污染物、年评价指标、评价标准、现状浓度、占标率、超标频率和达标情况等。

6. AB　【解析】根据《环境影响评价技术导则　大气环境》，其他污染物环境质量现状数据优先采用评价范围内国家或地方环境空气质量监测网中评价基准年连续1年的监测数据，其次可收集评价范围内近3年与项目排放的其他污染物有关的历史监测资料。

7. AB　【解析】根据《环境影响评价技术导则　大气环境》，补充监测应选择污染较重的季节进行现状监测，补充监测应至少取得7 d有效数据。以近20年统计的主导风向为轴向，在厂址及主导风向下风向5 km范围内设置1～2个监测点。如需在一类区进行补充监测，监测点应设置在不受人为活动影响的区域。

8. ABCD　【解析】监测点位设置应根据项目的规模和性质，结合地形复杂性、污染源及环境空气保护目标的布局，综合考虑监测点设置数量。对于地形复杂、污染程度空间分布差异较大、环境空气保护目标较多的区域，可酌情增加监测点数目。对于评价范围大、区域敏感点多的评价项目，在布设各个监测点时，要注意监测点的代表性，环境监测值应能反映各环境敏感区域、各环境功能区的环境质量，以及预计受项目影响的高浓度区的环境质量，同时布点还要遵循近密远疏的原则。具体监测点位可根据局部地形条件、风频分布特征以及环境功能区、环境空气保护目标所在方位做适当调整。各监测期环境空气敏感区的监测点位置应重合。预计受项目影响的高浓度区的监测点位，应根据各监测期所处季节主导风向进行调整。"主导风向"在导则中对城市道路没有重点列出，但在一、二、三级评价的监测布点原则中都列出了"主导风向"相关内容，同样也适合城市道路。

9. AD　【解析】根据《环境空气质量评价技术规范（试行）》（HJ 663—2013）中的表3，SO_2、NO_2、PM_{10}、$PM_{2.5}$、O_3、TSP和NO_x保留0位小数；CO和达标率保留1位小数；Pb和超标倍数保留2位小数；BaP保留4位小数。

10. BCD　【解析】监测结果统计分析内容包括各监测点大气污染物不同取值时间的浓度变化范围，统计年平均浓度最大值、日平均浓度最大值和小时平均浓度最大值与相应的标准限值进行比较分析，给出占标率或超标倍数，评价其达标情况，若监测结果出现超标，应分析其超标率、最大超标倍数以及超标原因。并分析大气污染物浓度的日变化规律，以及分析重污染时间分布情况及其影响因素。此外，还应分析评价范围内的污染水平和变化趋势。

11. ABD　【解析】根据技术方法教材"大气环境现状调查与评价"中相关内容，每日至少有20 h采样时间的污染物为SO_2、NO_2、NO_x、CO、PM_{10}、$PM_{2.5}$；每日应有24 h的采样时间的污染物为TSP、苯并[a]芘、铅。题中采样时间为22 h，故符合要求的为SO_2、NO_2、CO。

12. CD 【解析】根据《建设项目环境影响评价技术导则　总纲》4.3.1原文，核算建设项目有组织与无组织、正常工况与非正常工况的污染物产生和排放强度；根据《环境影响评价技术导则　大气环境》7.1.1.1原文，一级评价项目调查本项目不同排放方案有组织及无组织排放源，本项目污染源调查包括正常和非正常排放，其中非正常排放调查内容包括非正常工况、频次、持续时间和排放量；7.2.2原文，污染源监测数据应采用满负荷工况下的监测数据或者换算至满负荷工况下的排放数据，正常工况下采用满负荷工况下的排放量核算。

13. ABD 【解析】根据《环境影响评价技术导则　大气环境》，改、扩建项目现状工程污染源调查，依次优先使用项目监督性监测数据、在线监测数据、年度排污许可执行报告、自主验收报告、排污许可证数据、环评数据或补充污染源监测数据等。

14. AB 【解析】二级评价项目参照一级评价项目要求调查本项目污染源和拟被替代的污染源。

15. ABCD 【解析】《环境影响评价技术导则　大气环境》附录C.4.5原文。

16. BCD 【解析】《环境影响评价技术导则　大气环境》附录C.4.1，垂直扩散参数为体源调查内容。

17. BCD 【解析】横向扩散参数为体源调查内容。

18. ABCD 【解析】《环境影响评价技术导则　大气环境》附录C.4，按照点源、面源、体源、线源、火炬源、烟塔合一排放源、机场源等不同污染源排放形式，分别给出污染源参数，当污染源排放为周期性变化时，还需给出周期性变化排放系数。还包括非正常排放、拟被替代源。

19. BC 【解析】对于各级评价项目，均应调查评价范围内最近20年以上的主要气候统计资料，包括年平均风速和风向玫瑰图，最大风速与月平均风速，年平均气温，极端气温与月平均气温，年平均相对湿度，年均降水量，降水量极值，日照等；对于二级评价项目，气象观测资料调查基本要求同一级评价项目。对应的气象观测资料年限要求为近3年内的至少连续1年的常规地面气象观测资料和高空气象探测资料。

20. ABCD 【解析】根据《环境影响评价技术导则　大气环境》附录B3.1，估算模型所需最高和最低环境温度，一般需选取评价区域近20年以上资料统计结果。最小风速可取0.5 m/s，风速计高度取10 m。

21. AD 【解析】当$L_{mo}>0$，近地面大气边界层处于稳定状态，L_{mo}数值越小或混合层高度（h）与L_{mo}的比值（h/L_{mo}）越大，越稳定，混合层高度则越低；当$L_{mo}<0$，边界层处于不稳定状态，$|L_{mo}|$数值越小或h/L_{mo}越大，越不稳定，混合层高度越高；当$|L_{mo}| \to \infty$，边界层处于中性状态，$|h/L_{mo}|=0$，此种情况下，混合层高度

正确。

8 BD

0ABC

2

31. BD 【解析】河流和湖泊（水库）确定监测范围应考虑的因素有：① 在确定某具体建设开发项目的地面水环境现状调查范围时，应尽量按照将来污染物排放进入天然水体后可能达到水域使用功能质量标准要求的范围，并考虑评价等级的高低（评价等级高时调查范围取偏大值，反之取偏小值）后决定；② 当下游附近有敏感区（如水源地、自然保护区等）时，调查范围应考虑延长到敏感区上游边界，以满足预测敏感区所受影响的需要。

32. AC 【解析】根据《环境影响评价技术导则 地表水环境》表 1 判断，该项目评价等级为三级 A。对于评价等级为三级 A 的项目，考核评价范围、评价时期、污染源调查、预测。

33. AD 【解析】根据《环境影响评价技术导则 地表水环境》6.7.3.2 原文，底泥污染调查与评价的监测点位布设应能够反映底泥污染物空间分布特征的要求，根据底泥分布区域、分布深度、扰动区域、扰动深度、扰动时间等设置。

34. ABC 【解析】根据《环境影响评价技术导则 地表水环境》6.6.6.1 原文，应尽量收集临近水文站既有水文年鉴资料和其他相关的有效水文观测资料。当上述资料不足时，应进行现场水文调查与水文测量，水文调查与水文测量宜与水质调查同步。

35. ABCE 【解析】根据《环境影响评价技术导则 地表水环境》表 B.1 水文情势调查内容表，入海河口（感潮河段）水文情势调查内容为潮汐特征、感潮河段的范围、潮区界与潮流界的划分；潮位及潮流；不利水文条件组合及特征水文参数；水流分层特征。

36. ABCD 【解析】潮汐河口现状水质调查，在规定的不同规模河口、不同等级的调查时期中，每期调查一次，每次调查两天，一次在大潮期，一次在小潮期；每个潮期的调查，均应分别采集同一天的高、低潮水样；各监测断面的采样，尽可能同步进行。两天调查中，要对已选定的所有水质参数取样。

37. BCD 【解析】对于河流溶解氧超标，主要是溶解氧浓度少，需要削减耗氧的物质。氨氮、BOD_5 和氰化物均属于耗氧污染物，可以削减。

38. ABCD 【解析】根据技术方法教材第三章第三节，地表水环境现状调查与评价（三、水环境现状评价方法），DO 和 pH 标准指数计算公式，标准指数＞1，说明超标，DO 浓度低于功能区水质标准不达标；DO 浓度一般越高越好，但溶解氧过饱和太多，也有可能超标；pH 值在标准区间（如 pH＝6～9）之外都不达标，小于标准下限时为酸污染，高于标准上限时为碱污染。

39. AC 【解析】流速单位一般为 m/s，一级降解系数的单位有 1/s、1/a、1/a，横向混合系数、纵向离散系数的单位一般为 m^2/s。

40. ABD 【解析】根据《环境影响评价技术导则 地表水环境》6.2.1，地表水环境的现状调查范围应覆盖评价范围，应以平面图方式表示，并明确起、止断面的位置和涉及范围。

41. ABD　【解析】冰封期较长且作为生活饮用水与食品加工用水的水源或有渔业用水需求的水域，应将冰封期纳入评价范围。

42. ABCD　【解析】内源污染调查包括底泥物理指标和化学指标。底泥物理指标包括力学性质、质地、含水率、粒径等；化学指标包括水域超标因子、与本项目建设排放污染物相关的因子。

43. AB　【解析】水污染影响型项目河流水文情势调查内容包括水文年及水期划分、不利水文条件及特征水文参数、水动力学参数等。CD 属于水文要素影响型项目河流水文情势调查内容。

44. ABD　【解析】湖库监测点位设置与采样频次，二级评价在评价范围内的水质取样垂线宜不少于 16 条；每个水期可监测一次，每次同步连续取样 2～4 天，每个水质取样点每天至少取一组水样；溶解氧和水温监测频次每间隔 6 h 取样监测一次。C 水库二级评价现状调查期至少为枯水期。

45. CD　【解析】地下水分类，按埋藏条件分为包气带水、潜水和承压水；按含水层介质类型分为孔隙水、裂隙水和岩溶水。

46. BCD　【解析】包气带岩土层越厚，污染物到达含水层越难，防污性能越好（A 错）；渗透性能越强，污染物迁移速度越快，包气带防污性能越弱（B 正确）；下伏含水层水位决定包气带进入含水层的时间，水位越高，防污性能越差（C 正确）；岩土层连续稳定分布，防污性能越好（D 正确）。

47. BD　【解析】根据《环境影响评价技术导则　地下水环境》8.3.3.5 原文，地下水水质现状监测因子原则上应包括两类：①基本水质因子，主要包括基本的地下水水质指标；②特征因子，主要根据建设项目污废水成分、液体物料成分、固体浸出物成分确定。

48. BD　【解析】两个含水层之间的补给有两个条件：一是两个含水层具有水头差；二是含水层之间具有水力联系通道。两个含水层之间可通过天窗、导水断裂、弱透水层越流、不整合接触面等途径补给。

49. ABCD　50. ABCD

51. ABC　【解析】水文地质柱状图是水文垂直钻孔得出来的图件，钻孔能穿越包气带、潜水层、含水层、承压水层，上述信息都能反映出来。含水层之间的补给关系，是河流补给潜水还是潜水补给河流，则无法准确判断。

52. ABC　【解析】降水入渗补给系数（a）是指降水渗入量与降水总量的比值，a 的大小取决于地表土层（如包气带）的岩性和土层结构、地形坡度、植被覆盖以及降水量的大小和降水形式等，一般情况下，地表土层的岩性对 a 的影响最显著。

53. BD 【解析】地下水的防污性能主要取决于地下水埋深、净补给量、含水层介质、土壤介质、地形坡度、包气带影响、水力传导系数等因子。地下水埋深越大，污染物迁移的时间越长，污染物衰减的机会越多，污染物受空气中氧的氧化机会也越多，防污性能越强，故 A 错；含水层中介质颗粒越大、裂隙或溶隙越多，渗透性越好，污染物的衰减能力越低，防污性能越差，故 B 正确；地下水的脆弱性与含水层厚度无关。

54. ABC 【解析】特征污染物在 65 天内迁移的距离 $L=K \times I/n_e \times T$=100×0.5%/25%×65=130 m。污水池下游监测井中可能被检出的距离小于 130 m。

55. ABC

56. ABC 【解析】确定水文地质参数的方法可以概括为两类：① 用水文地质试验法（如野外现场抽水试验、注水试验、渗水试验及室内渗压试验、达西试验、弥散试验等），这种方法可以在较短的时间内求出含水层参数而得到广泛应用；② 利用地下水动态观测资料来确定，是一种比较经济的水文地质参数测定方法，并且测定参数的范围比前者更为广泛，可以求出一些用抽水试验不能求得的参数。

57. ABC 【解析】地下水环境现状调查应查明地下水系统的结构、边界、水动力系统及水化学系统的特征。具体需查明五个基本问题：水文地质条件、地下水的水质特征、地下水污染分布、环境水文地质问题、地下水开发利用状况。

58. BC

59. BCD 【解析】《场地环境监测技术导则》6.2.2 地下水监测点位的布设。

60. ABC 【解析】地下水现状监测分析没有超标倍数之说。大气现状监测结果分析有这种说法。

61. ABD 【解析】根据《环境影响评价技术导则 地下水环境》8.3.3.7，地下水样品采集与现场测定，抽汲的水量不得小于 3 倍的井筒水（量）体积。

62. ABD 【解析】抽水试验是通过从钻孔或水井中抽水，定量评价含水层富水性，测定含水层水文地质参数和判断某些水文地质条件的一些野外试验工作方法。其目的、任务包括：①直接测定含水层的富水程度和评价井（孔）的出水能力；②抽水试验是确定含水层水文地质参数（渗透系数、导水系数、给水度、贮水系数、降水入渗系数）的主要方法；③抽水试验可为取水工程设计提供所需的水文地质数据；④通过抽水试验，可直接评价水源地的可（允许）开采量；⑤可通过抽水试验查明某些其他手段难以查明的水文地质条件，如地表水与地下水之间及含水层之间的水力联系，以及边界性质和强径流带位置。C 应该是确定含水层的水文地质参数；土柱淋滤试验的目的是确定包气带的防护能力。

63. ABCDE 【解析】《环境影响评价技术导则 地下水环境》附录 C。

64. BD 【解析】两者目的是测定包气带垂向渗透系数，故 A 错；直接试坑法测得的渗透系数要比双环试坑法测得的渗透系数要大，故 C 错。

65. AD 【解析】根据《环境影响评价技术导则 地下水环境》8.3.3.6 原文，地下水环境现状监测频率要求，评价等级为二级的建设项目若掌握近 3 年内至少一个连续水文年的枯丰水期地下水位动态监测资料，评价期可不开展地下水水位监测；若无上述资料，依据导则表 4 开展水位监测；若掌握近 3 内至少一期水质监测数据，基本水质因子可在评价期补充开展一期现状监测，不是必需；特征因子在评价期内需至少开展一起现状值监测。

66. ABD 【解析】声环境功能区的环境质量评价量为昼间等效声级、夜间等效声级，突发噪声的评价量为最大 A 声级。据 GB 3096—2008，各类声环境功能区夜间突发噪声，其最大声级超过环境噪声限值的幅度不得高于 15 dB（A）。GB 3096—2008 没有规定昼间突发噪声限值的幅度。因此，不能选 C。

67. ABC 【解析】根据《环境影响评价技术导则 声环境》7.3.1 原文，布点覆盖整个评价范围，包括厂界（场界、边界）和声环境保护目标。当声环境保护目标高于（含）三层建筑时，还应按照噪声垂直分布规律、建设项目与声环境保护目标高差等因素选取有代表性的声环境保护目标的代表性楼层设置测点。故选择ABC。

68. AD 【解析】环境噪声现状评价结果应当用表格和图示来表达清楚，说明主要噪声源位置、各边界测量点和环境敏感目标测量点位置，给出相关距离和地面高差。

69. ABC 【解析】当声源为移动声源，且呈现线声源特点时，例如公路、铁路噪声，现状监测点位选取应兼顾敏感目标的分布状况、工程特点及线声源噪声影响随距离衰减的特点。对于道路，其代表性的敏感目标可布设在车流量基本一致、地形状况和声屏障基本相似、距线声源不同距离的敏感目标处。既有铁路的位置用来考虑影响随距离衰减的情况。

70. CD 【解析】网格法布点按正方形划分。

71. ABCD

72. AB 【解析】环境噪声现状评价包括噪声源现状评价和声环境质量现状评价，其评价方法是对照相关标准评价达标或超标情况并分析其原因，同时评价受到噪声影响的人口分布情况。

73. ABC 【解析】根据《环境影响评价技术导则 声环境》7.5.1，环境现状评价图一般应包括评价范围内的声环境功能区划图，声环境保护目标分布图，工矿企业厂区（声源位置）平面布置图，城市道路、公路、铁路、城市轨道交通等的线路走向图，机场总平面图及飞行程序图，现状监测布点图，声环境保护目标与项目关系图等；线性工程声环境保护目标与项目关系图比例尺应不小于 1：5 000，机场项目声环境保护目标与项目关系图底图应采用近 3 年内空间分辨率不低于 5 m 的卫星影响或航拍图，声环境保护目标与项目关系图不应小于 1∶10 000。

74. ABD 【解析】根据《环境影响评价技术导则 声环境》7.5，现状评价图、表要求，声环境保护目标调查表应列表给出评价范围内声环境保护目标的名称、户数、建筑物层数和建筑物数量，并明确声环境保护目标与建设项目的空间位置关系等；声环境现状评价结果表应列表给出厂界（场界、边界）各声环境保护目标现状值及超标和达标情况分析，给出不同声环境功能区或声级范围内的超标户数。

75. ABCD 【解析】根据《环境影响评价技术导则 声环境》附录 D 中的表 D.2，工业企业噪声源强调查清单（室内声源）内容包括建筑物名称、声源名称、型号、声源源强（声压级/距声源距离、声功率级任选一种）、声源控制措施、空间相对位置、距室内边界距离、室内边界声级、运行时段、建筑物插入损失、建筑物外噪声（声压级、建筑物外距离）等。

76. ABCD 【解析】根据《环境影响评价技术导则 声环境》附录 D 中的表 D.3，公路/城市道路噪声源强调查清单包括路段、时期、车流量、车速、源强等。

77. ABCD 【解析】根据《环境影响评价技术导则 声环境》附录 D 中的表 D.4，铁路/城市轨道交通噪声源强调查清单包括车型、车速、线路形式（桥梁/路堤/路堑）、无砟/有砟轨道、有缝/无缝、防撞墙/挡板结构高出轨面高度、噪声源强值等。

78. ABCD 【解析】根据《环境影响评价技术导则 声环境》附录 D 中的表 D.7，工业企业声环境保护目标调查表包括声环境保护目标名称、空间相对位置、距厂界最近距离、方位、执行标准/环境功能区类别、声环境保护目标情况说明（介绍声环境保护目标建筑结构、朝向、楼层、周围环境概况）。

79. ABCD 【解析】根据《环境影响评价技术导则 声环境》附录 D 中的表 D.8，公路、城市道路声环境保护目标调查表包括声环境保护目标名称、所在路段、里程范围、线路形式、方位、声环境保护目标预测点与路面高差、距道路中心线距离、不同功能区户数、声环境保护目标情况说明（介绍声环境保护目标建筑结构、朝向、楼层、周围环境概况）。

80. ABCD 【解析】根据《环境影响评价技术导则 声环境》附录 D 中的表 D.9，铁路、城市轨道交通声环境保护目标调查表包括声环境保护目标名称、行政区划、线路类型、里程范围、与线路位置关系、距近侧线路中心线水平距离、轨面与声环境保护目标地面高差、功能区划、不同功能区户数、声环境保护目标情况说明（介绍声环境保护目标建筑结构、朝向、楼层、周围环境概况）。

81. ABCD 【解析】根据《环境影响评价技术导则 声环境》附录 D 中的表 D.10，机场声环境保护目标调查表包括声环境保护目标名称、所属行政区划、声环境保护目标坐标、声环境保护目标类型、规模等。

82. ABCD 【解析】陆生植被调查内容包括：种类，分布，数量（种群数量、个体数目、盖度、建群种、分布面积等），生长状况，生境状况（植被、坡度坡向、土壤、土地利用等），受威胁因素，保护管理现状（是否受保护、何种保护形式等）。

83. AC 【解析】专家和公众咨询法是对现场勘察的有益补充，专家和公众咨询应与资料收集和现场勘察同步开展。遥感调查过程中必须辅助必要的现场勘察工作。

84. ABCD

85. ABCD 【解析】海洋生态调查包括海洋生态要素调查和海洋生态评价两部分内容。其中海洋生态要素调查包括：① 海洋生物要素调查，包括海洋生物群落结构要素调查和海洋生态系统功能要素调查；② 海洋环境要素调查，包括海洋水温要素调查、海洋气象要素调查、海洋光学要素调查、海洋化学要素调查、海洋底质要素调查；③ 人类活动要素调查，如海水养殖生产要素调查、海洋捕捞生产要素调查、入海污染要素调查、海上油田生产要素调查和其他人类活动要素调查。

86. ABD 【解析】重要值=相对密度+相对优势度+相对频度。

87. ABDE 【解析】两栖爬行类物种调查方法包括全部计数法、样线（带）法、鸣声计数法、卵块或窝巢计数法、访问调查。需要注意的是，C 鸣叫调查法是哺乳类物种的调查方法，注意鸣叫调查法和鸣声计数法的区别。

88. BCD 【解析】通过植物样方调查可以确定物种多样性，覆盖度和密度是主要的数据，生物量也常用来评价物种的重要性，因此，这三种指标都应该调查。

89. ABC

90. ABCD 【解析】鸟类物种调查方法包括样线（线路或条带）调查法、样点调查法、分区直数法、红外相机陷阱法、访问调查法。

91. ACDE 【解析】根据技术方法教材"生态现状调查与评价"中相关内容，初级生产量的测定方法包括氧气测定法、CO_2 测定法、放射性标记物测定法、叶绿素测定法。

92. ABD 【解析】生态环境现状评价方法有列表清单法、图形叠置法、生态机理分析法、指数与综合指数法、类型分析法、系统分析法等。面积较大，属于区域性质的项目，可采用图形叠置法；列表清单法可用于物种或栖息地重要性或优先度比选；单因子指数法用于单因子评价；油气田开发，导致版块多样化，可采用景观生态学法。

93. ABC 【解析】鸟类物种调查要求包括：① 调查时间。鸟类调查要选择在合适的或不同季节进行调查，在我国越冬的候鸟在冬季调查，在我国繁殖的候鸟在夏季调查，其他鸟类和兽类应在全年的不同季节调查。② 样区的选择。样区应该覆盖各种栖息地类型，每种生境确定不同数量的调查线路或调查点。③ 调查方法。方法包括样线（带）调查法（每条样线要进行 2 次以上调查取样，每种栖息地或生境类型一般需要 100 m 或更长的样线）、样点调查法（适用于一些不便于行走的调查区）、网捕调查法（适用于一些在森林地表茂密灌丛中活动的鸟类）、访问调查法（适用于鸟类被利用现状调查）。全查法常用于植被、植物的调查，不适用鸟类的调查。

94. ABC 　【解析】景观生态学法主要是针对具有区域性质的大型项目（如大型水利工程）和线性项目（铁路，输油、输气管道等），重点研究的是项目对区域景观的切割作用带来的影响。人防工程位于地下，不可采用景观生态学方法进行生态现状调查与评价。

95. BD 　【解析】景观生态学法主要是针对具有区域性质的大型项目（如大型水利工程）和线性项目（铁路，输油、输气管道等），重点研究的是项目对区域景观的切割作用带来的影响。AC 选项属于污染型建设项目，应重点考虑环境污染，而无须采用景观生态学方法进行生态影响预测与评价。

96. ABCE 　【解析】根据《环境影响评价技术导则　生态影响》附录原文，景观生态学方法对景观的功能和稳定性分析包括如下 4 方面内容：① 生物恢复力分析；② 异质性分析；③ 种群源的持久性和可达性分析；④ 景观组织的开放性分析。

97. AD 　【解析】景观生态学在环境影响评价中的应用参见《环境影响评价技术导则　生态影响》的附录。景观生态学对生态环境质量状况的评判是通过两个方面进行的，一是空间结构分析，二是功能与稳定性分析。这是因为景观生态学认为，景观的结构与功能是相当匹配的，且增加景观的异质性和共生性也是生态学和社会学整体论的基本原则。

98. ABCD 　【解析】根据《环境影响评价技术导则　生态影响》7.4 原文，ABCD 选项正确。

99. ABCD 　【解析】根据技术方法教材第三章第七节，生态现状调查与评价，两栖爬行类应选择在繁殖季节进行调查。在一个样点（样地）最好能进行 2 次以上的调查，特别是两栖爬行类的繁殖季节相对集中，宜以天为频度展开观察，维持至繁殖行为结束（A 项和 B 项）；样区的选择应该覆盖评价区各种栖息地类型，每种生境确定不同数量的调查点和线（C 项）；调查方法包括全部计数法、样线（带）法、鸣声计数法、卵块或窝巢计数法、访问调查法（D 项）。

100. AD 　【解析】景观生态学法是通过研究某一区域、一定时段内的生态系统类群的格局、特点、综合资源状况等自然规律，以及人为干预下的演替趋势，揭示人类活动在改变生物与环境方面的作用的方法。景观生态学对生态质量状况的评判是通过空间结构分析和功能与稳定性分析两个方面进行的。

101．ABCD　【解析】生态现状调查与评价中，调查前要针对调查的对象、区域，收集整理现有相关资料，包括历史调查资料、自然地理位置，地形地貌、土壤、气候、植被、农业和林业相关资料等。

102．ABCD　【解析】生态现状调查与评价中，调查路线或调查点的设计应注意代表性、随机性整体性及可行性相结合。

103．BCD　【解析】鸟类物种调查分析与评价内容包括：①区系分析（依据资料及实地调查结果，统计分析评价区内鸟类的种类组成及所属目、科、属的多样性，分析评价区的鸟类区系组成，计算出东洋区、古北区和广布鸟种树各自所占繁殖鸟总种树的百分比）；②居留类型分析（统计分析所记录到的鸟类分别属于哪种居留类型，如留鸟、夏候鸟、冬候鸟、旅鸟、迷鸟）；③不同生境的代表种类分析（分析评价区不同生境类型的代表性鸟类，如游禽、涉禽、陆禽、猛禽、攀禽、鸣禽）；④物种分析（种类名称、分布、数量、种群密度及栖息面积、栖息生境质量、受威胁现状及因素、保护现状）等。A 属于两栖爬行类中的分析与评价内容。

104．ACD　【解析】踪迹判断法适用于很难直接观测到野生哺乳类动物实体或不能采集标本时，根据哺乳类活动时留下的踪迹——足印、粪便、体毛、爪印、食痕、睡窝、洞穴等来判定所属物种、个体相对大小、雌雄性别、家域面积大小、大致数量、昼行或夜行、季节性迁移和生境偏好。

105．ABC　【解析】陆生植被与植物的调查方法包括样方法、样线（带）法、全查法。

106．ACD　【解析】植被分析与评价包括植被类型分析、区系组成（种及种以上高级分类阶元的丰富度），重点保护物种、珍稀濒危物种、特有性分析，用途及价值类型分析等；物种分析与评价包括种类，分布，数量，生境状况评价（分布特征、干扰状况、土壤、植被、土地利用等），受威胁现状及因素分析，保护管理现状等。B 属于物种分析与评价的内容，不属于植被分析与评价的内容。

107．ABCD　【解析】根据《生物多样性观测技术导则　内陆水域鱼类》（HJ 710.7—2014），鱼类物种资源调查主要观测方法有鱼类早期资源调查、渔获物调查、声呐水声学调查、标记重捕法、遗传结构分析。

108．ABCD　【解析】根据《生物多样性观测技术导则　内陆水域鱼类》（HJ 710.7—2014），鱼类物种资源调查包括鱼类物种多样性、鱼类群落结构、鱼类个体生物学及种群结构、鱼类种群遗传结构。

109．ABCD　【解析】根据《生物多样性观测技术导则　水生维管植物》（HJ 710.12—2014），水生维管植物种类及其数量特征主要观测方法有样方法、目测法、样点截取法、遥感法、收获法；水生维管植物生境特征主要观测方法有直接测量法、资料查阅和野外调查法；水生维管植物群落特征主要观测方法为样方法。

110. CD 【解析】根据《生物多样性观测技术导则 陆生维管植物》（HJ 710.1—2014），森林植物分类观测方法主要有对胸径（DBH）≥1 cm乔木、灌木植物的观测，对胸径（DBH）≤1 cm乔木、灌木、草本植物观测。

111. ABCD 【解析】根据《生物多样性观测技术导则 陆生维管植物》（HJ 710.1—2014）5.4.1观测样地生境概况，对样地所处地理位置、地形地貌、气候条件、土壤状况、植被状况、人类活动状况等进行定性或定量描述。其中地形地貌包括海拔、地貌特征、坡度、坡向、坡位；气候条件包括年平均气温、年平均降水量、年最热月均温、无霜期、年积温等；土壤状况包括土壤剖面选择、土壤剖面规格、土壤剖面采集、土壤类型确定、母质类型、土壤样品测试指标。

112. ABCD 【解析】根据《生物多样性观测技术导则 陆生维管植物》（HJ 710.1—2014）5.4.2原文，ABCD选项正确。

113. ABCD 【解析】根据《生物多样性观测技术导则 陆生哺乳动物》（HJ 710.3—2014），陆生哺乳动物观测方法主要有总体计数法、样方法、可变距离样线法（截线法）、固定宽度样线法、标记重捕法、指数估计法/间接调查法、红外相机自动调查法、卫星定位追踪法、非损伤性DNA检测法。

114. AC 【解析】根据《生物多样性观测技术导则 鸟类》（HJ 710.4—2014），鸟类观测方法主要有分区直数法、样线法、样点法、网捕法、领域标图法、红外相机自动拍摄法、非损伤性DNA检测法。

115. ABCDE 【解析】《环境影响评价技术导则 土壤环境（试行）》7.3.1原文，根据建设项目特点、可能产生的环境影响和当地环境特征，有针对性收集调查评价范围内的相关资料，主要包括以下内容：a）土地利用现状图、土地利用规划图、土壤类型分布图；b）气象资料、地形地貌特征资料、水文及水文地质资料等；c）土地利用历史情况；d）与建设项目土壤环境影响评价相关的其他资料。

116. ABD 【解析】根据《环境影响评价技术导则 土壤环境（试行）》附录A，危险废物利用与处置属于I类。

117. ABCDE 【解析】根据《环境影响评价技术导则 土壤环境（试行）》7.4.2.1原文，土壤环境现状监测点布设应根据建设项目土壤环境影响类型、评价工作等级、土地利用类型确定。7.4.2.3原文，生态影响型建设项目应根据建设项目所在地的地形特征、地面径流方向设置表层样监测点。

118. ABD 【解析】根据《环境影响评价技术导则 土壤环境（试行）》7.4.3.2原文，生态影响型建设项目可优化调整占地范围内、外监测点数量，保持总数不变；占地范围超过5 000 hm²的，每增加1 000 hm²增加1个监测点。7.4.3.3原文，污染影响型建设项目占地范围超过100 hm²的，每增加20 hm²增加1个监测点。

119. AD 【解析】根据《环境影响评价技术导则 土壤环境（试行）》7.4.6

原文，a）基本因子：评价工作等级为一级的建设项目，应至少开展 1 次现状监测；评价工作等级为二级、三级的建设项目，若掌握近 3 年至少 1 次的监测数据，可不再进行现状监测；引用监测数据应满足 7.4.2 和 7.4.3 的相关要求，并说明数据有效性。

120. ACD　【解析】根据环境影响评价技术导则　土壤环境（试行）》附录 B，污染影响型建设项目土壤污染类型为大气沉降、垂直入渗和地面漫流。生态影响型建设项目土壤污染类型为土壤盐化、酸化和碱化。

121. ABCD　【解析】根据《环境影响评价技术导则　土壤环境（试行）》附录 D，土壤酸化分级标准包括极重度酸化、重度酸化、中度酸化、轻度酸化、无酸化或碱化。

122. CDE　【解析】干旱、半荒漠和荒漠地区，土壤含盐量 SSC＜2 g/kg，属于未盐化。

123. ABCD　【解析】根据技术方法教材"土壤环境现状调查与评价"中土壤理化特性调查的相关内容，ABCD 选项均正确。

124. ABCD　【解析】生态影响型建设项目根据土壤环境影响类型、建设项目特征与评价需要，除土体构型、土壤结构、土壤质地、阳离子交换量、氧化还原电位、饱和导水率、土壤容重、孔隙度、有机质、全氮、有效磷、有效钾等调查以外还应补充调查植被、地下水位埋深、地下水溶解性总固体等内容。

125. ABC　【解析】土壤环境现状调查的目的是在反映调查评价范围内的土壤理化特性、土壤环境质量状况，以及土壤环境影响源的基础上，为土壤环境现状评价和土壤环境影响预测评价提供数据支撑，可采用资料收集、现场调查和现状监测等方式完成。

126. ABC　【解析】土壤剖面调查表中应包含景观照片、土壤剖面照片、层次。

127. ABD　【解析】根据《土壤环境监测技术规范》6.2.2 原文，棋盘式法适用于中等面积、地势平坦、土壤不够均匀的地块，设分点 10 个左右；受污泥、垃圾等固体废物污染的土壤，设分点 20 个以上。

128. BC　【解析】根据《环境影响评价技术导则　土壤环境（试行）》7.4.2.9 原文，涉及大气沉降影响的改、扩建项目，可在主导风向下风向适当增加监测点位，以反映降尘对土壤环境的影响。

129. AB　【解析】土壤环境现状调查指标包括：① 土壤类型；② 土壤质地；③ 土体构型；④ 土壤结构；⑤ 土壤阳离子交换量；⑥ 氧化还原电位（Eh）；⑦ 饱和导水率；⑧ 土壤容重；⑨ 孔隙度；⑩ 有机质；⑪ 全氮；⑫ 有效磷；⑬ 地下水溶解性总固体；⑭ 植被覆盖率。

130. ABC　【解析】根据《环境影响评价技术导则　土壤环境（试行）》7.4.5

原文，土壤环境现状监测因子分为基本因子和建设项目的特征因子。a）基本因子为 GB 15618、GB 36600 中规定的基本项目，分别根据调查评价范围内的土地利用类型选取；b）特征因子为建设项目产生的特有因子，根据附录 B 确定；既是特征因子又是基本因子的，按特征因子对待；c）7.4.2.2 与 7.4.2.10 中规定的点位须监测基本因子与特征因子；其他监测点位可仅监测特征因子。

131．ABC　【解析】生态影响型建设项目根据土壤环境影响类型、建设项目特征与评价需要，在调查以上土壤理化特性内容的基础上，还应补充调查植被、地下水位埋深、地下水溶解性总固体等内容。土壤理化特性包括土体构型、土壤结构、土壤质地、阳离子交换量、氧化还原电位、饱和导水率、土壤容重、孔隙度、有机质、全氮、有效磷、有效钾等。本题问的是补充调查的内容，而不是问卷调查内容。

132．ACD　【解析】进行野外现场鉴别时，可将土壤结构类型按形状分为块状、片状和柱状三大类；按其大小、发育程度和稳定性等，再分为团粒、团块、块状、凌块状、凌柱状、柱状和片状等。

133．ACD　【解析】土壤环境现状评价方法包括单污染指数法、累积指数法、污染分担率评价法和内梅罗污染指数评价法。

第三章　环境影响识别与评价因子的筛选

一、单项选择题（每题的备选选项中，只有一个最符合题意）

1. 矩阵法环境影响识别表中，建设项目各建设阶段与环境要素交叉的格点，表示的是（　　）。
   A. 影响因子　　　　B. 影响范围　　　　C. 影响要素　　　　D. 影响程度

2. 矩阵法在环境影响识别中是以（　　）的方式说明拟建项目的环境影响。
   A. 定性　　　　　　B. 定量　　　　　　C. 半定量　　　　　D. 定性或半定量

3. 某规划项目 SO_2、NO_x、VOCs 排放量分别为 200 t/a、250 t/a、1 800 t/a，该项目进行大气环境影响评价，二次污染物评价因子为（　　）。
   A. SO_2　　　　　B. NO_x　　　　　C. $PM_{2.5}$　　　　D. O_3

4. 某生活垃圾焚烧发电项目，其大气评价因子主要包括一氧化碳、颗粒物、二氧化硫、氮氧化物、二噁英、重金属和（　　）。
   A. 氟化物　　　　　B. 氯化氢　　　　　C. 氨　　　　　　　D. 硫化氢

二、不定项选择题（每题的备选项中至少有一个符合题意）

1. 环境影响程度的识别中，通常按（　　）个等级来定性地划分影响程度。
   A. 2　　　　B. 3　　　　C. 4　　　　D. 5　　　　E. 6

2. 下列关于环境影响识别矩阵的构建方法说法正确的有（　　）。
   A. 矩阵法由清单法发展而来，仅具有影响识别功能
   B. 矩阵法把拟建项目的各项"活动"和受影响的环境要素组成一个矩阵，在拟建项目的各项"活动"和环境影响之间建立起直接的因果关系，以定性或半定量的方式说明拟建项目的环境影响
   C. 矩阵法通过系统的列出已建项目各阶段的各项"活动"，以及可能受已建项目各项"活动"影响的环境要素，构造矩阵，确定各项"活动"和环境要素及环境因子的相互作用关系
   D. 如果认为某项"活动"可能对某一环境要素产生影响，则在矩阵相应交叉的格点将环境影响标注出来

3. 环境影响识别的主要方法有（　　）。

A. 矩阵法　　　　　B. 保证率法　　　　　C. 叠图法

D. 清单法　　　　　E. 影响网络法

4. 某建设项目 SO_2、NO_x、VOCs 排放量分别为 200 t/a、350 t/a、1 800 t/a，该项目进行大气环境影响评价，评价因子为（　　）。

A. SO_2　　　　B. NO_x　　　　C. $PM_{2.5}$　　　　D. O_3

5. 湖泊和水库需要重点关注的评价因子是（　　）。

A. 湖底水域面积或蓄水量　　　B. 水力停留时间

C. 叶绿素 a　　　D. 透明度

6. 拟建高速公路长 125 km，进行环境影响识别时，应考虑的因素有（　　）。

A. 环境敏感目标　　　B. 沿线生态环境特征

C. 项目环保投资规模　　　D. 沿线区域的环境保护要求

7. 下列分析方法中，属于《规划环境影响评价技术导则　总纲》规定的可采用的方法的是（　　）。

A. 矩阵分析　　　B. 类比分析

C. 系统分析　　　D. 对比分析

E. 层次分析　　　F. 叠图分析

参考答案

一、单项选择题

1. D 【解析】矩阵法是环境影响识别的一种方法，是把拟建项目各项"活动"和受影响的环境要素组成一个矩阵（行、列），在行列交叉的方格将环境影响的程度标注出来，因此交叉的格点表示影响程度。

2. D 【解析】矩阵法把拟建项目的各项"活动"和受影响的环境要素组成一个矩阵，在拟建项目的各项"活动"和环境影响之间建立起直接的因果关系，以定性或半定量的方式说明拟建项目的环境影响。

3. D 【解析】根据 HJ 2.1 或 HJ 130 的要求识别大气环境影响因素，并筛选出大气影响评价因子。大气环境影响评价因子主要为项目排放的基本污染物及其他污染物。当规划项目排放的 SO_2 和 NO_x 年排放量大于或等于 500 t/a 时，评价因子应增加二次污染物 $PM_{2.5}$；NO_x 和 VOCs 年排放量大于等于 2 000 t/a 时，评价因子应增加二次污染物 O_3。

4. B 【解析】根据《排污许可证申请与核发技术规范　生活垃圾》（HJ 1039—2019），焚烧（发电）生产单元污染物为颗粒物、氮氧化物、二氧化硫、氯化氢、一氧化碳、汞及其化合物、重金属及其化合物（镉、铊、锑、砷、铅、铬、钴、铜、锰、镍）、二噁英类。

二、不定项选择题

1. BD　【解析】在环境影响程度的识别中，通常按 3 个等级或 5 个等级来定性地划分影响程度。如按 5 级划分不利环境影响，则可以分为：① 极端不利；② 非常不利；③ 中度不利；④ 轻度不利；⑤ 微弱不利。

2. BD　【解析】矩阵法由清单法发展而来，不仅具有影响识别功能，还具有影响综合分析评价功能，故 A 选项错误；在环境影响识别中，一般采用相关矩阵法，即通过矩阵法通过系统的列出拟建项目各阶段的各项"活动"，以及可能受拟建项目各项"活动"影响的环境要素，构造矩阵，确定各项"活动"和环境要素及环境因子的相互作用关系，故 C 选项错误。

3. ACDE　【解析】根据《建设项目环境影响评价技术导则　总纲》3.5.1，选项 B 是大气日平均浓度的计算方法。

4. ABC　【解析】根据 HJ2.1 或 HJ130 的要求识别大气环境影响因素，并筛选出大气影响评价因子。大气环境影响评价因子主要为项目排放的基本污染物及其他污染物。当建设项目排放的 SO_2 和 NO_x 年排放量大于或等于 500 t/a 时，评价因子应增加二次污染物 $PM_{2.5}$。

5. AB　【解析】水文要素影响型建设项目评价因子，应根据建设项目对地表水体水文要素影响的特征确定。河流、湖泊及水库主要评价水面面积、水量、水温、径流过程、水位、水深、流速、水面宽、冲淤变化等因子，湖泊和水库需要重点关注湖底水域面积或蓄水量及水力停留时间等因子。

6. ABD　【解析】环境影响识别就是通过系统地检查拟建项目的各项"活动"与各环境要素之间的关系，识别可能的环境影响，C 选项环保投资与环境影响识别因素无关。

7. ABCF　【解析】根据《规划环境影响评价技术导则　总纲》附录 B，规划分析可采用的主要方法为核查表、叠图分析、矩阵分析、专家咨询（如智暴法、德尔斐法等）、情景分析、类比分析、系统分析。

第四章　环境影响预测与评价

一、单项选择题（每题的备选选项中，只有一个最符合题意）

1. 根据《环境影响评价技术导则　大气环境》，有关环境空气保护目标，下列说法错误的是（　　）。

   A. 评价范围内按 GB 3095 规定的一类区的自然保护区、风景名胜区、其他需要特殊保护的区

   B. 评价范围内按 GB 3095 规定的二类区中的农村地区中人群较集中的区域

   C. 评价范围内按 GB 3095 规定的二类区中的商业交通居民混合区

   D. 评价范围内按 GB 3095 规定的二类区中的居住区、文化区

2. 两个排气筒高度分别为 24 m 及 30 m，距离为 50 m，排气筒的污染物排放速率分别为 0.44 kg/h 及 2.56 kg/h，则等效排气筒的排放速率是（　　）。

   A. 4.56　　　　B. 4.2　　　　C. 2.12　　　　D. 3.0

3. 两个排气筒高度分别为 24 m 及 30 m，距离为 50 m，排气筒的污染物排放速率分别为 0.44 kg/h 及 2.56 kg/h，则等效排气筒的高度是（　　）。

   A. 28.7　　　　B. 30　　　　C. 27.2　　　　D. 24

4. 下列关于大气环境影响预测与评价的一般性要求说法正确的有（　　）。

   A. 一级、二级评价项目均应采用进一步预测模型开展大气环境影响预测与评价

   B. 二级、三级评价项目不进行进一步预测与评价

   C. 三级评价项目需对污染物排放量进行核算

   D. 二级、三级评价项目均应对污染物排放量进行核算

5. 根据《环境影响评价技术导则　大气环境》，有关大气环境影响预测范围，下列说法错误的是（　　）。

   A. 预测范围应覆盖评价范围，并覆盖各污染物短期浓度贡献值占标率大于 10% 区域

   B. 经判定需预测二次污染物的项目，预测范围应覆盖 $PM_{2.5}$ 年平均质量浓度贡献值占标率大于 10% 的区域

   C. 对于评价范围内包含环境空气功能区一类区的，预测范围应覆盖项目对一类

区最大环境影响

D．预测范围一般以工业厂址为中心，东西向为 X 轴，西北向为 Y 轴

6．某污染物建设项目，排放主要废气为颗粒物（以 PM_{10} 计算，日平均浓度限值为 $150\ \mu g/m^3$），采用 AERSCREEN 模型估算最大 1 h 平均地面空气质量浓度 $C_{max}=15\ \mu g/m^3$，大气环境影响评价等级应为（　　　）。

A．一级　　　　　B．二级　　　　　C．三级　　　　　D．简化分析

7．下列模型中适用于模拟复杂化学反应的模型有（　　　）。

A．AERMOD　　　　　　　　　B．ADMS

C．区域光化学网格模型　　　　D．CALPUFF

8．下列模型中适用于对烟塔合一源进行进一步预测的模型是（　　　）。

A．AEDT　　　　　　　　　　B．ADMS

C．区域光化学网格模型　　　　D．AUSTAL2000

9．下列模型中适用于机场源的模型有（　　　）。

A．EDMS　　　　　　　　　　B．ADMS

C．区域光化学网格模型　　　　D．CALPUFF

10．下列模型中适用于街道窄谷的模型有（　　　）。

A．EDMS　　　　　　　　　　B．ADMS

C．区域光化学网格模型　　　　D．CALPUFF

11．当项目评价基准年内存在风速≤0.5 m/s 的持续时间超过（　　　）h，应采用 CALPUFF 模型进行进一步模拟。

A．24　　　　　　B．48　　　　　　C．72　　　　　　D．96

12．某建设项目位于海岸边 3 km 范围内，存在岸边熏烟，并且估算的最大 1 h 平均质量浓度超过环境质量标准，适用该模型的有（　　　）。

A．AEDT　　　　　　　　　　B．ADMS

C．区域光化学网格模型　　　　D．CALPUFF

13．当项目近 20 年统计的全年静风（风速≤0.2 m/s）频率超过（　　　），应采用 CALPUFF 模型进行进一步模拟。

A．30%　　　　　B．45%　　　　　C．35%　　　　　D．40%

14．下列模型中不适用于模拟局地尺度的模型有（　　　）。

A．AEDT　　　　　　　　　　B．ADMS

C．区域光化学网格模型　　　　D．AERMOD

15．下列模型中适用于模拟城市尺度的模型有（　　　）。

A．AEDT　　　　　　　　　　B．ADMS

C．区域光化学网格模型　　　　D．CALPUFF

16．下列模型中适用于预测 O_3 的模型有（　　）。

A．AEDT 　　　　　　　　　　　B．ADMS

C．区域光化学网格模型 　　　　　D．AUSTAL2000

17．光化学网络模型中非道路移动源按（　　）形式模拟。

A．点源 　　　　B．线源 　　　　C．面源 　　　　D．体源

18．某建设项目应编制环境影响报告书，采用估算模型 AERSCREEN 计算大气环境影响评价等级时，不需要输入的参数是（　　）。

A．城市/农村选项　　B．静风频率　　C．土地利用类型　　D．地形参数

19．晴朗的天气，混合层高度逐渐加强，（　　）时达到最大高度。

A．上午 　　　　B．下午 　　　　C．中午 　　　　D．晚上

20．ADMS 模型中地表参数根据模型特点取项目周边（　　）km 范围内占地面积最大的土地利用类型来确定。

A．1 　　　　　B．2 　　　　　C．3 　　　　　D．5

21．下列关于气象数据的选用要求错误的是（　　）。

A．AERMOD 和 ADMS 模型的地面气象数据选择距离项目最近或气象特征基本一致的气象站的逐时地面气象数据

B．CALPUFF 模型地面气象资料应尽量获取预测范围内所有地面气象站的逐天地面气象数据

C．CALPUFF 模型高空气象资料应获取最少 3 个站点的测量或模拟气象数据

D．光化学网格模型的气象场数据可由 WRF 或其他区域尺度气象模型提供

22．使用 AERMOD 和 ADMS 模型时，距离源中心 5 km 的网格间距不超过（　　）m。

A．200 　　　　B．300 　　　　C．400 　　　　D．100

23．根据《环境影响评价技术导则　大气环境》，下列关于大气环境防护距离说法，正确的是（　　）。

A．在底图上标注从厂界起所有超过环境质量短期浓度标准值的网格区域，以自厂界起至超标区域的最远直线距离作为大气环境防护距离

B．在底图上标注从厂界起所有超过环境质量短期浓度标准值的网格区域，以自厂界起至超标区域的最远垂直距离作为大气环境防护距离

C．在底图上标注从厂界起所有超过污染物排放限值的网格区域，以自厂界起至超标区域的最远直线距离作为大气环境防护距离

D．在底图上标注从厂界起所有超过污染物排放限值的网格区域，以自厂界起至超标区域的最远直线距离作为大气环境防护距离

24．光化学网格模型的气象场至少涵盖评价基准年（　　）数据。

A. 1 月、2 月、5 月、8 月   B. 3 月、6 月、9 月、12 月

C. 1 月、4 月、7 月、10 月   D. 2 月、6 月、9 月、11 月

25. 大气环境影响评价时，适用于预测网格源对环境影响的模型有（　　）。

A. AERMOD   B. ADMS

C. AERSCREEN   D. CALPUFF

26. 某市工业园规划项目，SO_2+NO_2 的年总排放量为 2 000 t，预测二次污染物 $PM_{2.5}$ 对环境影响应采用的模型为（　　）。

A. AERMOD   B. ADMS

C. 区域光化学网格模型   D. CALPUFF

27. 某新建生活垃圾焚烧项目选址位于达标区域，区域内有在建、拟建和区域削减污染源，大气环境影响评价等级为一级。预测评价内容包括（　　）。

A. 非正常工况，项目敏感目标主要污染物 24 h 平均浓度贡献值的最大浓度占标率

B. 正常工况，叠加达标年目标浓度、区域削减污染源以及在建、拟建项目的环境影响后，敏感目标和网格点主要污染物的保证率日平均质量浓度符合环境质量标准

C. 非正常工况，叠加现状浓度、区域削减污染源以及在建、拟建项目的环境影响后，网格点主要污染物的年平均质量浓度符合环境质量标准

D. 正常工况，项目污染物网格点短期浓度和长期浓度贡献值的最大浓度占标率

28. 对于不达标区域的建设项目环境影响评价，环境影响可以接受判定条件正确的是（　　）。

A. 项目环境影响符合环境功能区划或满足区域环境质量改善目标。现状浓度超标的污染物评价，预测范围内年平均质量浓度变化率≤-10%

B. 新增污染源正常排放下污染物短期浓度贡献值的最大浓度占标率≤100%

C. 达标规划未包含的新增污染源建设项目，无需另有替代源的消减方案

D. 新增污染物正常排放下污染物年均浓度贡献值的最大浓度占标率≤30%

29. 某流域枯水期为 12 月到次年 2 月，4 月份河流水质有机物浓度全年最高，8 月份 DO 全年最低，6 月份盐度最低。拟建项目废水排入该河道，常年排放污染物有 BOD_5、氨氮等。有机污染物水质影响预测需选择的评价时段为（　　）。

A. 枯水期、4 月、8 月   B. 枯水期、6 月、8 月

C. 4 月、6 月、8 月   D. 枯水期、4 月、6 月

30. 采用一维稳态水质模型解析解预测河口氨氮浓度纵向分布，无需输入的参数是（　　）。

A. 一阶衰减系数   B. 横向混合系数

C. 纵向离散系数   D. 余流量

31. 某拟建项目，主要排放 4 种污染物进入河道，设计为水文条件下，假设初始断面完全混合，各污染物的背景浓度占标率及项目排污占标率见下表。则该项目主要影响因子选择排序应为（   ）。

污染物种类	背景浓度占标率/%	项目排污占标率/%
COD	50	40
NH_3-N	40	50
Cu	10	5
Cd	10	5

  A. COD、Cd、Cu、NH_3-N   B. NH_3-N、COD、Cd、Cu

  C. Cd、NH_3-N、COD、Cu   D. NH_3-N、COD、Cu、Cd

32. 某企业废水排入附近河流，该企业 COD 排放量为 20 t/a，排放浓度为 60 mg/L，排放口上游 COD 背景浓度为 20 mg/L，设计水文条件下排污河段排放口断面处稀释比为 7，则排放口断面完全混合后 COD 平均浓度为（   ）mg/L。

  A. 25.7   B. 25   C. 19.8   D. 30

33. 某河道断面水位（Z）、流量（Q）、过水面积（A）之间的关系为 $Q=5\times(Z-50)^{1.4}$，$A=100(Z-50)$，在枯水期设计流量 $Q=5\ m^3/s$ 的条件下，河道断面平均流速估值是（   ）。

  A. 0.060   B. 0.054   C. 0.050   D. 0.048

34. 河流不利枯水条件下，河流设计水文条件宜采用（   ）。

  A. 75%保证率最枯月流量   B. 近 3 年最枯月平均流量

  C. 90%保证率最枯月流量   D. 近 5 年最枯月平均流量

35. 对于盐度比较高的湖泊、水库及入海河口、近岸海域，当盐度不变时，随着温度升高，饱和溶解氧浓度（   ）。

  A. 增大   B. 减小   C. 不变   D. 随大气压升高而升高

36. 狄龙模型属于（   ）模型。

  A. 零维   B. 垂向一维   C. 平面二维   D. 立面二维

37. 适用于模拟预测物质在宽浅水体中垂向分层特征明显的状态的是（   ）。

  A. 零维模型   B. 垂向一维数学模型

  C. 平面二维数学模型   D. 立面二维数学模型

38. 适用于模拟预测水温在面积较小、水深较大的水库中的模型为（   ）。

  A. 零维   B. 垂向一维数学模型

  C. 平面二维数学模型   D. 河网模型

39．多条河道相互连通，使得水流运动和污染物交换相互影响的地区，应采用的预测模型是（　　）。

A．零维模型　　　　　　　　　　　　B．一维数学模型

C．二维数学模型　　　　　　　　　　D．河网模型

40．覆盖预测范围内，所有与建设项目排放污染物相关的污染源负荷，占预测范围总污染负荷的比例应超过（　　）。

A．70%　　　　　B．80%　　　　　C．90%　　　　　D．95%

41．当受纳水体为河流时，受回水影响的河段，建设项目污染源排放量核算断面位于排放口（　　），与排放口的距离应小于（　　）。

A．上下游，1 km　　B．上下游，2 km　　C．下游，1 km　　　D．下游，2 km

42．某建设项目污水排放量为 300 m³/h，COD_{Cr} 为 200 mg/L。污水排入附近一条小河，河水流量为 5 000 000 m³/h，排放口上游 COD_{Cr} 背景浓度为 10 mg/L，则排放口完全混合后 COD 的浓度为（　　）mg/L。

A．22　　　　　　B．36.67　　　　　C．25　　　　　　D．20.75

43．某条河流水面宽度为 150 m，水深为 3 m，弯曲系数为 1.35，则该段河流水域可概化为（　　）。

A．弯曲矩形河流　　　　　　　　　　B．平直矩形河流

C．弯曲非矩形河流　　　　　　　　　D．平直非矩形河流

44．当某河流 O'Connor 数 α 和贝克莱数 Pe 满足（　　）时，可以采用对流降解模型求解排放口上下游污染物的浓度。

A．$\alpha \leqslant 0.027$，$Pe \geqslant 1$　　　　　　B．$\alpha \leqslant 0.027$，$Pe < 1$

C．$0.027 < \alpha \leqslant 380$　　　　　　　D．$\alpha > 380$

45．当某河流 O'Connor 数 α 和贝克莱数 Pe 满足（　　）时，可以采用对流扩散降解简化模型求解排放口上下游污染物的浓度。

A．$\alpha \leqslant 0.027$，$Pe \geqslant 1$　　　　　　B．$\alpha \leqslant 0.027$，$Pe < 1$

C．$0.027 < \alpha \leqslant 380$　　　　　　　D．$\alpha > 380$

46．某项目向河道型水库排放污染物，该污染物在断面上均匀混合，预测模型应选用（　　）。

A．纵向一维模型　　　　　　　　　　B．立面二维模型

C．平面二维模型　　　　　　　　　　D．零维模型

47．某项目涉及水环境保护目标的水域，安全余量应按照项目污染源排放量核算断面处环境质量标准、受纳水体环境敏感性等确定，当受纳水体为 GB 3838 的 Ⅳ 类水域时，安全余量应不低于环境质量标准的（　　）。

A．5%　　　　　　B．8%　　　　　　C．15%　　　　　D．20%

48. 某河流流速为 8.5 m/s，水面宽度为 50 m，水深为 0.8 m，纵向扩散系数为 187 m²/s；污染物在该河流中的综合衰减系数为 0.000 5/s，则 O'Connor 数 α 和贝克莱数 Pe 分别是（   ）。

 A．0.0013，0.057   B．2.07，2.27

 C．2.07，0.057   D．0.001 3，2.27

49. 当某条河流流速为 1.0 m/s，O'Connor 数 α ≤0.027 和贝克莱数 Pe≥1，排放口 COD 初始断面混合浓度为 10 mg/L，COD 衰减系数为 5×10^{-5}/s，则排污口下游 2 km 出 COD 浓度为（   ）mg/L。

 A．8   B．9   C．7   D．6

50. 某排污水企业位于长江南岸，拟在宽度为 1 200 m 的河段设置排污口，1 号排污口距岸边 20 m，2 号排污口距岸边 50 m，3 号排污口距岸边 80 m，4 号排污口距岸边 100 m，则混合过程段最短的是（   ）。

 A．1 号排污口   B．2 号排污口   C．3 号排污口   D．4 号排污口

51. 流向不定的河网地区和潮汐河段水环境影响预测时，合理的初始水文条件为（   ）。

 A．90%保证率最枯月流量或近 10 年最枯月平均流量

 B．90%保证率流速为零时的低水位相应水量

 C．95%保证率最枯月流量或近 10 年最枯月平均流量

 D．90%保证率最枯月流量或近 20 年最枯月平均流量

52. 感潮河段、入海河口及近岸海域建设项目，应考虑（   ）对污染物运移扩散的影响，一级评价时间精度不得低于 1 h。

 A．水温   B．总磷   C．叶绿素 a   D 盐度

53. 某建设项目排入河流的主要源有 COD、氨氮、TP，河流背景中各污染物浓度占标率分别为 70%、40%、60%，按背景浓度选择水质预测因子时排序正确的是（   ）。

 A．TP＞氨氮＞COD   B．氨氮＞COD＞TP

 C．COD＞TP＞氨氮   D．COD＞氨氮＞TP

54. 垂向一维数学模型水量平衡的基本方程为：

$$\frac{\partial(wA)}{\partial z}=(\mu_i-\mu_o)B$$

式中，w 为（   ）。

 A．入流速度   B．垂向速度

 C．横向速度   D．出流流速

55. 下列有关污染源排放量核算的一般要求说法错误的是（   ）。

A. 污染源排放量是新（改、扩）建项目申请污染物排放许可的依据

B. 对改建、扩建项目，除应核算新增源的污染物排放量外，还应核算项目建成后全厂的污染物排放量，污染源排放量为污染物的小时排放量

C. 规划环评污染源排放量核算与分配应遵循水陆统筹、河海兼顾、满足"三线一单"约束要求的原则

D. 综合考虑水环境质量改善目标、水环境功能区或水功能区、近岸海域环境功能区管理要求、经济社会发展、行业排污绩效等因素，确保发展不超载，底线不突破

56. 间接排放建设项目污染源排放量核算根据（   ）核算确定。

A. 依托污水处理设施的控制要求

B. 污染源源强核算技术指南

C. 排污许可申请与核发技术规范

D. 建设项目达标排放的地表水环境影响

57. 直接排放建设项目污染源排放量核算，下列说法错误的是（   ）。

A. 根据建设项目达标排放的地表水环境影响、污染源源强核算技术指南及排污许可申请与核发技术规范进行核算，并从严要求

B. 污染源排放量的核算水体为有水环境功能要求的水体

C. 建设项目排放的污染物属于现状水质不达标的，包括本项目在内的区（流）域污染源排放量应调减至满足区（流）域水环境质量改善目标要求

D. 当受纳水体为河流时，不受回水影响的河段，建设项目污染源排放量核算断面位于排放口下游，与排放口的距离应小于 1.5 km

E. 当受纳水体为河流时，受回水影响的河段，应在排放口的上下游设置建设项目污染源排放量核算断面，与排放口的距离应小于 1 km

58. 关于生态流量确定的一般要求，下列说法错误的是（   ）。

A. 根据河流、湖库生态环境保护目标的流量及过程需求确定生态流量，河流和湖库均应确定生态流量

B. 根据河流和湖库的形态、水文特征及生物重要生境分布，选取代表性的控制断面综合分析评价河流和湖库的生态环境状况、主要生态环境问题等

C. 生态流量控制断面或点位选择应结合重要生境和重要环境保护对象等保护目标的分布、水文站网分布以及重要水利工程位置等统筹考虑

D. 依据评价范围内各水环境保护目标的生态环境需水确定生态流量

59. 鱼类繁殖期的水生生态需水，下列计算方法正确的是（   ）。

A. 水力学法   B. 生境分析法

C. 生态水力学法   D. 水文学法

60. 湖库生态环境需水表示数值，下列说法错误的是（　　　）。

A. 最小值 　　　　　　　　　　B. 年内不同时段值

C. 全年值 　　　　　　　　　　D. 最大值

61. 湖库生态环境需水计算中，可采用（　　　）方法确定湖库生态环境需水最小值。

A. 近 10 年最枯月平均水位法　　　B. 不同频率最枯月最大值

C. 近 8 年最枯月平均水位法　　　D. 近 10 年最枯月平均流量

62. 地下水环境影响预测模型中，水文地质参数初始值的确定，应考虑含水层介质岩性。下列岩性按渗透系数大小的排序中，正确的是（　　　）。

A. 卵石＞粗砂＞细砂＞亚黏土　　B. 卵石＞亚黏土＞细砂＞粗砂

C. 卵石＞细砂＞亚黏土＞粗砂　　D. 细砂＞粗砂＞卵石＞亚黏土

63. 潜水含水层污染物迁移的稳定水流预测过程中，数值不变的有（　　　）。

A. 边界水位、边界溶质浓度　　　B. 边界弥散通量

C. 污染源水量　　　　　　　　　D. 污染源溶质浓度

64. 某油罐因油品泄漏导致下伏潜水含水层污染，在污染物迁移模型的边界条件划定中，积累油类污染物的潜水面应划定为（　　　）。

A. 定浓度边界 　　　　　　　　B. 与大气连通的不确定边界

C. 定浓度梯度或弥散通量边界　　D. 定浓度和浓度梯度或总通量边界

65. 某傍河潜水含水层模拟模型确定时，该潜水含水层傍河一侧边界条件可以概化为（　　　）。

A. 已知水头边界 　　　　　　　B. 隔水边界

C. 定流量边界 　　　　　　　　D. 零通量边界

66. 根据《环境影响评价技术导则　地下水环境》，关于地下水环境影响预测源强确定的依据，下列说法错误的是（　　　）。

A. 正常状况下，预测源强应结合建设项目工程分析和相关设计规范确定

B. 非正常状况下，预测源强应结合建设项目工程分析确定

C. 非正常状况下，预测源强可根据工艺设备系统老化或腐蚀程度设定

D. 非正常状况下，预测源强可根据地下水环境保护措施系统老化或腐蚀程度设定

67. 根据《环境影响评价技术导则　地下水环境》，关于地下水环境影响预测模型概化的内容，下列说法错误的是（　　　）。

A. 根据排放规律污染源可以概化为连续恒定排放或非连续恒定排放以及瞬时排放

B. 各级评价项目，预测所需的包气带垂向渗透系数、含水层渗透系数、给水度

等参数初始值的获取应以收集评价范围内已有水文地质资料为主,现场试验
获取为辅

　　C. 水文地质条件概化可根据调查评价区和场地环境水文地质条件进行

　　D. 一级评价项目,预测所需的包气带垂向渗透系数、含水层渗透系数、给水度
等参数初始值的获取应通过现场试验获取

　　68. 为了解决许多复杂水文地质条件和地下水开发利用条件下的地下水资源评
价问题,并预测各种开采方案条件下地下水位的变化,即预测各种条件下的地下水
状态,可以采用（　　）。

　　A. 数值法　　　　　　　　　　B. 地下水量均衡法

　　C. 地下水溶质运移解析法　　　D. 回归分析

　　69. 根据《环境影响评价技术导则　地下水环境》,通过对照数值解法进行检验
和比较,并能拟合观测资料以求得水动力弥散系数的预测方法是（　　）。

　　A. 数值法　　　　　　　　　　B. 地下水量均衡法

　　C. 地下水溶质运移解析法　　　D. 回归分析

　　70. 根据《环境影响评价技术导则　地下水环境》,采用数值法预测前,应先
（　　）。

　　A. 进行参数识别和模型验证　　B. 进行地下水流场的调查

　　C. 进行地下水质识别　　　　　D. 进行回归分析

　　71. 根据《环境影响评价技术导则　地下水环境》,（　　）不适合采用解析
模型预测污染物在含水层中的扩散。

　　A. 污染物的排放对地下水流场没有明显的影响

　　B. 污染物的排放对地下水流场有明显的影响

　　C. 评价区内含水层的基本参数（如渗透系数、有效孔隙度）不变

　　D. 评价区内含水层的基本参数（如渗透系数、有效孔隙度）变化很小

　　72. 根据《环境影响评价技术导则　地下水环境》,对采用类比分析法时,应
给出类比分析对象与拟预测对象之间的条件,（　　）不是类比分析法的条件。

　　A. 二者的环境水文地质条件相似

　　B. 二者的工程类型、规模及特征因子对地下水环境的影响具有相似性

　　C. 二者的水动力场条件相似

　　D. 二都的投资规模相似

　　73. 数值法可以预测各种开采方案条件下地下水位的变化,但不适用于（　　）。

　　A. 岩溶暗河系统　　　　　　　B. 包气带厚度大于 100 m 的项目

　　C. 渗透系数小于 $1.0×10^{-6}$ cm/s 的项目　　D. 水文地质条件复杂的区域

　　74. 某建设项目装置区潜水埋深 15 m,地下水污染预测模拟计算时,下列垂向

系中，需考虑包气带对污染物迁移起阻滞作用的有（　　）cm/s。

    A. 1×10^{-7}　　　　　B. 1×10^{-4}　　　　　C. 1×10^{-5}　　　　　D. 1×10^{-3}

75. 污染物通过地下岩溶孔道进入含水层造成地下水污染属（　　）污染。

    A. 间歇入渗型　　　　　　　　　　　B. 连续入渗型

    C. 越流型　　　　　　　　　　　　　D. 经流型

76. 某危险废物处理项目位于黄土高原，项目场地天然包气带厚度超过 100 m，其地下水预测范围应扩展至（　　）。

    A. 承压水层　　　　B. 包气带　　　　C. 潜水层　　　　D. 基岩带

77. 根据《建设项目环境风险评价技术导则》，一级地下水环境风险评价应优先选择（　　）进行预测。

    A. $L_{Aeq,Tp}$ 数值方法　　　　　　　　B. L_{Amax} 定性分析

    C. L_{EPN} 经验法　　　　　　　　　　D. L_F 类比法

78. 根据《建设项目环境风险评价技术导则》，下列地下水功能敏感性分区属于敏感的是（　　）。

    A. 应急水源准保护区

    B. 规划的集中式饮用水水源准保护区以外的补给径流区

    C. 未规划准保护区的集中式饮用水水源，其保护区以外的补给径流区

    D. 分散式饮用水水源地

79. 根据《环境影响评价技术导则　声环境》，下列说法错误的是（　　）。

    A. 预测和评价建设项目在施工期和运营期厂界的噪声贡献值和叠加值

    B. 对工程设计文件给出的代表性评价水平年噪声级可能发生变化的建设项目，应分别预测

    C. 单架航空器通过时在声环境保护目标处的最大 A 声级（L_{Amax}）

    D. 某铁路建设项目，应预测列车通过时段内声环境保护目标处的等效连续 A 声级（$L_{Aeq,Tp}$）

80. 机场项目应给出评价范围内（　　）。

    A. 不同声级范围覆盖下的面积　　　　B. 不同声级范围覆盖下的人数

    C. 不同声级范围覆盖下的敏感目标　　D. 相同声级范围覆盖下的面积

81. 某工厂内有 4 种机器，声压级分别是 84 dB、82 dB、86 dB、89 dB，它们同时运行时的声压级是（　　）dB。

    A. 94　　　　　　B. 92　　　　　　C. 95　　　　　　D. 98

82. 室内有两个噪声源，同时工作时总声压级为 73 dB，当其中一个声源停止工作时，测得室内声压级为 72 dB，另一声源的声压级是（　　）dB。

    A. 62　　　　　　B. 67　　　　　　C. 78　　　　　　D. 66

83. 已知 $L_1=85$ dB，$L_2=85$ dB，则合成声压级 L_{1+2} 是（　　）dB。

　A. 86　　　　　B. 87　　　　　C. 88　　　　　D. 90

84. 某工厂冷却塔外 1 m 处，噪声级为 100 dB（A），厂界值要求标准为 60 dB（A），在不考虑屏障衰减的情况下，厂界与冷却塔的最小距离应为（　　）m。

　A. 80　　　　　B. 100　　　　　C. 50　　　　　D. 60

85. 某预测点与直径 3 m 的风机相距 20 m，风机噪声声动功率为 90 dB（A），假设风机位于半自由空间，在仅考虑几何发散衰减时，预测点处声级为（　　）dB（A）。

　A. 55　　　　　B. 54　　　　　C. 56　　　　　D. 58

86. 室内靠近侧墙处，频率为 1 000 Hz 声波的声压波为 85 dB，室内声场近似为扩散声场，为使该频率声波室外声压级为 55 dB，侧墙的隔声量 TL 应为（　　）dB（A）。

　A. 20　　　　　B. 24　　　　　C. 26　　　　　D. 30

87. 某厂的鼓风机产生噪声，距鼓风机 3 m 处测得噪声为 85 dB，鼓风机距居民楼 30 m，该鼓风机噪声在居民楼处产生的声压级是（　　）dB。

　A. 75　　　　　B. 68　　　　　C. 65　　　　　D. 60

88. 上题中如居民楼执行的噪声标准是 55 dB，如果要达标，则居民楼应离鼓风机的距离是（　　）m。

　A. 65　　　　　B. 85　　　　　C. 75　　　　　D. 95

89. 某工厂机器噪声源附近测得噪声声压级为 67 dB，背景值为 60 dB，机器的噪声是（　　）dB。

　A. 62　　　　　B. 60　　　　　C. 66　　　　　D. 64

90. 已知距某点声源 10 m 处测得噪声值为 90 dB，则 30 m 处的噪声值为（　　）dB。

　A. 72　　　　　B. 78　　　　　C. 80.5　　　　　D. 84

91. 某机场扩建项目进行声环境影响评价，关于飞机噪声影响评价的说法，正确的是（　　）。

　A. 应分析评价范围内现状昼夜等效声级

　B. 应分析评价飞机不同速度产生的噪声影响

　C. 应分析机场范围内各类建筑物中的现状噪声级

　D. 应分析评价范围内受噪声影响人口的分布情况

92. 已知某线声源长 10 km，在距线声源 10 m 处测得噪声值为 90 dB，则 30 m 处的噪声值为（　　）dB。

　A. 78　　　　　B. 81　　　　　C. 80.5　　　　　D. 85.2

93．在声环境影响预测中除几何发散衰减外，需考虑的其他衰减因素，下列说法错误的是（　　）。

　　A．空气吸收　　　　B．地面效应　　　　C．屏障　　　　D．声环境功能区划

94．有一列 500 m 火车正在运行。若距铁路中心线 600 m 处测得声压级为 70 dB，距铁路中心线 1 200 m 处有疗养院，则该疗养院的声压级是（　　）dB。

　　A．67　　　　　　B．70　　　　　　C．64　　　　　　D．60

95．某变电所主控楼外墙设有直径为 0.5 m 的排风口，距排风口中心 5 m 处，噪声为 55.0 dB（A），在不考虑背景噪声情况下，距排风口中心 10 m 处噪声为（　　）dB（A）。

　　A．48　　　　　　B．49　　　　　　C．59　　　　　　D．53

96．距某一线声源 r 处的声级为 50 dB，$2r$ 处的声级为 47 dB，在 $r \sim 2r$ 距离范围内该线声源可视作（　　）。

　　A．点声源　　　　B．面声源　　　　C．有限长线声源　　　D．无限长线声源

97．某车间一窗户面积为 20 m²，已知室内靠近窗户处的声压级为 90 dB，靠近窗户处的室内和室外声压级差为 15 dB，等效室外声源的声功率级应为（　　）dB。

　　A．28　　　　　　B．75　　　　　　C．88　　　　　　D．103

98．某污水处理厂罗茨风机是影响最大的噪声源，罗茨风机噪声源表达正确的是（　　）。

　　A．距离罗茨风机 5 m 处的 A 声压级

　　B．距离罗茨风机 5 m 处的 A 声功率级

　　C．距离罗茨风机 5 m 处的 0～2 000 Hz 的倍频带声压级

　　D．距离罗茨风机 5 m 处的 0～2 000 Hz 的倍频带声功率级

99．某点声源位于空旷硬质地面上，距其 50 m 处的 A 声级为 56 dB（A），若只考虑几何发散衰减，则该点声源的声功率级是（　　）dB（A）。

　　A．78.0　　　　　B．81　　　　　　C．98　　　　　　D．101

100．某工业厂房临厂界墙面长 9.46 m、高 3.14 m，均匀向外辐射声波，其中心轴上 1 m 处声级贡献值为 65 dB（A），位于中心轴线上距墙面 2 m 的厂界处噪声排放值是（　　）dB（A）。

　　A．57.0　　　　　B．48.0　　　　　C．56.2　　　　　D．62.0

101．根据《环境影响评价技术导则　声环境》，关于绘制等声级线图，下列说法错误的是（　　）。

　　A．说明噪声超标的范围和程度

　　B．按叠加值绘制代表性路段的等声级线图

　　C．飞机噪声等声级线图比例尺应和环境现状评价图一致，局部放大图底图应采

用近 3 年内空间分辨率一般不低于 1.5 m 的卫星影像或航拍图，比例尺不应小于 1∶5 000

D. 一级、二级评价均应绘制运行期代表性评价水平年噪声贡献值等声级线图

102. 某有限长线声源的长度为 L，在线声源垂直平分线上距离线声源 r_0 处的声级为 $L_A(r_0)$，采用近似点声源衰减公式 $L_A(r) = L_A(r_0) - 20\lg(r/r_0)$，预测垂直平分线上距离线声源 r 处的噪声级 $L_A(r)$，必须满足的条件是（　　）。

A. $r_0 > L$，$r > L$　　B. $r_0 < L/3$，$r < L/3$　　C. $L/3 < r < L$　　D. $r_0 < L$，$r > L$

103. 某列车长度为 600 m，列车在直线段运行时距轨道中心线 10 m 测得的最大 A 声级 82 dB（A）。只考虑几何发散衰减情况下，按线声源简化公式计算，距轨道中心线 100 m 处的最大 A 声级为（　　）dB（A）。

A. 70　　　　　B. 72　　　　　C. 60　　　　　D. 68

104. 某高速公路项目穿越自然公园，其生态保护措施平面布置图成图比例尺合适的为（　　）。

A. 1∶250 000　　　　　　　　　B. 1∶50 000

C. 1∶5 000　　　　　　　　　　D. 1∶500

105. 根据《环境影响评价技术导则　生态影响》，生态影响评价图件基础数据应满足生态影响评价的时效性要求，当图件主题内容无显著变化时，制图数据源的时效性要求可（　　），但必须经过现场勘验校核。

A. 在显著变化期内适当放宽　　　B. 及时更新

C. 在无显著变化期内适当缩小　　D. 在无显著变化期内适当放宽

106. 根据调查，某样地内共有 4 种植物（S_1、S_2、S_3、S_4），各植物在样方中分布情况为：S_1 数量为 10 株、S_2 数量为 4 株、S_3 数量为 8 株、S_4 数量为 9 株，则该样地群落的优势度指数为（　　）。

A. 0.73　　　　　B. 0.69　　　　　C. 0.71　　　　　D. 0.70

107. 根据调查，某样地内共有 4 种植物（S_1、S_2、S_3、S_4），各植物在样方中分布情况为：S_1 数量为 10 株、S_2 数量为 4 株、S_3 数量为 8 株、S_4 数量为 9 株，则该样地群落的多样性指数为（　　）。

A. 1.37　　　　　B. 1.62　　　　　C. 1.54　　　　　D. 1.39

108. 根据《环境影响评价技术导则　生态影响》，某矿产开发项目涉及公益林林地，则该项目的生态评价成图比例尺应在（　　）以上。

A. ≥1∶1 万　　　　　　　　　B. ≥1∶5 万

C. ≥1∶25 万　　　　　　　　　D. ≥1∶10 万

109. 生态影响评价中，关于类比分析法应用的说法，错误的是（　　）。

A. 进行生态影响识别（包括评价因子筛选）

B．进行生态影响的定性分析与评价

C．以原始生态系统作为参照，可评价目标生态系统的质量

D．进行物种或栖息地重要性或优先度比选

110．根据《环境影响评价技术导则　生态影响》，根据建设项目的特点和受其影响的动、植物的生物学特征，依照生态学原理分析、预测工程生态影响的方法称为（　　）。

A．生产力法　　　　　　　　B．生物多样性法

C．景观生态学法　　　　　　D．生态机理分析法

111．根据《环境影响评价技术导则　生态影响》，三级评价可采用（　　）预测分析工程对土地利用、植被、野生动植物等的影响。

A．资料收集法　　　　　　　B．列表清单法

C．生态机理分析法　　　　　D．综合指数法

112．根据《环境影响评价技术导则　生态影响》，生态综合指数法评价公式 $\Delta E = \sum (\mathrm{Eh}_i - \mathrm{Eh}_{qi}) \times W_i$ 中 W_i 表示（　　）。

A．斑块 i 出现的样方数　　　B．群落的多样性指数

C．i 因子的权值　　　　　　D．种数

113．根据《环境影响评价技术导则　生态影响》，生态综合指数法评价公式 $\Delta E = \sum (\mathrm{Eh}_i - \mathrm{Eh}_{qi}) \times W_i$ 中 ΔE 表示（　　）。

A．开发建设活动前后生物多样性变化值

B．开发建设活动前后生态质量变化值

C．开发建设活动后 i 因子的质量指标

D．开发建设活动前 i 因子的质量指标

114．根据《环境影响评价技术导则　生态影响》，生态影响评价中，类比分析法是一种比较常用的（　　）评价方法。

A．定量和半定量　　　　　　B．定性和半定量

C．定性和定量　　　　　　　D．半定性和半定量

115．图形叠置法是把两个以上的生态信息叠合到一张图上，构成复合图，目的是（　　）。

A．生态变化的方向和程度

B．对系统要素进行综合分析，找出解决问题的可行方案

C．依照生态学原理分析、预测建设项目生态影响

D．进行开发建设活动对生态因子的影响分析

116．根据《环境影响评价技术导则　生态影响》，公式 $H = -\sum_{i=1}^{s} p_i \ln(p_i)$ 用以

表达（　　　）。

A. 丰富度指数 　　　　　　　　　B. 辛普森多样性指数

C. 优势度指数 　　　　　　　　　D. 香农-威纳指数

117. 评价范围内的植被状况，基于遥感数据并采用（　　　）估算得到的植被覆盖度空间分布情况。

A. 丰富度指数 　　　　　　　　　B. 辛普森多样性指数

C. 归一化植被指数（NDVI）　　D. 香农-威纳指数

118. 以下哪个不是生态系统评价方法（　　　）。

A. 生物完整性指数 　　　　　　　B. 生产力

C. 景观生态学评价方法 　　　　　D. 系统分析法

119. 在生态系统质量评价中使用系统分析的具体方法，下列说法错误的是（　　　）。

A. 模糊综合评判法 　　　　　　　B. 景观生态学评价方法

C. 层次分析法 　　　　　　　　　D. 系统动力学

120. 全国可分为 3 个一级土壤侵蚀类型区，下列错误的是（　　　）。

A. 水力 　　　B. 沙力 　　　C. 风力 　　　　D. 冻融

121. 风蚀强度分级按植被覆盖度（%）、年风蚀厚度（mm）、侵蚀模数 [t/（km^2·a）]三项指标划分，以下三项指标属中度风蚀强度的是（　　　）t/（km^2·a）。

A. 70～50、2～10、200～2 500

B. 50～30、10～25、2 500～5 000

C. 10～30、25～50、5 000～8 000

D. ＜10、50～100、8 000～15 000

122. 在我国东北地区，容许土壤流失量为（　　　）t/（km^2·a）。

A. 500 　　　B. 1 000 　　　C. 200 　　　D. 1 500

123. 土壤侵蚀强度以（　　　）表示。

A. 土壤侵蚀模数[t/（m^2·a）] 　　　B. 土壤容许流失量[t/（m^2·a）]

C. 土壤侵蚀模数[t/（km^2·a）] 　　D. 植被覆盖度（mm）

124. 通用水土流失方程式 $A=R·K·L·S·C·P$ 中，A 表示（　　　）。

A. 土壤侵蚀模数 　　　　　　　　B. 土壤容许流失量

C. 土壤侵蚀面积 　　　　　　　　D. 单位面积多年平均土壤侵蚀量

125. 当考虑化学耗氧量、总氮、总磷和叶绿素 a 时，海水富营养化时营养指数为（　　　）。

A. ＞1 　　　　B. ＞3 　　　　C. ＞4 　　　　D. ＞5

126. 用营养物质负荷法预测富营养化时，当 TP 为 15 mg/m^3 时，湖泊富营养化等级为（　　）。

    A．富营养　　　　　B．中营养　　　　　C．贫营养　　　　　D．一般营养

127．用营养状况指数法预测富营养化时，当 TSI 为 35 时，湖泊富营养化等级为（　　）。

    A．富营养　　　　　B．中营养　　　　　C．贫营养　　　　　D．一般营养

128．一般认为春季湖水循环期间的总磷浓度在（　　）mg/m³ 以下时基本不发生藻花和降低水的透明度。

    A．1　　　　　　　　B．2　　　　　　　　C．10　　　　　　　　D．20

129．列表清单法是一种定性的分析方法，可以应用于（　　）。

    A．栖息地优先度比选　　　　　　　B．生态系统演替方向

    C．生态系统功能评价　　　　　　　D．生态问题发展趋势

130．以下不是物种多样性常用评价指标的是（　　）。

    A．物种丰富度　　　　　　　　　　B．Simpson 均匀度指数

    C．香农-威纳多样性指数　　　　　　D．Simpson 优势度指数

131．生境评价方法中常用的物种分布模型是（　　）。

    A．MaxEnt 模型　　B．Miami 模型　　C．BEPS 模型　　D．CASA 模型

132．指数法分为单因子指数法和综合指数法，其可应用于（　　）。

    A．生物多样性评价　　　　　　　　B．生态影响识别

    C．生态保护措施的筛选　　　　　　D．生态系统功能评价

133．在陆地堆积或简单填埋的固体废物，经过雨水的浸渍和废物本身的分解，将会产生含有有害化学物质的（　　），从而形成水污染。

    A．渗滤液　　　　B．重金属　　　　C．有毒、有害气体　　　　D．有机体

134．固体废物堆放、贮存和处置场的污染物可以通过（　　）方式释放到环境中。

    A．固态　　　　B．气态　　　　C．液态　　　　D．上述形态的一种或多种

135．堆放的固体废物产生的大气主要污染物是（　　）。

    A．细微颗粒、粉尘、毒气、恶臭

    B．二氧化硫、二氧化氮、一氧化碳、氯气

    C．细微颗粒、粉尘、BOD_5、氨氮

    D．三氧化硫、一氧化二氮、二氧化碳、重金属

136．下列哪个公式表达的是填埋场污染物迁移速度？（　　）。

    A．$v = \dfrac{q}{\eta_e}$　　　　B．$v' = \dfrac{v}{R_d}$　　　　C．$v = C\sqrt{R_i}$　　　　D．$v' = C\sqrt{R_v}$

137．垃圾填埋场渗滤液通常可根据填埋场"年龄"分为两类，"年轻"填埋场

的填埋时间在（　　）年以下。

A. 2　　　　　　　B. 3　　　　　　　C. 4　　　　　　　D. 5

138. 一般情况，"年轻"填埋场的渗滤液的 pH（　　），BOD_5 及 COD 浓度（　　）。

A. 较高，较高　B. 较低，较高　C. 较高，较低　D. 较低，较低

139. 城市生活垃圾填埋场产生的气体主要为（　　）。

A. 氨气和一氧化碳　　　　　　　B. 甲烷和二氧化碳

C. 甲烷和二氧化氮　　　　　　　D. 氮气和氨气

140. 一般情况，"年老"填埋场的渗滤液的 pH（　　），BOD_5 及 COD 浓度（　　）。

A. 接近中性或弱碱性，较低　　　B. 接近中性或弱碱性，较高

C. 接近酸性或弱酸性，较高　　　D. 较低，较低

141. 危险废物的特性不包括（　　）。

A. 放射性　　　　B. 毒性　　　　C. 易燃性　　　　D. 反应性

142. 封场后的填埋场，植被恢复过程中种植于填埋场顶部覆盖层上的植物（　　）受到污染。

A. 可能　　　　B. 不会　　　　C. 一定　　　　D. 严重

143. 生活垃圾填埋场，产生的甲烷排放控制要求，下列说法错误的是（　　）。

A. 生活垃圾填埋场应采取甲烷减排措施

B. 填埋工作面上 2 m 以下高度范围内甲烷的体积分数应不大于 0.1%

C. 填埋工作面上 2 m 以下高度范围内甲烷的体积分数应不大于 0.5%

D. 当通过导气管道直接排放填埋气体时，导气管排放口的甲烷的体积分数不大于 5%

144. 某城市垃圾填埋场封场前地下水污染调查，垃圾渗滤液向地下水渗漏的过程中，"三氮"沿地下水流向出现峰值的先后顺序，正确的是（　　）。

A. $NH_4^+ \rightarrow NO_2^- \rightarrow NO_3^-$　　　　B. $NO_3^- \rightarrow NO_2^- \rightarrow NH_4^+$

C. $NH_4^+ \rightarrow NO_3^- \rightarrow NO_2^-$　　　　D. $NO_3^- \rightarrow NH_4^+ \rightarrow NO_2^-$

145. 垃圾填埋场大气环境影响预测及评价的主要内容是（　　）。

A. 释放气体对环境的影响　　　　B. 恶臭对环境的影响

C. 渗滤液对环境的影响　　　　　D. 释放气体及恶臭对环境的影响

146. 下列废物不可以直接进入生活垃圾填埋场填埋处置的是（　　）。

A. 生活垃圾堆肥处理产生的固态残余物

B. 生活垃圾焚烧飞灰

C. 服装加工、食品加工以及其他城市生活服务行业产生的性质与生活垃圾相近的一般工业固体废物

D. 由环境卫生机构收集或者自行收集的混合生活垃圾

147．设计填埋量大于（　　）t且垃圾填埋厚度超过（　　）m生活垃圾填埋场，应建设甲烷利用设施或火炬燃烧设施处理含甲烷填埋气体。

A．250万，10　　　　　　　　B．250万，20

C．150万，35　　　　　　　　D．150万，20

148．根据建设项目对土壤环境可能产生的影响，将土壤环境影响类型划分为（　　）。

A．生态影响型与污染影响型　　　B．污染影响型或累积影响型

C．生态影响型或累积影响型　　　D．累积影响型

149．根据《环境影响评价技术导则　土壤环境（试行）》，可能造成土壤盐化、酸化、碱化影响的建设项目，至少应分别选取（　　）等作为预测因子。

A．土壤盐分含量、pH　　　　　B．土壤盐分含量、氧化还原电位

C．阳离子交换量、氧化还原电位　D．阳离子交换量、pH

150．土壤环境影响分析可（　　）说明建设项目对土壤环境产生的影响及趋势。

A．定量　　　B．定性或半定量　　　C．定性　　　D．半定量

151．根据《环境影响评价技术导则　土壤环境（试行）》，建设项目导致土地沙漠化的，可根据土壤环境特征，结合建设项目的特点，分析（　　）。

A．地下水环境可能受影响的程度

B．土壤环境可能受影响的范围和程度

C．土壤环境可能受影响的程度

D．土壤环境直接受影响的范围和程度

152．根据《环境影响评价技术导则　土壤环境（试行）》，根据建设项目（　　），确定重点预测时段。

A．工程分析结果　　　　　　　B．土壤环境保护目标

C．各阶段具体特征　　　　　　D．土壤环境影响识别结果

153．污染影响型建设项目进行土壤环境影响预测时，应根据环境影响识别出的（　　）选取关键预测因子。

A．基本因子及特征因子　　　　B．特征因子

C．基本因子　　　　　　　　　D．周边企业产生的特征因子

154．根据《环境影响评价技术导则　土壤环境（试行）》，污染影响型的（　　）项目，预测方法可参见附录E或进行类比分析。

A．一级、二级　　　　　　　　B．三级

C．一级　　　　　　　　　　　D．一级、二级、三级

155．土壤盐化影响因素为土壤本底含盐量（SSC）、地下水埋深（GWD）、干燥度（EPR）、地下水溶解性总固体（TDS）、土壤质地（ST）等，下列土壤盐

化综合评分权重排序正确的是（　　　）。

A. GWD＞EPR＞SSC＞TDS＞ST　　　B. GWD＞EPR＞SSC＝TDS＞ST

C. GWD＞EPR＞TDS＞SSC＞ST　　　D. ST＞SSC＞EPR＞TDS＞GWD

156. 水库项目（　　），土壤环境敏感目标处且占地范围内各评价因子均满足 GB 15618、GB 36600，或附录 D、附录 F 中相关标准要求，则该项目土壤环境影响可接受。

A. 建设期　　　B. 服务期满后　　　C. 运营期　　　D. 各不同阶段

157. 建设用地土壤污染风险筛选值和管制值的必选项目不包括下列的（　　　）风险筛选值。

A. 镉　　　　B. 六价铬　　　　C. 钒　　　　D. 四氯化碳

158. 根据《环境影响评价技术导则　土壤环境（试行）》，可通过工程分析计算土壤中某种物质的（　　　）。

A. 淋溶或径流排出　　　　　　　B. 土壤缓冲消耗

C. 输入量　　　　　　　　　　　D. 输出量

159. 某建设项目单位质量土壤中铅的增量为 0.000 3 g/kg，铅的现状值为 0.000 1 g/kg，则预测值为（　　　）g/kg。

A. 0.000 2　　　B. 0.000 4　　　C. 0.000 3　　　D. 0.000 1

160. 农用地土壤污染污染风险筛选值的必选项目不包括下列的（　　　）风险筛选值。

A. 镉　　　　B. 铬　　　　C. 汞　　　　D. 苯并芘

161. 公式 $\Delta S = n(I_S - L_S - R_S)/(\rho_b \times A \times D)$ 中，R_S 是指（　　　）。

A. 单位年份表层土壤中某种物质的输入量

B. 单位年份表层土壤中某种物质经径流排出的量

C. 单位年份表层土壤中某种物质经淋溶排出的量

D. 单位年份深层土壤中某种物质的输入量

162. 公式 $\Delta S = n(I_S - L_S - R_S)/(\rho_b \times A \times D)$，适用于某种物质可以概化为以（　　　）形式进入土壤环境的影响预测。

A. 点源　　　　　　　　　　　　B. 面源

C. 非连续点源　　　　　　　　　D. 连续点源

163. 北方某微咸水灌溉区土壤环境影响可能有（　　　）。

A. 盐化、碱化　　　　　　　　　B. 石漠化、盐化

C. 酸化、碱化　　　　　　　　　D. 盐化、酸化

164. 根据《环境影响评价技术导则　土壤环境（试行）》，不属于土壤盐化影响因素的是（　　　）。

A. 地下水位埋深
B. 干燥度

C. 土壤质地
D. 土壤容重

165. 公式 $Sa = \sum_{i=1}^{n} W_{x_i} \times I_{x_i}$ 中，W_{x_i} 是指（　　）。

A. 影响因素 i 指标评分
B. 影响因素指标数目

C. 预测值
D. 影响因素 i 指标权重

166. 某建设项目预测出土壤盐化综合评分值为 3，则预测结果应判定为（　　）。

A. 轻度盐化　　　B. 中度盐化　　　C. 重度盐化　　　D. 极重度盐化

167. 根据《建设项目环境风险评价技术导则》，有毒有害在大气中的扩散，大气影响风险的预测范围一般不超过（　　）km。

A. 1　　　　　　B. 10　　　　　　C. 25　　　　　　D. 50

168. 某项目环境风险为级一评价，选取最不利气象条件时稳定度应取（　　）类。

A. F　　　　　　B. D　　　　　　C. E　　　　　　D. C

169. 大气影响风险的影响范围和程度由（　　）来决定，明确影响范围的人口分布情况。

A. 气毒性终点浓度
B. 最大浓度

C. 平均浓度
D. 最小浓度

170. 大气环境风险存在（　　）时，应开展关心点概率分析。

A. 高度危害　　　B. 极高危害　　　C. 中度危害　　　D. 轻度危害

171. SLAB 模型适用于（　　）排放的扩散模拟，下列说法错误的是（　　）。

A. 平坦地形下中性气体排放
B. 平坦地形下重质气体排放

C. 平坦地形下轻质气体排放
D. 液池蒸发气体

二、不定项选择题（每题的备选项中至少有一个符合题意）

1. 根据《环境影响评价技术导则 大气环境》，属于点源调查内容的有（　　）。

A. 排气筒底部中心坐标
B. 排气筒几何高度

C. 排气筒出口内径
D. 排气筒出口处烟气温度

2. 某电厂粉煤灰堆场可视为面源，下列参数中属于该灰场污染源调查参数的是（　　）。

A. 面源初始排放高度
B. 初始纵向扩散参数

C. 初始横向扩散参数
D. 废气排放速度

3. 某市集中供热锅炉房安装 5×58 MW 锅炉，采暖期 4 用 1 备，非采暖期一般 2 台运行，个别时间 1 台运行。单台锅炉烟气量约 120 000 Nm³/h，采用静电除尘+湿发脱硫净化烟气，对烟囱配置的最优方案是设置（　　）。

A. 5 座 60 m 高出口直径 1.6 m 烟囱

B. 4 座 60 m 高出口直径 1.6 m 烟囱

C. 3 座 80 m 高出口直径 2.0 m 烟囱

D. 1 座 80 m 高双管集束烟囱，单管出口直径 2.0 m

4. 根据《环境影响评价技术导则　大气环境》，属于火炬源调查内容的有（　　）。

　A. 底部中心坐标　　　　　　　　B. 火炬底部的海拔高度

　C. 火炬等效内径　　　　　　　　D. 年排放小时数

5. 根据《环境影响评价技术导则　大气环境》，属于体源调查内容的有（　　）。

　A. 体源中心点坐标　　　　　　　B. 体源排放速率

　C. 体源有效高度　　　　　　　　D. 初始横向扩散参数

　6. 根据《环境影响评价技术导则　大气环境》，有关环境空气非正常排放说法，下列说法错误的是（　　）。

　A. 生产过程中开停车（工、炉）

　B. 生产过程中设备检修

　C. 生产过程中工艺设备运转异常

　D. 污染物排放控制措施达不到应有效率

　7. 根据《环境影响评价技术导则　大气环境》，属于线源调查内容的有（　　）。

　A. 线源几何尺寸　　B. 线源宽度　　C. 平均车速　　D. 车型比例

　8. 某规划项目，SO_2 和 NO_x 年平均排放量之和为 1 500 t，预测 $PM_{2.5}$ 对环境影响应选用的模型有（　　）。

　　A. AERMOD　　　B. AUSTAL2000　C. EDMS/AEDT　D. CALPUFF

　9. 根据《环境影响评价技术导则　大气环境》，适用于 CALPUFF 模型污染源的有（　　）。

　　A. 点源　　　　　B. 面源　　　　　C. 线源　　　　　D. 体源

　10. 根据《环境影响评价技术导则　大气环境》，适用于光化学网格模型污染源的有（　　）。

　　A. 点源　　　　B. 体源　　　　C. 网格源　　　D. 烟塔合一源

　11. 根据《环境影响评价技术导则　大气环境》，污染源从排放形式可分为（　　）。

　　A. 点源　　　　　B. 体源　　　　　C. 网格源　　　D. 面源

　12. 下列参数中 AERMOD、CALPUFF 模式均需要输入的参数有（　　）。

　　A. 植物代码　　B. 污染源参数　　C. 最小 M-O 长度　　D. 高空气象数据

　13. 某规划项目，污染物排放量为 SO_2: 240 t/a；NO_x: 360 t/a；VOCs: 1 640 t/a；该项目需要进行预测的污染物有（　　）。

A. SO_2 B. NO_2 C. O_3 D. $PM_{2.5}$

14. 某规划项目，经判定大气需要预测二次污染物 O_3，下列可预测该污染物的模型有（　　）。

A. ADMS B. 网格模型 C. AERMOD D. CALPUFF

15. 某大气一级评价项目，经判定需预测二次污染物，则预测范围应（　　）。

A. 覆盖各污染物短期浓度贡献值占标率大于 10% 的区域

B. 覆盖各污染物年平均质量浓度贡献值占标率大于 1% 的区域

C. 覆盖评价范围

D. 覆盖各污染物短期浓度贡献值占标率大于 1% 的区域

16. 属于达标区域新建项目，新增污染源正常排放状况下大气预测内容包括（　　）。

A. 短期浓度 B. 正常排放 C. 长期浓度 D. 1 h 平均质量浓度

17. 某水泥项目应编制环境影响报告书，利用估算模式计算 P_{max} 为 4.5%，下列关于预测要求说法正确的有（　　）。

A. 应采用进一步预测模型开展大气环境影响预测与评价

B. 不进行进一步预测与评价，只对污染物排放量进行核算

C. 选取有环境质量标准的评价因子作为预测因子

D. 评价结果表达不需绘制网格浓度分布图

18. 预测评价项目建成后各污染物对预测范围的环境影响，预测值计算方式正确的是（　　）。

A. $C_{叠加}=C_{本项目}+C_{区域削减}+C_{拟在建}-C_{现状}$（达标区）

B. $C_{叠加}=C_{本项目}-C_{区域削减}+C_{拟在建}+C_{现状}$（达标区）

C. $C_{叠加}=C_{本项目}-C_{区域削减}+C_{拟在建}+C_{规划}$（非达标区）

D. $C_{叠加}=C_{本项目}-C_{区域削减}+C_{拟在建}-C_{规划}$（非达标区）

19. 大气环境影响预测情景设定时，污染源包括（　　）。

A. 新增污染源 B. "以新带老" 污染源

C. 区域消减污染源 D. 其他在建、拟建污染源

20. 某化工改扩建项目，大气环境影响预测中应作为计算点的有（　　）。

A. 厂界 B. 网格点

C. 居住区 D. 环境质量现状监测点

21. 下列参数中属于大气估算模型需要输入的参数有（　　）。

A. 近 20 年以上资料统计的最高环境温度

B. 项目周边 3 km 范围内的农村人口数

C. 近 20 年以上资料统计的最低环境温度

D. 正常排放情况下污染物参数

22. 属于区域规划项目，不同规划年叠加现状浓度后，大气评价内容包括（　　）。

A. 主要污染物保证日平均质量浓度的占标率　　B. 短期浓度

C. 主要污染物年均浓度的占标率　　　　　　　　D. 年平均质量浓度变化率

23. 可用预测煤堆场 $PM_{2.5}$ 的模型有（　　）。

A. AERMOD　　　　B. ADMS　　　　C. CALPUFF　　　D. EDMS

24. 大气环境预测模型 AERMOD 和 CALPUFF 均需输入的高空气象数据有（　　）。

A. 气压和离地高度　　　　　　　B. 干球温度

C. 风速和风向　　　　　　　　　D. 云量

25. 大气评价结果表达时，应在项目基本信息底图上标示的内容有（　　）。

A. 项目边界　　　　　　　　　　B. 总平面布置

C. 项目位置　　　　　　　　　　D. 环境空气保护目标

26. 估算模型 AERSCREEN，模型所需的最高和最低温度，一般需选取评价区域近（　　）年以上资料统计结果。最小风速可取 0.5 m/s，风速计高度 10 m。

A. 20　　　　　　B. 15　　　　　　C. 4　　　　　　D. 10

27. 属于大气评价结果中污染物排放量核算表的内容有（　　）。

A. 有组织排放量　　　　　　　　B. 无组织排放量

C. 年排放量　　　　　　　　　　D. 非正常排放量

28. 属于大气环境一级评价结果图表的有（　　）。

A. 基本信息底图　　　　　　　　B. 项目基本信息图

C. 网格浓度分布图　　　　　　　D. 大气环境防护区域图

29. 采用 AERMOD 模型进行大气预测，地面气象数据所需的要素有（　　）。

A. 风速　　　　　B. 风向　　　　　C. 干球温度　　　D. 低云量

30. 某项目所在评价区域近 20 年统计的全年静风（风速≤0.2 m/s）频率超过 35%，环境影响评价时，可能用到的模型有（　　）。

A. AERSCREEN　　B. AERMOD　　　C. ADMS　　　　D. CALPUFF

31. 采用 AUSTAL2000 模型进行大气预测，地面气象数据所需的要素有（　　）。

A. 风速　　　　　B. 风向　　　　　C. 干球温度　　　D. 相对湿度

32. 采用 CALPUFF 模型进行大气预测，高空气象数据所需的要素有（　　）。

A. 气压　　　　　B. 离地高度　　　C. 干球温度　　　D. 风速

33. 采用进一步预测模型考虑建筑物下洗时，需要输入的建筑物参数有（　　）。

A. 建筑物高度　　　　　　　　　B. 建筑物角点横坐标

C. 建筑物宽度　　　　　　　　　D. 建筑物方位角

34．CALPUFF 模型在考虑化学转化时，应输入下列（　　）现状浓度数据。

　　A．SO_2　　　　　　B．O_3　　　　　　C．NH_3　　　　　　D．NO_2

35．使用 AERMOD 模型计算考虑颗粒物干沉降时，地面气象数据中需包括的参数有（　　）。

　　A．干沉降速度　　　B．降雨量　　　　　C．相对湿度　　　　D．站点气压

36．根据《环境影响评价技术导则　大气环境》，下列关于大气环境防护距离的确定原则和要求的说法，正确的是（　　）。

　　A．大气环境防护区域应以厂址中心为起点确定

　　B．项目厂界浓度超标，须调整工程布局，待满足厂界浓度限值后，再核算大气环境防护距离

　　C．大气环境防护距离是考虑全厂的所有污染源，包括点源、面源、有组织、无组织排放等

　　D．以自厂界起至超标区域的最远垂直距离作为大气环境防护区域

37．在项目基本信息图上绘制最终确定的大气环境防护区域，并标示的内容包括（　　）。

　　A．大气环境防护距离预测网格　　　B．厂界污染物贡献浓度

　　C．超标区域　　　　　　　　　　　D．敏感点分布

38．采用 AERMOD 模型的 NO_2 转化算法，可采用的方法有（　　）。

　　A．PVMRM　　　B．OLM　　　　　C．ARM2　　　　D．ARM1

39．某项目大气环境影响评价所附地形图应包含的内容有（　　）。

　　A．地形高程　　　　　　　　　　　B．评价范围

　　C．主要环境保护目标　　　　　　　D．比例尺

40．水污染影响型建设项目，地表水预测内容应包括的有（　　）。

　　A．各关心断面水质预测因子浓度及变化

　　B．到达水环境保护目标处污染物浓度

　　C．各污染物最大影响范围

　　D．排放口混合区范围

41．水库水文情势预测分析应包含的内容有（　　）。

　　A．水域形态　　　B．径流条件　　　C．水力条件　　　D．冲淤变化

42．受纳水体环境质量不达标区的建设项目，水处理措施应满足（　　）。

　　A．水环境质量限期达标规划

　　B．污染防治可行技术指南中最佳可行技术

　　C．废水污染物达到最低排放强度和排放浓度

　　D．替代源的削减方案要求

43. 下列属于地表水环境预测模型的有（　　）。

    A. 数学模型　　　B. 物理模型　　　C. 估算模型　　　D. 现场实测

44. 水污染影响型建设项目，重点预测时期为（　　）。

    A. 水体自净能力最不利时期　　　　B. 现状补充监测时期

    C. 水质状况相对较差的不利时期　　D. 水体自净能力多年平均时期

45. 对某排污企业进行水环境影响评价时，需考虑（　　）污染源强进行预测分析。

    A. 一类污染物的车间或车间处理设施排放口　　B. 企业总排口

    C. 温排水排放口　　　　　　　　　　　　　　　D. 雨水排放口

46. 下列属于水动力及水质模型中水文及水力学参数的有（　　）。

    A. 流量　　　　B. 流速　　　　C. 坡度　　　　D. 糙率

47. 下列属于水动力及水质模型中水质参数的有（　　）。

    A. 扩散系数　　B. 耗氧系数　　C. 复氧系数　　D. 蒸发散热系数

48. 感潮河段下游水位边界的确定可取保证率为（　　）的潮差。

    A. 10%　　　　B. 50%　　　　C. 75%　　　　D. 90%

49. 下列作为地表水预测重点预测点位有（　　）。

    A. 常规监测点　　　　　　　　B. 特征监测点

    C. 补充监测点　　　　　　　　D. 水环境保护目标

    E. 控制断面

50. 建设项目地表水环境影响评价自查表中的工作内容主要包括（　　）。

    A. 影响识别　　　　　　B. 现状调查与评价　　　C. 影响预测

    D. 影响评价　　　　　　E. 防治措施

51. 生态流量确定的一般要求，下列说法正确的是（　　）。

    A. 根据河流、湖库生态环境保护目标的流量（水位及过程需求河流应确定生态流量，湖库应确定生态水位

    B. 根据河流和湖库的形态、水文特征及生物重要生境分布，选取代表性的控制断面综合分析评价河流和湖库的生态环境状况、主要生态环境问题等

    C. 生态流量控制断面或点位选择应结合重要生境和重要环境保护对象等保护目标的分布、水文站网分布以及重要水利工程位置等统筹考虑

    D. 依据评价范围内各水环境保护目标的生态环境需水确定生态流量

52. 下列有关水生生态需水说法正确的是（　　）。

    A. 水生生态需水计算中，应采用水力学法、生态水力学法、水文学法等方法

    B. 水生生态流量可以只采用一种方法计算

    C. 水生生态流量最少采用两种方法计算，合理选择水生生态流量成果

D. 水生生态需水应为水生生态流量与鱼类繁殖期所需水文过程的外包线

53. 下列有关河流生态环境需水说法正确的是（　　　）。

A. 景观需水应综合考虑水文特征和景观保护目标要求，确定景观需水

B. 河口压咸需水应根据调查成果，确定河口类型，可采用附录 E 中的相关数学模型计算河口压咸需水

C. 湿地需水应综合考虑湿地水文特征生态保护目标需水特征，综合不同方法合理确定湿地需水

D. 河道内湿地补给水量采用水量平衡法计算

E. 河岸植被需水量采用单位面积用水量法、潜水蒸发法、间接计算法、彭曼公式法等方法计算

54. 地表水质模拟影响预测中，需确定的参数和条件有（　　　）。

A. 设计水文条件　　　　　　　　　B. 受纳水体背景浓度

C. 水质模型参数　　　　　　　　　D. 污染源的排放方式

55. 用两点法估算河流的一阶降解系数，需要测定的基本数据有（　　　）。

A. 两断面的浓度　　　　　　　　　B. 两断面之间的平均流速

C. 两断面的间距　　　　　　　　　D. 两断面之间的平均河宽

56. 有关直接排放建设项目污染源排放量核算，下列说法正确的是（　　　）。

A. 当受纳水体为湖库时，建设项目污染源排放量核算点位应布置在以排放口为中心、半径不超过 50 m 的扇形水域内，且扇形面积占湖面积比例不超过 5%，核算点位应不少于 3 个

B. 当受纳水体为湖库时，建设项目污染源排放量核算点位应布置在以排放口为中心、半径不超过 50 m 的扇形水域内，且扇形面积占湖面积比例不超过 5%，核算点位应不少于 2 个

C. 遵循地表水环境质量底线要求，主要污染物需预留必要的安全余量

D. 安全余量可按地表水环境质量标准、受纳水体环境敏感性等确定；受纳水体为 GB 3838 Ⅲ类水域，以及涉及水环境保护目标的水域，安全余量按照不低于建设项目污染源排放量核算断面

57. 有关直接排放建设项目污染源排放量核算，下列说法正确的是（　　　）。

A. 受纳水体为 GB 3838 Ⅲ类水域，以及涉及水环境保护目标的水域安全余量按照不低于建设项目污染源排放量核算断面（点位）处环境质量标准的 10%确定

B. 受纳水体水环境质量标准为 GB 3838 Ⅳ、Ⅴ类水域，安全余量按照不低于建设目污染源排放量核算断面（点位）环境质量标准的 8%确定，如有更严格的环境管理要求，按地方要求执行

C．当排放口污染物进入受纳水体在断面混合不均匀时，应以污染物排放量核算断面污染物平均浓度作为评价依据

D．建设项目排放的污染物属于现状水质不达标的，包括本项目在内的区（流）域污染源排放量应调减至满足区（流）域水环境质量改善目标要求

58．下列对地下水环境影响预测评价，下列说法正确的是（　　　）。

A．地下水环境影响评价范围与现状调查范围一致

B．采用标准指数法对建设项目地下水水质影响进行评价

C．建设项目地下水环境影响预测方法包括数学模型法和类比法

D．一级评级采用数值法，不宜概括为等效多孔介质的地区除外

59．地下水环境影响预测时段应选取可能产生地下水污染的关键时段，至少包括（　　　）。

A．污染发生后 100 d

B．污染发生 1 000 d

C．服务年限

D．能反映特征因子迁移规律的其他重要的时间节点

60．一般满足以下条件（　　　），可采用地下水解析模型预测污染物在含水层中的扩散。

A．评价区内含水层基本参数不变

B．评价区内含水层为非均质各异性

C．污染物在含水层具有一维迁移特征

D．污染物的排放对地下水流场没有明显影响

61．采用数值法对地下水承压含水层预测，要输入的有（　　　）。

A．渗透系数　　　　　　　　　　B．水动力弥散系数

C．给水度　　　　　　　　　　　D．弥散度

62．根据《环境影响评价技术导则　地下水环境》，建设项目地下水环境影响预测方法包括（　　　）。

A．数值法　　　　B．解析法　　　　C．均衡法　　　　D．时序分析

63．根据《环境影响评价技术导则　地下水环境》，预测方法的选取应根据（　　　）来确定。

A．建设项目工程特征　　　　　　B．水文地质条件

C．评价等级　　　　　　　　　　D．资料掌握程度

64．在地下水环境影响评价中，下列确定污水池及管道正常状况泄漏源强的方法，正确的有（　　　）。

A．按湿周面积 5%确定

B．不产生泄漏，无须确定

C．按《给水排水管道工程施工及验收规范》（GB 50268）确定

D．按《给水排水构筑物工程施工及验收规范》（GB 50141）确定

65．根据《环境影响评价技术导则 地下水环境》，采用解析模型预测污染物在含水层中的扩散时，一般应满足（ ）条件。

A．污染物的排放对地下水流场没有明显的影响

B．污染物的排放对地下水流场有明显的影响

C．评价区内含水层的基本参数变化很大

D．评价区内含水层的基本参数不变或变化很小

66．根据《环境影响评价技术导则 地下水环境》，关于不同地下水环境影响评价等级应采用的预测方法，说法正确的是（ ）。

A．一般情况下，一级评价应采用数值法

B．二级评价中水文地质条件复杂且适宜采用解析法

C．二级评价中，水文地质条件复杂且适宜采用数值法时，建议优先采用数值法

D．三级评价可采用解析法或类比预测法

67．根据《环境影响评价技术导则 地下水环境》，地下水环境影响预测模型概化的内容有（ ）。

A．工程分析概化 B．污染源概化

C．水文地质参数初始值的确定 D．水文地质条件概化

68．根据《环境影响评价技术导则 地下水环境》，地下水环境影响预测时，水文地质条件概化应根据（ ）等因素进行。

A．环境保护敏感目标 B．含水介质结构特征

C．边界性质 D．地下水补、径、排条件

69．根据《环境影响评价技术导则 地下水环境》，地下水环境影响预测时，污染源概化按排放规律可概化为（ ）。

A．瞬时排放 B．连续恒定排放

C．点源 D．非连续恒定排放

70．根据《环境影响评价技术导则 地下水环境》，关于建设项目地下水环境影响评价的原则，下列说法错误的是（ ）。

A．评价应以地下水环境现状调查和地下水环境影响预测结果为依据

B．对建设项目各实施阶段（建设期、运营期及服务期满后）不同环节及不同污染防控措施下的地下水环境影响进行评价

C．地下水环境影响预测未包括环境质量现状值时，无须叠加环境质量现状值进行评价

D．必需评价建设项目对地下水水质的间接影响

71．根据《环境影响评价技术导则　地下水环境》，地下水预测采用数值法或解析法预测时，应先进行（　　）。

A．参数识别　　　　　　　　　　　B．模型验证

C．适用条件判断　　　　　　　　　D．地质条件判断

72．污染物在松散孔隙中水动力弥散产生的原因主要有（　　）。

A．浓度场梯度　　　　　　　　　　B．孔隙介质密度

C．孔隙结构的非均质　　　　　　　D．孔隙通道的弯曲度

73．地下水预测因子根据识别的特征因子，按照（　　）和其他类别进行分类，并对每一类别中各项因子采用标准指数法进行排序，分别取标准指数最大的因子作为预测因子。

A．特征因子　　　B．重金属　　　C．有机污染物　　　D．常规因子

74．地下水的污染途径类型有（　　）。

A．间歇入渗型　　B．连续入渗型　　C．越流型　　　D．径流型

75．某改扩建项目，现有工程中地下水特征因子为铅、汞、砷及甲苯，改扩建后地下水特征因子为砷及氟化物，则改扩建项目地下水预测因子应包括（　　）。

A．铅　　　　B．汞　　　　C．砷　　　　D．甲苯　　　E．氟化物

76．非正常状况下地下水预测源强应考虑（　　）等进行设定。

A．工艺设备的系统老化　　　　　　B．储罐的腐蚀程度

C．污水调节池防渗层破裂　　　　　D．初期雨水漫流泄漏

77．下列属于地下水预测内容的是（　　）。

A．给出预测期内建设项目场地边界常规因子随时间的变化规律

B．给出特征因子不同时段的影响范围、程度、最大迁移距离

C．污染场地修复治理工程项目应给出污染物变化趋势或污染控制的范围

D．当建设项目场地天然包气带垂向渗透系数小于 1.0×10^{-5} cm/s 或厚度超过 100 m 时，须考虑包气带阻滞作用，预测特征因子在包气带中的迁移规律

E．给出预测期内地下水环境保护目标处特征因子随时间的变化规律

78．采用数值法预测地下水环境影响，地下水模型识别与验证的依据主要有（　　）。

A．模拟的地下水流场要与实际地下水流场基本一致

B．模拟水位过程线与实际地下水位过程线形状相似

C．实际地下水量的变化量应接近于计算的含水层储量的变化量

D．设别的水文地质参数要符合实际水文地质条件

79．下列选项中，可反应溶质迁移的参数有（　　）。

A. 储水系数　　B. 给水度　　　C. 孔隙度　　　D. 弥散度

80. 根据《建设项目环境风险评价技术导则》依据地下水功能敏感性与包气带防污性能，地下水环境敏感程度分级为环境高度敏感区的是（　　　）。

A. 集中式饮用水水源准保护区，包气带防污性能：Mb≥1.0 m，K≤1.0×10⁻⁶ cm/s，且分布连续、稳定

B. 集中式饮用水水源准保护区，包气带防污性能：0.5 m≤Mb<1.0 m，K≤1.0×10⁻⁶ cm/s，且分布连续、稳定

C. 分散式饮用水水源地，包气带防污性能：Mb<0.5 m，K≤1.0×10⁻⁶ cm/s，且分布连续、稳定

D. 备用的集中式饮用水水源准保护区，包气带防污性能：Mb≥1.0 m，1.0×10⁻⁶<K≤1.0×10⁻⁴ cm/s，且分布连续、稳定

81. 根据《建设项目环境风险评价技术导则》，下列属于地下水功能敏感性分区属于较敏感的是（　　　）。

A. 在建或规划的饮用水水源准保户区

B. 规划的集中式饮用水水源准保护区以外的补给径流区

C. 未规划准保护区的集中式饮用水水源，其保护区以外的补给径流区

D. 分散式饮用水水源地

82. 根据《建设项目环境风险价技术导则》，依据地下水功能敏感性与包气带防污性能，地下水环境敏感程度分级包括（　　　）。

A. 环境高度敏感区　　　　　　B. 环境中度敏感区

C. 环境低度敏感区　　　　　　D. 环境较低度敏感区

83. 在声环境预测过程中遇到的声源往往是复杂的，需根据（　　　）把声源简化成点声源，或线声源，或面声源。

A. 声源的地理位置　　　　　　B. 声源的性质

C. 预测点与声源之间的距离　　D. 设备的型号、种类

84. 声环境影响预测的模型有（　　　）。

A. 参数模型　　　　　　　　　B. 经验模型

C. 三维模型　　　　　　　　　D. 半经验模型

85. 对于一个整体的长方形面源（$b>a$），其中心轴线上的几何发散衰减 A_{div} 可依据点距面声源中心的距离进行计算，下列表述正确的有（　　　）。

A. $r<a/\pi$，$A_{div}\approx0$　　　　　　　B. $a/\pi<r<b/\pi$，$A_{div}\approx10\lg(r/r_0)$

C. $b/\pi<r$，$A_{div}\approx20\lg(r/r_0)$　　　D. $a/\pi<r<b/\pi$，$A_{div}\approx15\lg(r/r_0)$

86. 铁路交通噪声预测模型中，与列车运行噪声作用时间有关的参数有（　　　）。

A. 列车长度　　　　　　　　　B. 列车速度

C．列车高度　　　　　　　　　　D．列车宽度

87．某工厂厂房三面墙夹角处放有一台设备，设备声功率为 120 dB，房间常数 R 为 300 m²，则车间内距离这台设备 20 m 处噪声级为（　　）dB。

A．102　　　　　　B．113　　　　　　C．118　　　　　　D．130

88．拟建四车道公路项目近期设计车流量为 200 辆/h，预测点距离车道中心线 15 m，该项目交通运输噪声预测基本模型中的距离衰减量是（　　）dB（A）。

A．3.0　　　　　　B．4.5　　　　　　C．4.8　　　　　　D．7.2

89．对于等声级线图绘制，正确的说法是（　　）。

A．等声级线的间隔不大于 5 dB

B．等声级线的间隔不大于 10 dB

C．对于 L_{eq}，最低值与相应功能区夜间标准值一致，最高可画到 75 dB 的等
　声级线

D．对于 L_{WECPN}，一般应有 70 dB、75 dB、80 dB、85 dB 的等值线

E．对于 L_{eq}，一般需对应项目所涉及的声环境功能区的昼夜间标准值要求

90．根据《环境影响评价技术导则　生态影响》，一级、二级评价应根据现状评价内容选择以下全部或部分内容开展预测评价，下列说法正确的是（　　）。

A．采用图形叠置法分析工程占用的植被类型、面积及比例

B．涉及国家重点保护野生动植物、极危、濒危物种的，可采用生境评价方法预
　测分析物种适宜生境的分布及面积变化、生境破碎化程度等，图示建设项目
　实施后的物种适宜生境分布情况

C．采用生态机理分析法、类比分析法等方法分析植物群落的物种组成、群落结
　构等变化情况

D．分析建设项目通过时间或空间的累积作用方式产生的生态影响，如生境丧
　失、退化及破碎化、生态系统退化、生物多样性下降等

91．根据《环境影响评价技术导则　生态影响》，物种多样性常用评价指标为（　　）。

A．物种丰富度　　　　　　　　　B．香农-威纳多样性指数

C．Pielou 均匀度指数　　　　　　D．Simpson 优势度指数

E．生物完整性指数

92．根据《环境影响评价技术导则　生态影响》，采用（　　）方法分析植物群落的物种群落的物种组成、群落结构等变化情况。

A．图形叠置法　　　　　　　　　B．生态机理分析法

C．类比分析法　　　　　　　　　D．资料收集法

93．不同行业常用的生态环境影响预测与评价的方法，下列评价说法正确的是（　　）。

A．水电站建设：类比法

B．水电梯级开发：类比法

C．道路建设（铁路、公路）：生态机理分析法

D．矿产资源开发：类比法

94．生态环境影响预测与评价的方法有哪些（　　）。

A．列表清单法　　　　　　　　B．图形叠置法

C．生态机理分析法　　　　　　D．景观生态学法

E．指数法与综合指数法　　　　F．典型生态保护措施平面布置示意图

95．根据《环境影响评价技术导则　生态影响》，生态影响评价图件应包括主图以及图名、（　　）、成图时间等要素。

A．比例尺　　　　　　B．方向标　　　　　　C．图例

D．注记　　　　　　　E．制图数据源

96．根据《环境影响评价技术导则　生态影响》，在进行生态机理分析法时，需要做的是（　　）。

A．识别有无珍稀濒危物种、特有种等需要特别保护的物种

B．调查环境背景现状，收集工程组成、建设、运行等有关资料

C．调查植物和动物分布，动物栖息地和迁徙、洄游路线

D．预测项目建成后该地区动物、植物生长环境的变化

97．以下是生物完整性指数评价工作步骤的是（　　）。

A．结合工程影响特点和所在区域生态系统特征，选择指示物种

B．评价项目建设前所在区域生态系统状况，预测分析项目建设前后生态系统变化情况

C．确定每种参数指标值以及生物完整性指数的计算方法，分别计算参考点和干扰点的指数值

D．调查环境背景现状，收集工程组成、建设、运行等有关资料

98．根据《环境影响评价技术导则　生态影响》，生态机理分析法可以预测（　　）。

A．项目对动物个体、种群和群落的影响　　B．项目对生态系统功能的评价

C．项目对植物个体的影响　　　　　　　　D．生态系统演替方向

99．根据《环境影响评价技术导则　生态影响》，关于生态机理分析法的说法，下列说法正确的是（　　）。

A．该方法不能预测生态系统演替方向

B. 该方法无须与其他学科合作评价，就能得出较为客观的结果

C. 该方法需与生物学、地理学及其他多学科合作评价，才能得出较为客观的结果

D. 评价过程中有时要根据实际情况进行相应的生物模拟试验

100. 根据《环境影响评价技术导则　生态影响》，下列关于生物多样性说法正确的是（　　　）。

A. 物种多样性常用的评价指标包括物种丰富度、香农-威纳多样性指数、Pielou均匀度指数、Simpson优势度指数等

B. 基因多样性（或遗传多样性）指一个物种的基因组成中遗传特征的多样性，包括种内不同种群之间或同一种群内不同个体的遗传变异性

C. 物种多样性指物种水平的多样化程度，包括物种丰富度和物种多度

D. 生态系统多样性指生态系统的多样化程度，包括生态系统的类型、结构、组成、功能和生态过程的多样性等

101. 根据《环境影响评价技术导则　生态影响》，生态影响评价中，综合指数法评价要求做的有（　　　）。

A. 分析研究评价的生态因子的性质及变化规律

B. 建立表征各生态因子特性的指标体系

C. 确定评价标准

D. 建立评价函数曲线

E. 根据各评价因子的相对重要性赋予权重

102. 根据《环境影响评价技术导则　生态影响》，图形叠置法的两种基本制作手段包括（　　　）。

A. 指标法　　　　　B. 定性　　　　　C. 半定量　　　　　D. 3S 叠图法

103. 用类比法预测河流筑坝对鱼类的影响时，类比调查应重点考虑（　　　）。

A. 工程特性与水文情势　　　　　　　B. 饵料生物丰度

C. 鱼类组成　　　　　　　　　　　　D. 鱼类生态习性

104. 采用 TSI 预测湖泊富营养化，在非固体悬浮物和水体透明度较低的情况下，与透明度高度相关的指标有（　　　）。

A. 总磷　　　　　B. 溶解氧　　　　　C. 叶绿素 a　　　　　D. 水流速度

105. 根据《环境影响评价技术导则　生态影响》，生态影响评价中，类比分析法类比对象的选择条件是（　　　）。

A. 工程投资与拟建项目基本相当

B. 工程性质、工艺和规模与拟建项目基本相当

C. 生态因子相似

D．项目建成已有一定时间，所产生的影响已基本全部显现

106．根据《环境影响评价技术导则 生态影响》，关于香农-威纳指数公式

$H = -\sum_{i=1}^{s} p_i \ln(p_i)$，下列参数说法正确的是（　　）。

A．H 为群落的多样性指数　　　　　B．H 为种群的多样性指数

C．p_i 为样品中属于第 i 种的个体比例　　D．S 为种数

107．根据《环境影响评价技术导则 生态影响》，（　　）等线性工程应对植物群落及植被覆盖度变化、重要物种的活动、分布及重要生境变化、生境连通性及破碎化程度变化、生物多样性变化等开展重点预测与评价。

A．公路　　　　B．农业　　　　C．铁路　　　　D．管线

108．风蚀强度分级按（　　）三项指标划分。

A．植被覆盖度（%）　　　　　　　B．年风蚀厚度（mm）

C．侵蚀模数 [t/（km²·a）]　　　　D．生物量

109．为便于分析和采取对策，要将生态影响划分为（　　）。

A．有利影响和不利影响　　　　　　B．可逆影响与不可逆影响

C．近期影响与长期影响　　　　　　D．人为影响与自然影响

E．局部影响与区域影响

110．采用侵蚀模数预测水土流失时，常用方法包括（　　）。

A．已有资料调查法　　B．现场调查法　　　C．水文手册查算法

D．数学模型法　　　　E．物理模型法

111．通用水土流失方程式 $A=R·K·L·S·C·P$ 中的计算因子是（　　）。

A．降雨侵蚀力因子　　　　　　　　B．土壤可蚀性因子

C．气象因子　　　　　　　　　　　D．坡长和坡度因子

E．水土保持措施因子

112．关于水体富营养化的说法，正确的是（　　）。

A．富营养化是一个动态的复杂过程

B．富营养化只与水体磷的增加相关

C．水体富营养化主要指人为因素引起的湖泊、水库中氮、磷增加对其水生生态产生不良的影响

D．水体富营养化与水温无关

E．富营养化与水体特征有关

113．在稳定状况下，湖泊总磷的浓度与（　　）因子有关。

A．湖泊水体积　　　B．湖水深度　　　　C．输入与输出磷

D．年出湖水量　　　E．湖泊海拔

114. 风力侵蚀的强度分级按（　　）指标划分。

　　A. 植被覆盖度　　B. 年风蚀厚度　　C. 生物生产量　　D. 侵蚀模数

115. 表达水土流失的定量指标有（　　）。

　　A. 侵蚀模数　　B. 侵蚀类型　　C. 侵蚀面积　　D. 侵蚀量

116. Carlson 的营养状况指数法预测富营养化，其认为湖泊中总磷与（　　）之间存在一定的关系。

　　A. 年出湖水量　　B. 透明度　　C. 输入与输出磷　　D. 叶绿素 a

117. 矿产资源开发项目中生态影响预测与评价中应对（　　）等开展重点预测与评价。

　　A. 植物群落和植被覆盖度变化　　　　B. 重要物种的活动、分布

　　C. 重要生境变化　　　　　　　　　　D. 生物多样性变化

118. 固体废物按其污染特性可分为（　　）。

　　A. 农业固体废物　　　B. 一般废物　　　C. 工业固体废物

　　D. 危险废物　　　　　E. 城市固体废物

119. 固体废物按其来源可分为（　　）。

　　A. 农业固体废物　　　B. 工业固体废物　　　C. 一般废物

　　D. 危险废物　　　　　E. 城市固体废物

120. 固体废物填埋场渗滤液来源有（　　）。

　　A. 降水　　　　　　　　　　B. 地表水

　　C. 地下水　　　　　　　　　D. 填埋场中的废物含有的水

121. 固体废物填埋场污染物在衬层和包气带土层中的迁移速度受（　　）的影响。

　　A. 地下水的运移速度　　　　B. 地表径流的运移速度

　　C. 土壤堆积容重　　　　　　D. 土壤—水体系中的吸附平衡系数

　　E. 多孔介质的有效空隙度

122. 下列有关生活垃圾填埋场的设计、施工与验收要求，说法正确的是（　　）。

　　A. 生活垃圾填埋场应建设渗滤液导排系统，该导排系统应确保在填埋场的运行期内防渗衬层上的渗滤液深度不大于 30 cm

　　B. 生活垃圾填埋场渗滤液处理设施应设渗滤液调节池，并采取封闭等措施防止恶臭物质的排放

　　C. 生活垃圾填埋场周围应设置绿化隔离带，其宽度不小于 10 m

　　D. 如果天然基础层饱和渗透系数小于 1.0×10^{-7} cm/s，且厚度不小于 2 m，可采用天然黏土防渗衬层

123. 下列废物不得在生活垃圾填埋场中填埋处置的选项是（　　）。

A．生活垃圾堆肥处理产生的固态残余物

B．未经处理的粪便

C．电子废物及其处理处置残余物

D．禽畜养殖废物

124．一般情况，属于"年轻"填埋场的渗滤液的水质特点有（　　　）。

A．各类重金属离子浓度较高　　　　B．BOD_5 及 COD 浓度较低

C．pH 较低　　　　　　　　　　　D．色度大

E．BOD_5/COD 的比值较低

125．城市垃圾填埋场产生的气体主要为（　　　）。

A．氨气　　　B．二氧化碳　　　C．硫化物　　　D．氮气　　　E．甲烷

126．下列关于垃圾填埋场产生的气体，说法错误的有（　　　）。

A．接受工业废物的垃圾填埋场产生的气体中可能含有微量挥发性有毒气体

B．城市垃圾填埋场产生的气体主要为甲烷和二氧化碳

C．垃圾填埋场产生的微量气体很小，成分也不多

D．城市垃圾填埋场产生的气体主要为氮气和氨气

127．一般情况，属"年老"填埋场的渗滤液的水质特点的是（　　　）。

A．各类重金属离子浓度开始下降　　B．BOD_5 及 COD 浓度较低

C．pH 接近中性或弱碱性　　　　　D．NH_4^+-N 的浓度较高

E．BOD_5/COD 的比值较高

128．下列关于运行中的垃圾填埋场对环境的主要影响，说法正确的有（　　　）。

A．流经填埋场区的地表径流可能受到污染

B．填埋场滋生的昆虫、啮齿动物以及在填埋场的鸟类和其他动物可能传播疾病

C．填埋场工人生活噪声对公众产生一定的影响

D．填埋作业及垃圾堆体可能造成滑坡、崩塌、泥石流等地质环境影响

E．填埋场产生的气体排放可能发生的爆炸对公众安全的威胁

129．除（　　　）外，以下物质不作为固体废物管理。

A．任何不需要修复和加工即可用于其原始用途的物质，或者在产生点经过修复和加工后满足国家、地方制定或行业通行的产品质量标准并且用于其原始用途的物质

B．不经过贮存或堆积过程，而在现场直接返回到原生产过程或返回其产生过程的物质

C．修复后作为土壤用途使用的污染土壤

D．供实验室化验分析用或科学研究用固体废物样品

130．垃圾填埋场水环境影响预测与评价的主要工作内容有（　　　）。

　A. 正常排放对地表水的影响　　　　　B. 正常排放对地下水的影响

　C. 非正常渗漏对地下水的影响　　　　D. 非正常渗漏对地表水的影响

131. 垃圾填埋场场址选择评价的重点是场地的（　　　）。

　A. 工程的区位条件　　　　　　　　　B. 水文地质条件

　C. 工程地质条件　　　　　　　　　　D. 土壤自净能力

132. 填埋场恶臭气体的预测和评价通常选择的预测评价因子包括（　　　）。

　A. 硫化氢　　　　B. 氨　　　　　C. 一氧化碳　　　　D. 甲烷

133. 根据《危险废物贮存污染控制标准》，下列有关危险废物贮存设施选址，说法正确的是（　　　）。

　A. 应满足生态环境保护法律法规、规划和"三线一单"生态环境分区管控的要求，建设项目应依法进行环境影响评价

　B. 贮存设施场址的位置以及其与周围环境敏感目标的距离应依据环境影响评价文件确定

　C. 贮存设施不应选在江河、湖泊、运河、渠道、水库及其最高水位线以下的滩地和岸坡，以及法律法规规定禁止贮存危险废物的其他地点

　D. 集中贮存设施不应选在生态保护红线区域、永久基本农田和其他需要特别保护的区域内

　E. 贮存设施不应建在溶洞区或易遭受洪水、滑坡、泥石流、潮汐等严重自然灾害影响的地区

134. 垃圾焚烧厂的废气产生的主要污染物有（　　　）。

　A. 粉尘（颗粒物）　　　　　　　　　B. 酸性气体（HCl、HF、SO_x 等）

　C. 重金属（Hg、Pb、Cr 等）　　　　D. 二噁英　　　　E. 恶臭气体

135. 关于建设项目土壤环境影响预测评价，以下说法正确的是（　　　）。

　A. 重点预测对占地范围内土壤的累积影响

　B. 重点预测评价建设项目对占地范围外土壤环境敏感目标的累积影响

　C. 兼顾对占地范围内的土壤的影响预测

　D. 重点预测评价园区外土壤环境敏感目标的累积影响

136. 根据《环境影响评价技术导则　土壤环境（试行）》，建设项目导致土壤（　　　）等影响的，可根据土壤环境特征，结合建设项目特点，分析土壤环境可能受到影响的范围和程度。

　A. 潜育化　　　　B. 土地沙漠化　　　C. 沼泽化　　　　D. 潴育化

137. 可能造成土壤（　　　）影响的建设项目，分别选取土壤盐分含量、pH 值等作为预测因子。

　A. 潴育化　　　　B. 盐化　　　　　C. 酸化　　　　　D. 碱化

138. 级一评价的污染影响型建设项目，占地范围内还应根据（　　）等分析其可能影响的深度。

    A. 土体构型　　　　B. 地下水位埋深　　C. 土壤质地　　　　D. 饱和导水率

139. 某项目土壤环境影响评价等级为三级，可采用（　　）进行预测。

    A. 定性描述　　　　　　　　　　　B. 类比分析法

    C. 一维非饱和溶质运移模型　　　　D. 综合评分法

140. 项目土壤环境影响预测同意评价方法应根据建设项目的（　　）确定。

    A. 土壤环境敏感度　　　　　　　　B. 项目类型

    C. 土壤环境影响类型　　　　　　　D. 评价等级

141. 可能造成土壤盐化、酸化、碱化影响的建设项目，分别选取（　　）等作为预测因子。

    A. 特征因子　　　　B. 常规因子　　　　C. pH　　　　　D. 土壤盐分含量

142. 根据《环境影响评价技术导则　土壤环境（试行）》，以下情况可得出污染影响型建设项目土壤环境影响可接受的结论的是（　　）。

    A. 项目各不同阶段，土壤环境敏感目标处且占地范围内各评价因子均满足 GB 15618、GB 36600，或附录 D、附录 F 中相关标准要求的

    B. 生态影响型建设项目各不同阶段，出现土壤盐化的问题，但采取防控措施后，可满足相关标准要求的

    C. 各不同阶段，土壤环境敏感目标处或占地范围内有个别点位、层位或评价因子出现超标，但采取必要措施后，可满足 GB 15618、GB 36600 或其他土壤污染防治相关管理规定的

    D. 各不同阶段，土壤环境敏感目标处或占地范围内各点位、层位或评价因子均未出现超标

143. 土壤中某种物质的输出量主要包括（　　）。

    A. 淋溶或径流排出　　　　　　　　B. 植物吸收量

    C. 有机物挥发　　　　　　　　　　D. 土壤缓冲消耗

144. 根据建设项目对土壤环境可能产生的影响，将土壤环境影响类型划分为（　　）。

    A. 生态影响型　　　　　　　　　　B. 土壤酸化

    C. 污染影响型　　　　　　　　　　D. 累积影响型

145. 污染影响型建设项目土壤环境污染源类型包括（　　）。

    A. 大气沉降　　　　B. 土壤酸化　　　　C. 垂向入渗　　　　D. 地面漫流

146. 土壤盐化主要影响因素有（　　）。

    A. 地下水位埋深　　　　　　　B. 干燥度　　　　　C. 土壤本底含盐量

　　D. 地下水溶解性总固体　　　　E. 土壤质地

147. 某新建化工项目位于半干旱地区，土壤调查发现项目场地土壤含盐量为 4.2 g/kg，该土壤盐化级别为（　　　）。

　　A. 未盐化　　　　　B. 极轻度盐化　　　C. 轻度盐化　　　　D. 重度盐化

148. 关于土壤环境影响评价自查表，以下说法正确的是（　　　）。

　　A. 土地利用类型仅需识别建设项目所占土地利用类型

　　B. 评价因子根据现状监测因子确定

　　C. 根据不同土壤环境影响类型选取适当的预测方法并记录，预测方法可根据实际需要多选

　　D. 跟踪监测应按要求确定监测点数、监测指标、监测频次并记录

参考答案

一、单项选择题

1. C

2. D　【解析】等效排气筒虽然在新的大气导则中没有此方面的要求，但笔者认为其仍属技术方法的内容。据《大气污染物综合排放标准》（GB 16297—1996），两个排放相同污染物（不论其是否由同一生产工艺过程产生）的排气筒，若其距离小于其几何高度之和，应合并视为一根等效排气筒。若有 3 根以上的近距离排气筒，且排放同一种污染物时，应以前两根的等效排气筒，依次与第 3 根、第 4 根排气筒取等效值，等效排气筒的有关参数按下式公式计算：

等效排气筒污染物排放速率计算公式：

$$Q = Q_1 + Q_2$$

式中：Q——等效排气筒某污染物排放速率，kg/h；

　　Q_1，Q_2——等效排气筒 1 和排气筒 2 的某污染物的排放速率，kg/h。

等效排气筒高度计算公式：

$$h = \sqrt{\frac{1}{2}\left(h_1^2 + h_2^2\right)}$$

式中：h——等效排气筒高度，m；

　　h_1，h_2——排气筒 1 和排气筒 2 的高度，m。

3. C　【解析】$h = \sqrt{\frac{1}{2}\left(24^2 + 30^2\right)} = \sqrt{738} \approx 27.2$（m）

4. B　【解析】根据《环境影响评价技术导则　大气环境》，二级评价项目不

进行进一步预测与评价,只对污染物排放量进行核算;三级评价项目不进行进一步预测与评价。

5. B

6. B 【解析】本题考点:大气环境影响评价等级判定。

7. C 【解析】区域光化学网格模型适用于模拟复杂化学反应。

8. D 【解析】烟塔合一源利用 AUSTAL2000 进行进一步预测。

9. A 【解析】EDMS/AEDT 模型适用于机场源进一步预测。

10. B 【解析】ADMS 模型可以模拟建筑物下洗、干湿沉降,包含街道窄谷模型。

11. C 【解析】当项目评价基准年内存在风速≤0.5 m/s 的持续时间超过 72 h 时,应采用 CALPUFF 模型进行进一步模拟。

12. D 【解析】如果存在岸边熏烟,并且估算的最大 1 h 平均质量浓度超过环境质量标准,应采用 CALPUFF 模型进行进一步模拟。

13. C 【解析】当项目近 20 年统计的全年静风(风速≤0.2 m/s)频率超过 35% 时,应采用 CALPUFF 模型进行进一步模拟。

14. C 【解析】《环境影响评价技术导则 大气环境》附录 A.2 内容。

15. D 【解析】《环境影响评价技术导则 大气环境》附录 A.2 内容。

16. C 【解析】《环境影响评价技术导则 大气环境》附录 A.2 内容。

17. C 【解析】《环境影响评价技术导则 大气环境》附录 B.2 内容。

18. B

19. C 【解析】《环境影响评价技术导则 大气环境》附录 B.3 内容。

20. C 【解析】《环境影响评价技术导则 大气环境》附录 B.5 内容。

21. B 【解析】《环境影响评价技术导则 大气环境》附录 B.3 内容。

22. D 【解析】《环境影响评价技术导则 大气环境》附录 B.6 内容。

23. B 【解析】《环境影响评价技术导则 大气环境》附录 B.6 内容。

24. C 【解析】《环境影响评价技术导则 大气环境》附录 B.3 内容。

25. B 【解析】《环境影响评价技术导则 大气环境》8.8.5 大气环境防护距离确定内容。

26. C 【解析】根据《环境影响评价技术导则 大气环境》8.6 节,规划项目 SO_2+NO_2 的年总排放量≥2 000 t 时,采用网格模型预测 $PM_{2.5}$ 对环境的影响;500 t ≤SO_2+NO_2<2 000 t 时,采用 AERMOD、ADMS 或 CALPUFF 预测 $PM_{2.5}$ 对环境的影响。

27. D 【解析】《环境影响评价技术导则 大气环境》8.7.1。

28. B 【解析】《环境影响评价技术导则 大气环境》10.1.2。

29．A　【解析】《环境影响评价技术导则　地表水环境》7.3 预测时段。

30．B　【解析】《环境影响评价技术导则　地表水环境》附录 F2 河口解析解模式。

31．B　【解析】对于河流水体，可按照下式将水质参数排序后从中选取：ISE=$c_{pi}Q_{pi}/(c_{si}-c_{hi})Q_{hi}$。把 ISE 的分子分母全部除以 C_{si}，即得到 ISE=排污染负荷占标率/（1-背景浓度占标率）×Q_{pi}/Q_{hi}。同一个污染源不同污染物的 ISE 比较，可以认为 Q_{pi}/Q_{hi} 为常数 1，则分别带入，COD=0.8，NH₃=0.833，Cu=Cd=0.055，由于 Cd 为第一类污染物，比 Cu 毒性更大，故在 ISE 相同时，预测因子先选 Cd，故选 B。

32．B　【解析】排放量为 20 t/a 为干扰信息，稀释比为 7，即可假设河流上游来水流量为 7，排污口排污量为 1，完全混合，运用河流零维稳态模型（60×1+20×7）/（7+1）=25。

33．C　【解析】本题考查河流断面平均流速估算。河流平均流速=流量/过水面积。

设计断面平均流速是指与设计流量相对应的断面平均流速，工作中计算断面平均流速时会碰见三种情况。

1）实测量资料较多时，一般如果有 15～20 次或者更多的实测流量资料，就能绘制水位—流量、水位—面积，水位—流速关系曲线。而且当它们均呈单一曲线时，就可根据这组曲线由设计流量推求相应的断面平均流速。

2）由于实测流量资料较少或缺乏不能获得 3 条曲线时，可通过水力学公式计算。

3）用公式计算。

34．C　【解析】《环境影响评价技术导则　地表水环境》7.10.1.1，河流、湖库设计水文条件要求。河流不利枯水条件宜采用 90%保证率最枯月流量或近 10 年最枯月平均流量。

35．B　【解析】《环境影响评价技术导则　地表水环境》附录 D，对于盐度比较高的湖泊、水库及入海河口、近岸海域，DO$_f$=（491-2.65S）/（33.5+T），其中 S 为实用盐度符号，量纲一。

36．A　【解析】《环境影响评价技术导则　地表水环境》附录 E，E.2 零维数学模型，E.2.3 狄龙模型。

37．D　【解析】《环境影响评价技术导则　地表水环境》7.6 表 4。

38．B　【解析】《环境影响评价技术导则　地表水环境》E.5，垂向一维数学模型适用于模拟预测水温在面积较小、水深较大的水库或湖泊水体中，除太阳辐射外没有其他热源交换的状况。

39．D　【解析】《环境影响评价技术导则　地表水环境》7.6.3.2，水动力模型及水质模型。a）河流数学模型。河流数学模型选择要求见表 4。

40. D 　【解析】《环境影响评价技术导则　地表水环境》7.10.2.2，应覆盖预测范围内的所有与建设项目排放污染物相关的污染源或污染源负荷占预测范围总污染负荷的比例超过95%。

41. A 　【解析】《环境影响评价技术导则　地表水环境》8.3.3.1，直接排放建设项目污染源排放量核算应在满足8.2.2的基础上，遵循以下原则要求：c）当受纳水体为河流时，不受回水影响的河段，建设项目污染源排放量核算断面位于排放口下游，与排放口的距离应小于2 km；受回水影响的河段，应在排放口的上下游设置建设项目污染源排放量核算断面，与排放口的距离应小于1 km。

42. D 　【解析】《环境影响评价技术导则　地表水环境》E.2.1，河流均匀混合模型（200 mg/L×300 m^3/h+ 10 mg/L× 5 000 m^3/h）/（300 m^3/h+ 5 000 m^3/h）= 20.75 mg/L。

43. A 　【解析】《环境影响评价技术导则　地表水环境》7.7.2，河流水域概化要求：a）预测河段及代表性断面的宽深比≥20时，可视为矩形河段；b）河段弯曲系数＞1.3时，可视为弯曲河段，其余可概化为平直河段。

44. A 　【解析】《环境影响评价技术导则　地表水环境》E.3.2.1，连续稳定排放。根据河流纵向一维水质模型方程的简化、分类判别条件（即 O'Connor 数α和贝克莱数 Pe 的临界值），选择相应的解析解公式。当α≤0.027、Pe≥1时，适用对流降解模型；当α≤0.027、Pe＜1时，适用对流扩散降解简化模型；当0.027＜α≤380时，适用对流扩散降解模型。

45. B 　【解析】《环境影响评价技术导则　地表水环境》E.3.2.1，连续稳定排放。根据河流纵向一维水质模型方程的简化、分类判别条件（即 O'Connor 数α和贝克莱数 Pe 的临界值），选择相应的解析解公式。当α≤0.027、Pe≥1时，适用对流降解模型；当α≤0.027、Pe＜1时，适用对流扩散降解简化模型；当0.027＜α≤380 时，适用对流扩散降解模型。

46. A 　【解析】《环境影响评价技术导则　地表水环境》7.6 表5。

47. B 　【解析】《环境影响评价技术导则　地表水环境》8.3.3.1，直接排放建设项目污染源排放量核算应在满足8.2.2的基础上，遵循以下原则要求：e）遵循地表水环境质量底线要求，主要污染物（化学需氧量、氨氮、总磷、总氮）需预留必要的安全余量。安全余量可按地表水环境质量标准、受纳水体环境敏感性等确定：受纳水体为 GB 3838 Ⅲ类水域，以及涉及水环境保护目标的水域，安全余量按照不低于建设项目污染源排放量核算断面（点位）处环境质量标准的10%确定（安全余量≥环境质量标准×10%），受纳水体为 GB 3838 Ⅳ、Ⅴ类水域，以及涉及水环境保护目标的水域，安全余量按照不低于建设项目污染源排放量核算断面（点位）处环境质量标准的8%确定（安全余量≥环境质量标准×8%）。

48. D　【解析】《环境影响评价技术导则　地表水环境》E.3.2.1，连续稳定排放。根据河流纵向一维水质模型方程的简化、分类判别条件（即 O'Connor 数 α 和贝克莱数 Pe 的临界值），选择相应的解析解公式。$\alpha = kE_x/u^2$，Pe$= uB/E_x$（E_x 是污染物纵向扩散系数，m^2/s，B 是水面宽度）。

49. B　【解析】《环境影响评价技术导则　地表水环境》E.3.2.1，连续稳定排放。当 $\alpha \leqslant 0.027$、Pe$\geqslant 1$ 时，适用对流降解模型：

$$C = C_0 \exp\left(-\frac{kx}{u}\right) = 10\ mg/L \times \exp\left(-\frac{0.000\,05\,/\,s \times 2\,000\,m}{1.0\ m/s}\right) = 10\ mg/L \times 0.9 = 9\ mg/L$$

50. D　【解析】《环境影响评价技术导则　地表水环境》E.1，混合过程段长度估算公式：

$$L_m = 0.11 + 0.7\left[0.5 - \frac{a}{B} - 1.1\left(0.5 - \frac{a}{B}\right)^2\right]^{1/2}\frac{uB^2}{E_y}$$

位于河流中心线同侧的排污口，距离岸边距离越近，混合段长度越长。$\alpha = 0\ m$，$L_0 = 0.11 + 0.33\dfrac{uB^2}{E_y}$；$L_1 = 0.11$，据此，距离岸边越近，混合段越长。

51. B　【解析】《环境影响评价技术导则　地表水环境》7.10.1.1，河流、湖库设计水文条件要求：a）河流不利枯水条件宜采用90%保证率最枯月流量或近10年最枯月平均流量；流向不定的河网地区和潮汐河段，宜采用90%保证率流速为零时的低水位相应水量作为不利枯水水量；湖库不利枯水条件应采用近10年最低月平均水位或90%保证率最枯月平均水位相应的蓄水量，水库也可采用死库容相应的蓄水量。其他水期的设计水量则应根据水环境影响预测需求确定。

52. D　【解析】《环境影响评价技术导则　地表水环境》7.8.1.1，水文数据应采用水文站点实测数据或根据站点实测数据进行推算，数据精度应与模拟预测结果精度要求匹配。河流、湖库建设项目水文数据时间精度应根据建设项目调控影响的时空特征，分析典型时段的水文情势与过程变化影响，涉及日调度影响的，时间精度宜不小于小时平均。感潮河段、入海河口及近岸海域建设项目应考虑盐度对污染物运移扩散的影响，一级评价时间精度不得低于 1 h。

53. C

54. B　【解析】《环境影响评价技术导则　地表水环境》附录 E.5。

55. B　【解析】《环境影响评价技术导则　地表水环境》8.3.1，污染源排放量核算的一般要求。

56. A　【解析】《环境影响评价技术导则　地表水环境》8.3.2。

57. D 【解析】《环境影响评价技术导则 地表水环境》8.3.3.1。

58. A 【解析】《环境影响评价技术导则 地表水环境》8.4.1。

59. B 【解析】《环境影响评价技术导则 地表水环境》8.4.2.1。

60. D 【解析】《环境影响评价技术导则 地表水环境》8.4.2.2。

61. A 【解析】《环境影响评价技术导则 地表水环境》8.4.2.2。

62. A 【解析】《环境影响评价技术导则 地下水环境》附录 B.1，渗透系数经验值表，松散岩石是由大小不同的颗粒组成的，颗粒或颗粒集合体之间的空隙，称为孔隙。颗粒粒径越大，孔隙大，渗透能力强，渗透系数就越大。

63. A 【解析】本题考点：污染物迁移模型预测。

64. A 【解析】根据技术方法教材"地下水环境影响评价与防护"中地下水环境影响预测的边界条件相关内容。

65. A 【解析】本题考点：边界条件的概化。

66. B 【解析】非正常状况下，预测源强可根据工艺设备或地下水环境保护措施因系统老化或腐蚀程度等设定。

67. D 【解析】选项 D 的内容是旧导则的要求，对于 2016 年版的导则，不管是哪级评价，预测所需的包气带垂向渗透系数、含水层渗透系数、给水度等参数初始值的获取应以收集评价范围内已有水文地质资料为主，不满足预测要求时需通过现场试验获取。

68. A

69. C 【解析】《环境影响评价技术导则 地下水环境》附录 D.1.1。

70. A 71. B 72. D

73. A 【解析】《环境影响评价技术导则 地下水环境》附录 D.2.1。

74. A 75. D

76. B 【解析】《环境影响评价技术导则 地下水环境》9.2.3，当建设项目场地天然包气带垂向渗透系数小于 1.0×10^{-6} cm/s 或厚度超过 100 m 时，预测范围应扩展至包气带。

77. A 【解析】《建设项目环境风险价技术导则》4.4.4.3。

78. A 【解析】《建设项目环境风险价技术导则》附录 D3。

79. A

80. A 【解析】《环境影响评价技术导则 地下水环境》8.6.1，机场项目还应给出评价范围内不同声级范围覆盖下的面积。

81. B 【解析】此题是一个噪声级（分贝）的相加问题，用公式法相加。

$$L = 10\lg(10^{84/10}+10^{82/10}+10^{86/10}+10^{89/10}) = 10\lg 1\,602\,113\,367.7 = 92\ (\text{dB})。$$

82. D   【解析】由于 73 - 72 = 1（dB），则另一声源声压级 = 72 - 6 = 66（dB）。

83. C

84. B   【解析】根据点声源衰减公式 $\Delta L = 20\lg(r/r_0)$，$100-60 = 20\lg(r/1)$，$r=100$ m。

85. C   【解析】《环境影响评价技术导则　声环境》附录 A，点声源组可以用处在组的中部的等效点声源来描述，特别是声源具有：从单一等效点声源到接收点间的距离 d 超过声源的最大尺寸 H_{max} 二倍（$d>2H_{max}$）。

如果声源处于半自由声场，则式（A.5）等效为式：$L_{A(r)}=L_{WA}-20\lg r -8$

式中：$L_A(r)$——距声源 r 处的 A 声级，dB（A）；

L_{Aw}——点声源 A 计权声功率级，dB；

r——预测点距声源的距离。

86. B   【解析】《环境影响评价技术导则　声环境》附录 B.1.3，室内声源等效室外声源声功率级计算方法，声源位于室内，室内声源可采用等效室外声源声功率级法进行计算。设靠近开口处（或窗户）室内、室外某倍频带的声压级或 A 声级分别为 L_{p1} 和 L_{p2}。若声源所在室内声场为近似扩散声场，则室外的倍频带声压级可按式（B.1）近似求出：

$$L_{p2}=L_{p1}-（TL+6）$$

式中：L_{p1}——靠近开口处（或窗户）室内某倍频带的声压级或 A 声级，dB；

L_{p2}——靠近开口处（或窗户）室外某倍频带的声压级或 A 声级，dB；

TL——隔墙（或窗户）倍频带或 A 声级的隔声量，dB。

87. C   【解析】根据题中给的条件按点源处理，$L（30）=L（3）-20\lg（30/3）=85-20\times1=65$（dB）。

88. D   【解析】要达标，则衰减值应为 30 dB，$30=20\lg（r/3）$，$r\approx95$（m）。

89. C   【解析】此题是一个噪声级（分贝）的相加问题。有两种方法解此题，一种是通过查表法，查表法在考试时不提供，但有两个数字是需记住，一是声压级差为 0 时（相同的声压级），增值 3 dB；二是两声压级差为 6 时，增值 1 dB，从题中可知只有 C 选项符合题干。另一种是用公式法计算。

$$L=10\lg(10^{66/10}+10^{60/10})=10\lg(10^{6.6}+10^6)=10\lg 4981071.7=67（dB）。$$

90. C   【解析】根据点声源衰减公式计算：$20\lg（r_1/r_2）=20\lg（10/30）=-20\lg 3=-9.5$ dB。

91. D   【解析】2020 年考题。参考技术方法教材中"声环境影响预测与评价"中的机场飞机噪声环境影响评价相关内容；针对项目不同运行阶段，依据《机场周围飞机噪声环境标准》（GB 9660）评价 WECPNL 评价量 70 dB、75 dB、80 dB、

85 dB、90 dB 等值线范围内各敏感目标（城镇、学校、医院、集中生活区等）的数目和受影响人口的分布情况。

92. D 【解析】当 $r/l<1/10$ 时，可视为无限长线声源，其计算公式为：$10\lg(r_1/r_2)=10\lg(10/30)=-10\lg3=-4.8\text{ dB}$。

93. D 【解析】《环境影响评价技术导则 声环境》附录 A.2，户外声传播衰减包括几何发散（A_{div}）、大气吸收（A_{atm}）、地面效应（A_{gr}）、障碍物屏蔽（A_{bar}）、其他多方面效应（A_{misc}）引起的衰减。

94. C 【解析】该题也是一个有限长线声源的题目。按《环境影响评价技术导则 声环境》，当 $r>l_0$ 且 $r_0>l_0$ 时，按点声源处理。此题 $600>500$ 且 $1\,200>500$，因此可按点声源衰减公式计算：该疗养院的声压级 $L_p(1\,200)=L_p(600)-20\times\lg(1\,200/600)=70-6=64（\text{dB}）$。

95. B 【解析】《环境影响评价技术导则 声环境》附录 A，点声源组可以用处在组的中部的等效点声源来描述，特别是声源具有：从单一等效点声源到接收点间的距离 d 超过声源的最大尺寸 H_{max} 二倍（$d>2H_{max}$）。

点声源的几何发散衰减 的基本公式是：
$$L_p(r)=L_p(r_0)-20\lg(r/r_0)$$

式中：$L_p(r)$——预测点处声压级，dB；

$L_p(r_0)$——参考位置 r_0 处的声压级，dB；

r——预测点距声源的距离；

r_0——参考位置距声源的距离。

上式中第二项表示了点声源的几何发散衰减：
$$A_{div}=20\lg(r/r_0)$$

式中：A_{div}——几何发散引起的衰减，dB。

96. D 【解析】$2r$ 处比 r 处衰减值为 3 dB，符合无限长线声源的计算公式。

97. C 【解析】$L_{w2}=L_2(\text{T})+10\lg S=90-15+10\lg20=88\text{ dB（A）}$。

98. A

99. C 【解析】本题考点：声源几何发散衰减公式、计算和应用。

点声源位于空旷硬质地面上，属于半自由空间，由公式可得：
$$L_{wA}=L_A(r)+20\lg r+8=56+20\lg50+8=98\text{ dB（A）}$$

100. D 【解析】《环境影响评价技术导则 声环境》附录 A.3.1.3，面声源的几何发散衰减。

101. D

102. A 【解析】《环境影响评价技术导则 声环境》附录 A.3.1.2，线声源的几何发散衰减：

当 $r>l_0$ 且 $r_0>l_0$ 时，可近似简化为：$L_p(r)=L_p(r_0)-20\lg(r/r_0)$，即在有限长线声源的远场，有限长线声源可当作点声源处理。

当 $r<l_0/3$ 且 $r_0<l_0/3$ 时，可近似简化为：$L_p(r)=L_p(r_0)-10\lg(r/r_0)$，即在近场区，有限长线声源可当作无限长线声源处理。

当 $l_0/3<r<l_0$ 且 $l_0/3<r_0<l_0$ 时，$L_p(r)=L_p(r_0)-15\lg(r/r_0)$。

103. B 【解析】《环境影响评价技术导则　声环境》附录中 A.3.1.2，线声源的几何发散衰减：即在近场区，有限长线声源可当作无限长线声源处理。

当 $r<l_0/3$ 且 $r_0<l_0/3$ 时时，可近似简化为：

$$L_p(r)=L_p(r_0)-10\lg(r/r_0)$$

式中：$L_p(r)$——预测点处声压级，dB；

$L_p(r_0)$——参考位置 r_0 处的声压级，dB；

r——预测点距声源的距离；

r_0——参考位置距声源的距离。

104. C 【解析】《环境影响评价技术导则　生态环境》附录 D.2，调查样方、样线、点位、断面等布设图、生态监测布点图、生态保护措施平面布置图、生态保护措施设计图等应结合实际情况选择适宜的比例尺，一般为 1∶10 000～1∶2 000。

105. D 【解析】《环境影响评价技术导则　生态环境》附录 D.1，生态影响评价图件基础数据应满足生态影响评价的时效性要求，选择与评价基准时段相匹配的数据源。当图件主题内容无显著变化时，制图数据源的时效性要求可在无显著变化期内适当放宽，但必须经过现场勘验校核。

106. A 【解析】Simpson 优势度指数计算公式为：

$$D=1-\sum_{i=1}^{s}P_i^2$$

107. A 【解析】生物多样性指数采用香农-威纳指数表征，其计算公式为：

$$H=-\sum_{i=1}^{s}P_i\ln P_i$$

式中，H——香农-威纳多样性指数；

S——调查区域内物种种类总数；

P_i——为调查区域内属于第 i 种的个体的比例。

108. B 【解析】《环境影响评价技术导则　生态环境》附录 D.2，生态影响评价制图应采用标准地形图作为工作底图，精度不低于工程设计的制图精度，比例尺一般在 1∶50 000 以上。

109. D 110. D

111. C 【解析】《环境影响评价技术导则　生态环境》8.2，三级评价可采用图形叠置法、生态机理分析法、类比分析法等预测分析工程对土地利用、植被、野生动植物等的影响。

112. C　113. B　114. B　115. A

116. D　【解析】香农-威纳指数用以表达生物多样性的一种方法，在香农-威纳多样性指数计算公式中，包含两个因素影响生物多样性的大小：① 种类数目，即丰富度；② 种类中个体分配上的平均性或均匀性。种类数目多，可增加多样性；同样，种类之间个体分配的均匀性增加也会使多样性提高。

117. C　【解析】《环境影响评价技术导则　生态环境》附录 C.8.1，植被覆盖度。

118. D

119. B　【解析】《环境影响评价技术导则　生态环境》附录 C6，系统分析法。

120. B

121. B　【解析】《土壤侵蚀分类分级标准》，风力侵蚀强度分级表。

122. C　【解析】《土壤侵蚀分类分级标准》，各侵蚀类型区容许土壤流失量。

123. C　124. D

125. C　【解析】根据技术方法教材，第一种方法考虑化学耗氧量、总氮、总磷和叶绿素 a，当营养指数大于 4 时，认为海水达到富营养化；第二种方法考虑化学耗氧量、溶解无机氮、溶解无机磷，当营养指数大于 1 时，认为水体富营养化。

126. B　【解析】根据技术方法教材，TP 浓度 $<10\ mg/m^3$，为贫营养；$10\sim20\ mg/m^3$，为中营养；$>20\ mg/m^3$，为富营养。

127. C　【解析】TSI<40，为贫营养；$40\sim50$，为中营养；>50，为富营养。

128. C　【解析】根据技术方法教材中生态影响预测与评价的相关内容。

129. A　【解析】《环境影响评价技术导则　生态环境》附录 C.1，列表清单法可应用于：（1）进行开发建设活动对生态因子的影响分析；（2）进行生态保护措施的筛选；（3）进行物种或栖息地重要性或优先度比选。

130. B　【解析】《环境影响评价技术导则　生态环境》附录 C.7，物种多样性常用的评价指标包括物种丰富度、香农-威纳多样性指数、Pielou 均匀度指数、Simpson 优势度指数等。

131. A　【解析】《环境影响评价技术导则　生态环境》附录 C.10，基于最大熵模型（maximum entropy model，MaxEnt），可以在分布点相对较少的情况下获得较好的预测结果，是目前使用频率最多的物种分布模型之一。

132. D　【解析】《环境影响评价技术导则　生态环境》附录 C.3，指数法应用于：①生态因子单因子质量评价；②生态多因子综合质量评价；③生态系统功能评价。

133．A　134．D　135．A　136．B

137．D　【解析】垃圾填埋场渗滤液通常可根据填埋场"年龄"分为两大类：① "年轻"填埋场（填埋时间在 5 年以下）渗滤液的水质特点是，pH 值较低，BOD_5 和 COD 浓度较高，色度大，且 BOD_5/COD 的比值较高，同时各类重金属离子浓度也较高（因为较低的 pH 值）；② "年老"的填埋场（填埋时间一般在 5 年以上）渗滤液的主要水质特点是，pH 值接近中性或弱碱性（一般在 6～8），BOD_5 和 COD 浓度较低，且 BOD_5/COD 的比值较低，而 NH_4^+-N 的浓度高，重金属离子浓度则开始下降（因为此阶段 pH 值开始下降，不利于重金属离子的溶出），渗滤液的可生化性差。

138．B

139．B　【解析】根据技术方法教材中"固体废物环境影响评价"相关内容，城市生活垃圾填埋场产生的气体主要为甲烷和二氧化碳，另外还含有少量的一氧化碳、氢、硫化氢、氨、氮和氧等，接收工业废物的城市生活垃圾填埋场其气体中还可能含有微量挥发性有毒气体。

140．A　141．A　142．A　143．C　144．A　145．D　146．B　147．B　148．A

149．A　【解析】《环境影响评价技术导则　土壤环境（试行）》8.5.2。

150．B　【解析】根据《环境影响评价技术导则　土壤环境（试行）》8.1.4 原文，土壤环境影响分析可定性或半定量地说明建设项目对土壤环境产生的影响及趋势。

151．B　【解析】根据《环境影响评价技术导则　土壤环境（试行）》8.1.5 原文，建设项目导致土壤潜育化、沼泽化、潴育化和土地沙漠化等影响的，可根据土壤环境特征，结合建设项目特点，分析土壤环境可能受到影响的范围和程度。

152．D　【解析】根据《环境影响评价技术导则　土壤环境（试行）》8.3 原文，根据建设项目土壤环境影响识别结果，确定重点预测时段。

153．B　【解析】根据《环境影响评价技术导则　土壤环境（试行）》8.5.1 原文，污染影响型建设项目应根据环境影响识别出的特征因子选取关键预测因子。

154．A　【解析】根据《环境影响评价技术导则　土壤环境（试行）》8.7.3 原文，污染影响型建设项目，其评价工作等级为一级、二级的，预测方法可参见附录 E 或进行类比分析。

155．B　【解析】《环境影响评价技术导则　土壤环境（试行）》附录 F.2。

156．D　【解析】根据《环境影响评价技术导则　土壤环境（试行）》8.8.1 原文，以下情况可得出建设项目土壤环境影响可接受的结论：a)建设项目各不同阶段，土壤环境敏感目标处且占地范围内各评价因子均满足 8.6 中相关标准要求的。

157．B

158. C 【解析】根据《环境影响评价技术导则 土壤环境（试行）》附录 E.1.2 原文，可通过工程分析计算土壤中某种物质的输入量；涉及大气沉降影响的，可参照 HJ 2.2 相关技术方法给出。

159. B 【解析】《环境影响评价技术导则 土壤环境（试行）》附录 E.1.3 原文，单位质量土壤中某种物质的预测值可根据其增量叠加现状值进行计算。

160. D

161. B 【解析】根据《环境影响评价技术导则 土壤环境（试行）》附录 E.1.3 原文，I_S——单位年份表层土壤中某种物质的输入量，g；L_S——单位年份表层土壤中某种物质经淋溶排出的量，g；R_S——单位年份表层土壤中某种物质经径流排出的量，g。

162. B 【解析】《环境影响评价技术导则 土壤环境（试行）》附录 E.1.1。

163. A

164. D 【解析】《环境影响评价技术导则 土壤环境（试行）》附录 F.1。

165. D 【解析】《环境影响评价技术导则 土壤环境（试行）》附录 F.1，W_{x_i}——影响因素 i 指标权重。

166. C 【解析】《环境影响评价技术导则 土壤环境（试行）》附录 F.3。

167. B 【解析】《建设项目环境风险评价技术导则》9.1.1.2，有毒有害在大气中的扩散，大气影响风险的预测范围一般不超过 10 km。

168. A 【解析】《建设项目环境风险评价技术导则》9.1.1.4，最不利气象条件取 F 类稳定度，1.5 m/s 风速，温度 25℃，相对湿度 50%。

169. A 【解析】《建设项目环境风险评价技术导则》9.2。

170. B 【解析】《建设项目环境风险评价技术导则》9.1.1.6，对于存在极高大气环境风险的建设项目，应开展关心点概率分析，即有毒有害气体（物质）剂量负荷对个体的大气伤害概率、关心点处气象条件的频率、事故发生概率的乘积，以反映关心点处人员在无防护措施条件下受到伤害的可能性。

171. B 【解析】《建设项目环境风险评价技术导则》附录 C。

二、不定项选择题

1. ABCD 【解析】《环境影响评价技术导则 大气环境》附录 C.4。
2. A 【解析】《锅大气污染物排放标准》4.5 表 4。
3. D 【解析】《环境影响评价技术导则 大气环境》附录 C.4。
4. ABCD 【解析】《环境影响评价技术导则 大气环境》附录 C.4。
5. ABCD 【解析】《环境影响评价技术导则 大气环境》附录 C.4。
6. ABCD

7. ABCD　【解析】《环境影响评价技术导则　大气环境》附录 C.4。

8. AD　【解析】《环境影响评价技术导则　大气环境》8.6.2 表 4。

9. ABCD　【解析】《环境影响评价技术导则　大气环境》附录 A.2。

10. C　【解析】《环境影响评价技术导则　大气环境》附录 A.2。

11. ABCD　【解析】《环境影响评价技术导则　大气环境》附录 A.1。

12. BD　【解析】《环境影响评价技术导则　大气环境》附录 B.1 和 B.3。

13. ABCD　【解析】该项目 $SO_2+NO_x\geq500$ t/a，$NO_x+VOC_s\geq2\,000$ t/a，因此需要预测 $PM_{2.5}$ 和 O_3，基本污染物均需进行预测。

14. B　【解析】《环境影响评价技术导则　大气环境》附录 A.2。

15. AC　【解析】《环境影响评价技术导则　大气环境》，预测范围应覆盖评价范围，并覆盖各污染物短期浓度贡献值占标率大于 10% 的区域，对于经判定需预测二次污染物的项目，预测范围应覆盖 $PM_{2.5}$ 年平均质量浓度贡献值占标率大于 1% 的区域。

16. AC　【解析】《环境影响评价技术导则　大气环境》8.7.6 表 5。

17. AC　【解析】《环境影响评价技术导则　大气环境》，编制环境影响报告书的水泥项目，评价等级应提高一级，因此，本项目为一级评价项目。一级评价项目应采用进一步预测模型开展大气环境影响预测与评价；二级评价项目不进行进一步预测与评价，只对污染物排放量进行核算。

18. BC　【解析】达标区域预测值计算方法为：$C_{叠加}=C_{本项目}-C_{区域削减}+C_{拟在建}+C_{现状}$，非达标区预测值计算方法为：$C_{叠加}=C_{本项目}-C_{区域削减}+C_{拟在建}+C_{规划}$。

19. ABCD　【解析】《环境影响评价技术导则　大气环境》8.7.6 表 5。

20. BCD

21. AC　【解析】《环境影响评价技术导则　大气环境》附录 B1、B3、B6 中使用估算模型的参数要求。

22. ACD　【解析】《环境影响评价技术导则　大气环境》8.7.6 预测内容与评价要求。

23. AB　【解析】《环境影响评价技术导则　大气环境》附录 A2.3，模型的适用情况，表 A.1。

24. ABCD　【解析】《环境影响评价技术导则　大气环境》附录 B3.4。

25. AB　【解析】基本信息图内容应在基本信息底图上标识，应标注项目边界、总平面布置、大气排放口位置等信息。

26. A

27. ABCD　【解析】《环境影响评价技术导则　大气环境》8.9，评价结果表达。

28. ABCD　【解析】《环境影响评价技术导则　大气环境》8.9，评价结果表达。

29. ABC 【解析】《环境影响评价技术导则 大气环境》附录 B.3，AERMOD 和 ADMS 地面气象数据所需的要素有风向、风速、干球温度和总云量。

30. AD 【解析】AERSCREEN 用于等级判定，若为一级评价项目，还需用到 CALPUFF。

31. ABCD 32. ABCD 33. ABCD 34. BC 35. A 36. CD

37. ABCD 【解析】《环境影响评价技术导则 大气环境》附录 C.5.9。

38. ABC 【解析】《环境影响评价技术导则 大气环境》8.7.5 大气环境防护距离和 8.8.5 大气环境防护距离确定。

39. ABCD 【解析】《环境影响评价技术导则 大气环境》附录 C.1.2 原文，C.1.2 地形图应标示地形高程、项目位置、评价范围、主要环境保护目标、比例尺、图例、指北针等。

40. ABCD 【解析】《环境影响评价技术导则 地表水环境》7.5.2，水污染影响型建设项目，主要包括：a）各关心断面（控制断面、取水口、污染源排放核算断面等）水质预测因子的浓度及变化；b）到达水环境保护目标处的污染物浓度；c）各污染物最大影响范围；d）湖泊、水库及半封闭海湾等，还需关注富营养化状况与水华、赤潮等；e）排放口混合区范围。

41. ABCD 【解析】《环境影响评价技术导则 地表水环境》7.5.3，水文要素影响型建设项目，主要包括：河流、湖泊及水库的水文情势预测分析主要包括水域形态、径流条件、水力条件以及冲淤变化等内容，具体包括水面面积、水量、水温、径流过程、水位、水深、流速、水面宽、冲淤变化等，湖泊和水库需要重点关注湖库水域面积或蓄水量及水力停留时间等因子。

42. ABCD 【解析】《环境影响评价技术导则 地表水环境》8.2.1，区（流）域水环境质量限期达标规划和替代源的削减方案要求、区（流）域环境质量改善目标要求及行业污染防治可行技术指南中最佳可行技术要求，确保废水污染物达到最低排放强度和排放浓度，且环境影响可以接受。

43. AB 【解析】《环境影响评价技术导则 地表水环境》7.6.1，地表水环境影响预测模型包括数学模型、物理模型。7.6.2 数学模型包括：面源污染负荷估算模型、水动力模型、水质（包括水温及富营养化）模型等，可根据地表水环境影响预测的需要选择。估算模型是干扰项，属于数学模型中的一种。

44. ABC 【解析】《环境影响评价技术导则 地表水环境》7.3，预测时期，水环境影响预测的时期应满足不同评价等级的评价时期要求。水污染影响型建设项目，水体自净能力最不利以及水质状况相对较差的不利时期、水环境现状补充监测时期应作为重点预测时期；水文要素影响型建设项目，以水质状况相对较差或对评价范围内水生生物影响最大的不利时期为重点预测时期。

45. ABCD 【解析】《环境影响评价技术导则 地表水环境》7.10.2.1，根据预测情景，确定各情景下建设项目排放的污染负荷量，应包括建设项目所有排放口（涉及一类污染物的车间或车间处理设施排放口、企业总排口、雨水排放口、温排水排放口等）的污染物源强。

46. ABCD 【解析】《环境影响评价技术导则 地表水环境》7.11.1，水动力及水质模型参数包括水文及水力学参数、水质（包括水温及富营养化）参数等。其中水文及水力学参数包括流量、流速、坡度、糙率等；水质参数包括污染物综合衰减系数、扩散系数、耗氧系数、复氧系数、蒸发散热系数等。

47. ABCD

48. ABD 【解析】《环境影响评价技术导则 地表水环境》7.10.1.2，感潮河段、入海河口的上游水文边界条件参照7.10.1.1的要求确定，下游水位边界的确定，应选择对应时段潮周期作为基本水文条件进行计算，可取保证率为10%、50%和90%潮差，或上游计算流量条件下相应的实测潮位过程。

49. ACDE 【解析】《环境影响评价技术导则 地表水环境》7.12.1，预测点位设置要求：应将常规监测点、补充监测点、水环境保护目标、水质水量突变处及控制断面等作为预测重点。

50. ABCDE 【解析】《环境影响评价技术导则 地表水环境》附录H，建设项目地表水环境影响评价自查表。

51. ABCD 【解析】《环境影响评价技术导则 地表水环境》8.4.1，生态流量确定的一般要求。

52. ACD 【解析】《环境影响评价技术导则 地表水环境》8.4.2.1，河流生态环境需水。

53. ABCDE 【解析】《环境影响评价技术导则 地表水环境》8.4.2.1，河流生态环境需水。

54. ABCD 【解析】本题主要考点是地表水环境影响预测基础资料的一致性及可靠性分析。

结合一维稳态模式公式：$c=c_0.\exp[-Kx/(86\,400u)]$，该公式 C_0 为初始浓度（由背景浓度 C_u 和污染物排放浓度 C_e 计算，选A），设计流速 u（即设计的水文条件）衰减系数 k（水质模型参数），稳态（排放方式）说明污染物是连续稳定排放，如果瞬时或间歇排放，就得采用动态模式预测。因此ABCD都要确定。

55. ABC 【解析】本题考点为河流水质模型参数的确定方法。

$$K_1 = \frac{86\,400u}{\Delta x}\ln\frac{c_A}{c_B}$$

式中：u —— 两点间的平均流速；

x —— 两点间的距离；

C_A —— A 点的污染物浓度；

C_B —— B 点的污染物浓度；为需要测定的基本数据，与河宽无关。

56. ACDE　【解析】《环境影响评价技术导则　地表水环境》8.3.3.1。

57. ABD　【解析】《环境影响评价技术导则　地表水环境》8.3.3.1。

58. ABCD　【解析】《环境影响评价技术导则　地下水环境》9。

59. ABCD

60. AD　【解析】本题考点：地下水解析模型预测要求。

61. AD　【解析】《环境影响评价技术导则　地下水环境》9.8，预测模型概化的有关内容。

62. AB　【解析】建设项目地下水环境影响预测方法包括数学模型法和类比分析法。其中，数学模型法包括数值法、解析法等方法。

63. ABD

64. CD　【解析】2016 年考题，根据技术方法教材"地下水环境影响评价与防护"中地下水污染源正常渗透量计算的相关内容。

65. AD

66. ACD　【解析】一般情况下，一级评价应采用数值法，不宜概化为等效多孔介质的地区除外；二级评价中水文地质条件复杂且适宜采用数值法时，建议优先采用数值法；三级评价可采用解析法或类比分析法。

67. BCD

68. BCD　【解析】水文地质条件概化是根据调查评价区和场地环境水文地质条件，对边界性质、介质特征、水流特征和补径排等条件进行概化。

69. ABD　【解析】污染源概化包括排放形式与排放规律的概化。根据污染源的具体情况，排放形式可以概化为点源、线源、面源；排放规律可以简化为连续恒定排放或非连续恒定排放以及瞬时排放。

70. CD　【解析】地下水环境影响预测未包括环境质量现状值时，应叠加环境质量现状值后再进行评价；应评价建设项目对地下水水质的直接影响，重点评价建设项目对地下水环境保护目标的影响。

71. AB

72. ACD　【解析】根据技术方法教材"地下水环境影响评价与防护"中污染物在地下水中的迁移与转化的相关内容。产生水动力弥散的原因主要有：首先，浓度场作用下存在质点的分子扩散运动；其次，在微观上，孔隙结构的非均质性和孔隙通道的弯曲性导致了污染物的弥散现象；最后，孔隙介质宏观上的非均质性加剧了弥散现象。

73. BC　【解析】《环境影响评价技术导则　地下水环境》9.5，预测因子。

74. ABCD

75. CE　【解析】《环境影响评价技术导则　地下水环境》9.5，预测因子，现有工程已经产生的且改、扩建后将继续产生的特征因子，改、扩建后新增加的特征因子。

76. ABC　【解析】《环境影响评价技术导则　地下水环境》9.6，非正常状况下，预测源强可根据地下水环境保护设施或工艺设备的系统老化或腐蚀程度等设定。

77. BCE　【解析】《环境影响评价技术导则　地下水环境》9.9，预测内容包括：①给出特征因子不同时段的影响范围、程度、最大迁移距离；②给出预测期内建设项目场地边界或地下水环境保护目标处特征因子随时间的变化规律；③当建设项目场地天然包气带垂向渗透系数小于 $1.0×10^{-6}$ cm/s 或厚度超过 100 m 时，须考虑包气带阻滞作用，预测特征因子在包气带中的迁移规律；④污染场地修复治理工程项目应给出污染物变化趋势或污染控制的范围。

78. ABCD　【解析】本题考点：地下水参数识别与模型验证的依据。

79. CD

80. BC　【解析】《建设项目环境风险评价技术导则》附录 D.3。

81. BCD　【解析】《建设项目环境风险评价技术导则》附录 D.3。

82. ABC　【解析】《建设项目环境风险评价技术导则》附录 D.3。

83. BC　84. ABD　85. ABC

86. AB　【解析】《环境影响评价技术导则　声环境》附录 B.3.1 中 B.17 公式相关内容。

87. A　【解析】《环境影响评价技术导则　声环境》附录 B.1.3 中的 B.2 公式有关内容。厂房三面墙夹角处：$Q=8$，$L=120+10 \lg[8/（4×3.14×20^2）+4/300]=120-18=102$ dB。

88. B　【解析】《环境影响评价技术导则　声环境》附录 B.2.1。

89. ACE　【解析】《环境影响评价技术导则　声环境》附录，声级的计算。

90. ABCD

91. ABCD　【解析】《环境影响评价技术导则　生态影响》C.7，物种多样性常用评价指标包括物种丰富度、香农-威纳多样性指数、Pielou 均匀度指数、Simpson 优势度指数等。

92. BC　【解析】根据《环境影响评价技术导则　生态影响》8.2.1 原文，通过引起地表沉陷或改变地表径流、地下水水位、土壤理化性质等方式对植被产生影响的，采用生态机理分析法、类比分析法等方法分析植物群落的物种组成、群落结构等变化情况。

93. ABCD

94. ABCDE 【解析】生态影响预测与评价常用的方法，包括列表清单法、图形叠置法、生态机理分析法、景观生态学法、指数法与综合指数法、类比分析法、系统分析法和生物多样性评价等。

95. ABCDE　96. ABCD　97. ABC　98. ACD　99. CD　100. ABCD
101. ABCDE　102. AD　103. ABCD

104. AC 【解析】2019年考题，根据技术方法教材"生态影响预测与评价"中营养状况指数法预测富营养化的相关内容。Carlson 根据透明度、总磷和叶绿素 a 三个指标发展了一种简单的营养状况指数（TSI）。

105. BCD

106. ACD 【解析】香农-威纳指数主要用以比较不同群落生物多样性大小。H 超大，说明该群落生物多样性越高。

107. ACD　108. ABC

109. ABCE 【解析】为便于分析和采取对策，要将生态影响划分为：有利影响和不利影响，可逆影响与不可逆影响，近期影响与长期影响，一次影响与累积影响，明显影响与潜在影响，局部影响与区域影响。

110. ABCDE

111. ABDE 【解析】通用水土流失方程式 $A=R \cdot K \cdot L \cdot S \cdot C \cdot P$ 中，R——降雨侵蚀力因子；K——土壤可蚀性因子；L——坡长因子；S——坡度因子；C——植被和经营管理因子；P——水土保持措施因子。

112. ACE 【解析】水体富营养化主要指人为因素引起的湖泊、水库中氮、磷增加对其水生生态产生不良的影响。富营养化是一个动态的复杂过程。一般认为，水体磷的增加是导致富营养化的主因，但富营养化也与氮含量、水温及水体特征有关。

113. ABCD 【解析】参考技术方法教材中生态影响预测与评价的相关内容。

114. ABD　115. ACD　116. BD

117. ABCD 【解析】《环境影响评价技术导则　生态影响》8.2.2，矿产资源开发项目应对开采造成的植物群落及植被覆盖度变化、重要物种的活动、分布及重要生境变化以及生态系统结构和功能变化、生物多样性变化等开展重点预测与评价。

118. BD　119. ABE

120. ABCD　121. ACDE　122. ABCD　123. BCD　124. ACD　125. BE
126. CD　127. ABCD

128. ABDE 【解析】运行中的垃圾填埋场对环境的主要影响有8点，归纳起来应从水（地表径流、地下水）、气、声、景观、地质、疾病、健康和安全、二次固废（塑料袋、尘土）关键词去记，然后联想，用自己的语言去表达，中心思想不会相差太大。

129. ABCD　130. AC　131. BCD

132. ABC　【解析】根据技术方法教材，生态影响预测与评价，垃圾填埋场环境影响评价的污染物排放强度。

133. ABCDE　134. ABCD

135. BC　【解析】《环境影响评价技术导则　土壤环境（试行）》8.1.3 原文，应重点预测评价建设项目对占地范围外土壤环境敏感目标的累积影响，并根据建设项目特征兼顾对占地范围内的影响预测。

136. ABCD　【解析】《环境影响评价技术导则　土壤环境（试行）》8.1.5 原文，建设项目导致土壤潜育化、沼泽化、潴育化和土地沙漠化等影响的，可根据土壤环境特征，结合建设项目特点，分析土壤环境可能受到影响的范围和程度。

137. BCD　【解析】《环境影响评价技术导则　土壤环境（试行）》8.5.2 原文，可能造成土壤盐化、酸化、碱化影响的建设项目，分别选取土壤盐分含量、pH 值等作为预测因子。

138. ACD　【解析】《环境影响评价技术导则　土壤环境（试行）》8.7.3 原文，污染影响型建设项目，其评价工作等级为一级、二级的，预测方法可参见附录 E 或进行类比分析；占地范围内还应根据土体构型、土壤质地、饱和导水率等分析其可能影响的深度。

139. AB　【解析】《环境影响评价技术导则　土壤环境（试行）》8.7.4 原文，评价工作等级为三级的建设项目，可采用定性描述或类比分析法进行预测。

140. CD　【解析】参见《环境影响评价技术导则　土壤环境（试行）》8.7.1。

141. CD　【解析】《环境影响评价技术导则　土壤环境（试行）》8.5.2 原文，可能造成土壤盐化、酸化、碱化影响的建设项目，分别选取土壤盐分含量、pH 值等作为预测因子。

142. ABC　【解析】《环境影响评价技术导则　土壤环境（试行）》8.8.1 原文，以下情况可得出建设项目土壤环境影响可接受的结论：a) 建设项目各不同阶段，土壤环境敏感目标处且占地范围内各评价因子均满足 8.6 中相关标准要求的；b) 生态影响型建设项目各不同阶段，出现或加重土壤盐化、酸化、碱化等问题，但采取防控措施后，可满足相关标准要求的；c) 污染影响型建设项目各不同阶段，土壤环境敏感目标处或占地范围内有个别点位、层位或评价因子出现超标，但采取必要措施后，可满足 GB 15618、GB 36600 或其他土壤污染防治相关管理规定的。

143. AD　【解析】《环境影响评价技术导则　土壤环境（试行）》E.1.2 原文，b) 土壤中某种物质的输出量主要包括淋溶或径流排出、土壤缓冲消耗等两部分；植物吸收量通常较小，不予考虑；涉及大气沉降影响的，可不考虑输出量。

144. AC

145. ACD　【解析】2020 年考题，见《环境影响评价技术导则　土壤环境（试行）》附录 B。

146. ABCDE　【解析】《环境影响评价技术导则　土壤环境（试行）》F.2，表 F.1 土壤盐化影响因素赋值表，土壤盐化主要影响因素有地下水位埋深、干燥度、土壤本底含盐量、地下水溶解性总固体、土壤质地。

147. D　【解析】《环境影响评价技术导则　土壤环境（试行）》附录 D 的表 D.1。

148. BCD　【解析】《环境影响评价技术导则　土壤环境（试行）》附录 G。

第五章　环境保护措施

一、单项选择题（每题的备选选项中，只有一个最符合题意）

1. 根据《大气污染治理工程技术导则》（HJ 2000—2010），除尘器宜布置在除尘工艺的（　　）。

    A. 负压段上　　　B. 正压段上　　　C. 前端　　　　D. 后端

2. 根据《大气污染治理工程技术导则》（HJ 2000—2010），利用气体混合物中各组分在一定液体中溶解度的不同而分离气体混合物的方法是（　　）。

    A. 吸附法　　　B. 吸收法　　　C. 冷凝法　　　D. 膜分离法

3. 根据《大气污染治理工程技术导则》（HJ 2000—2010），吸收法净化气态污染物主要适用于（　　）的有毒有害气体的净化。

    A. 吸收效率和吸收速率均较低　　　　B. 吸收效率和吸收速率均较高

    C. 吸收效率较低和吸收速率较高　　　D. 吸收效率较高和吸收速率较低

4. 根据《大气污染治理工程技术导则》（HJ 2000—2010），吸附法净化气体污染物主要适用于（　　）有毒有害气体的净化。

    A. 高浓度　　　B. 中等浓度　　　C. 低浓度　　　D. 有机废气

5. 根据《大气污染治理工程技术导则》（HJ 2000—2010），气态污染物常用的吸附设备有固定床、移动床和流化床等，工业应用宜采用（　　）。

    A. 固定床　　　B. 移动床　　　C. 流化床　　　D. 板式床

6. 根据《大气污染治理工程技术导则》（HJ 2000—2010），低浓度挥发性有机化合物废气的去除采取（　　）更合适。

    A. 吸收法　　　B. 吸附法　　　C. 冷凝法　　　D. 膜分离法

7. 含尘废气中水汽接近饱和，去除其中颗粒物的适用工艺技术是（　　）。

    A. 洗涤　　　　B. 吸附　　　C. 布袋除尘　　　D. 旋风分离

8. 根据《大气污染治理工程技术导则》（HJ 2000—2010），对于大气量和高、中浓度的恶臭气体，宜采用（　　）处理。

    A. 化学吸收类处理方法　　　　　B. 化学吸附类处理方法

    C. 物理类处理方法　　　　　　　D. 生物类处理方法

9. 某锅炉烟气烟尘粒径较小，须执行特别排放限值标准，宜优先选用的除尘器类型是（　　）。

  A．旋风除尘器   B．水膜除尘器

  C．静电除尘器   D．电袋除尘器

  10．根据《大气污染治理工程技术导则》（HJ 2000—2010），某燃烧废气中含有氯、重金属元素 Cd 等，且氯浓度较高，在废气治理中应优先考虑的是（　　）。

  A．用碱液吸收去除酸性气体

  B．用活性炭吸附去除重金属元素 Cd

  C．用酸液洗涤法去除酸性气体

  D．用过滤法去除重金属元素 Cd

  11．根据《大气污染治理工程技术导则》（HJ 2000—2010），铅及其化合物废气宜采用（　　）处理。

  A．吸附法   B．吸收法   C．冷凝法   D．燃烧法

  12．关于氮氧化物去除工艺的说法，正确的是（　　）。

  A．SCR 工艺将 NO_x 还原成为水和氮气，不需要催化剂

  B．SCR 工艺将 NO_x 还原成为水和氨氮，需要催化剂

  C．SNCR 工艺将 NO_x 还原成为水和氮气，不需要催化剂

  D．SNCR 工艺将 NO_x 还原成为水和氨氮，需要催化剂

  13．二氧化硫的治理工艺划分为（　　）。

  A．非选择性催化还原法和活性炭脱硫   B．湿法、干法和半干法

  C．催化还原脱硫和吸收脱硫   D．高温排烟脱硫和低温排烟脱硫

  14．袋式除尘器属（　　）除尘设备，宜用于处理风量大、浓度范围广和波动较大的含尘气体。

  A．昂贵   B．便宜   C．高效   D．低效

  15．一般习惯以使用吸收剂的形态和处理过程将二氧化硫控制技术分为（　　）。

  A．非选择性催化还原法和活性炭脱硫   B．干法排烟脱硫和湿法排烟脱硫

  C．催化还原脱硫和吸收脱硫   D．高温排烟脱硫和低温排烟脱硫

  16．采用石灰石、生石灰或消石灰的乳浊液为吸收剂吸收烟气中的 SO_2 的方法称为（　　）。

  A．活性炭法   B．钠法   C．镁法   D．钙法

  17．某乙烯裂解炉年运行时间 8 000 h，每年计划清焦作业 5 次，每次 36 h，烟气排放量为 42 000 m^3/h，氨氮化物浓度为 240 mg/m^3。单台裂解炉在非正常工况时年排放氨氮化物的总量是（　　）t/a。

  A．0.36   B．1.81   C．0.01   D．14.51

18. 干法排烟脱硫是用（　　）去除烟气中二氧化硫的方法。

　　A. 固态吸附剂或固体吸收剂　　　　　　B. 固态吸附剂

　　C. 固体吸收剂　　　　　　　　　　　　D. 固态吸附剂或液态吸收剂

19. （　　）具有对 SO_2 吸收速度快、管路和设备不容易堵塞等优点，但吸收剂价格昂贵。

　　A. 镁法　　　　　B. 钙法　　　　　C. 氨法　　　　　D. 钠法

20. 含汞废气的净化方法（　　）。

　　A. 吸收法　　　　　　　　　　　　　　B. 氧化还原法

　　C. 中和法　　　　　　　　　　　　　　D. 催化氧化还原法

21. 用铂作为催化剂，以氢或甲烷等还原性气体作为还原剂，将烟气中的 NO_x 还原成 N_2，在反应中不仅与 NO_x 反应，还要与尾气中的 O_2 反应，没有选择性。此方法称为（　　）。

　　A. 非选择性催化还原法　　　　　　　　B. 甲烷非选择性催化还原法

　　C. 选择性催化还原法　　　　　　　　　D. 氨选择性催化还原法

22. 选择除尘器应主要考虑的因素不包括（　　）。

　　A. 烟气及粉尘的物理、化学性质

　　B. 烟气流量、粉尘浓度和粉尘允许排放浓度

　　C. 除尘器的压力损失以及除尘效率

　　D. 空气湿度

23. 工艺简单，目前使用较广，成本较低，处理效果好，排烟脱氮转化率达 90% 以上，但还不能达到变废为宝、综合利用的目的。此方法是（　　）。

　　A. 非选择性催化还原法　　　　　　　　B. 选择性催化还原法

　　C. 碱液吸收法　　　　　　　　　　　　D. 分子筛吸附法

24. 某设施甲苯尾气浓度为 20 mg/m³，风量为 200 000 m³/h，下列处理方法中合理的是（　　）。

　　A. 海水法　　　　　　　　　　　　　　B. 排烟再循环法

　　C. 石灰石/石灰-石膏法　　　　　　　　D. 低温等离子体法

25. 某股废气中含有甲烷、乙烷和氮气，其甲烷、乙烷的浓度接近空气中的爆炸上限，处理这股废气适宜的方法是（　　）。

　　A. 送燃料气管作为燃料　　　　　B. 采用水洗涤法处理后排放

　　C. 采用 0℃的柴油吸收处理后排放　　D. 用空气稀释到爆炸下限的 25% 以下排放

26. 某污水处理厂产生的污泥原始含水率为 96%，欲将污泥量降为原来的 10%，应将污泥的含水率降低到（　　）。

　　A. 40%　　　　　B. 50%　　　　　C. 60%　　　　　D. 70%

27. 废水使用 A^2/O 方法进行脱氮除磷，一般缺氧池中的溶解氧浓度为（　　）。

A. 小于 0.1 mg/L 　　　　　　　B. 0.1～0.5 mg/L

C. 0.5～2 mg/L 　　　　　　　　D. 大于 2 mg/L

28. 用于去除含胶体有机物的污水处理方法是（　　）。

A. 过滤法 　　　　　　　　　　B. 化学中和法

C. 活性污泥法 　　　　　　　　D. 膜分离法

29. 某废水含有甲苯、丙酮、石油类，其质量百分比分别为 1%、0.3%、1.7%，下列最合理的处理工艺为（　　）。

A. 蒸汽汽提—重力油水分—厌氧 　　B. 重力油水分离—蒸汽汽提—好氧

C. 重力油水分离—好氧—厌氧 　　　D. 重力油水分离—好氧—蒸汽汽提

30. 在一般的废水处理过程中，除磷脱氮主要在（　　）中完成。

A. 一级处理　　B. 二级处理　　C. 三级处理　　D. 四级处理

31. 某制药废水硝基苯类浓度为 20 mg/L，不能有效处理硝基苯的工艺是（　　）。

A. 微电解　　B. 厌氧水解　　C. Fenton 氧化　　D. 中和处理

32. 污泥处理的基本过程为（　　）。

A. 调节→稳定→浓缩→脱水→压缩 　　B. 浓缩→稳定→调节→脱水→压缩

C. 压缩→稳定→调节→脱水→浓缩 　　D. 浓缩→稳定→脱水→调节→压缩

33. 不属于好氧生物处理法的是（　　）。

A. 活性污泥法　　B. 接触氧化法　　C. UASB　　D. 氧化沟法

34. 臭氧消毒适用于污水的深度处理，在臭氧消毒之前，应增设去除水中（　　）的预处理设施。

A. 重金属 　　　　　　　　　　B. 生化需氧量

C. 悬浮物和化学需氧量 　　　　D. 氨氮

35. 一级废水处理的任务主要是（　　）。

A. 去除重金属

B. 去除有机污染物

C. 去除呈悬浮状态的固体或呈分层或乳化状态的油类污染物

D. 去除复杂的无机污染物

36. 下列不属于废水处理的方法化学处理法的是（　　）。

A. 去除有机污染物 　　　　　　B. 去除重金属

C. 化学沉淀法 　　　　　　　　D. 活性污泥法

37. 城市污水处理厂事故池的作用是（　　）。

A. 容纳厂区生产事故废水

B. 容纳厂区初期雨水

C．容纳消防备用水

D．容纳可能严重影响污水处理厂运行的接管废水

38．曝气沉砂池集曝气和除砂为一体，可使沉砂中的有机物含量降低至（　　）以下。

　　A．3%　　　　　　　　B．5%　　　　　　　　C．8%　　　　　　　　D．10%

39．污水处理系统中曝气池的主要作用是（　　）。

　　A．去除硫酸盐　　B．去除硝酸盐　　C．去除重金属　　D．去除有机污染物

40．下列处理工艺，适用于芯片制造项目产生的含氟废水预处理的是（　　）。

　　A．隔油　　　　　　　　　　　　　B．$CaCl_2$混凝沉淀

　　C．序批式活性污泥法　　　　　　　D．生物接触氧化法

41．以噪声影响为主的建设项目，为减轻其对周边居住人群的影响，应优先采用的噪声防治措施是（　　）。

　　A．居住人群搬迁　　　　　　　　　B．设置声屏障

　　C．加大噪声源与居住区的距离　　　D．选用低噪声设备

42．降低风机排风口空气动力性噪声的有效措施是（　　）。

　　A．消声器　　　　B．隔声罩　　　　C．吸声板　　　　D．减振垫

43．机场建设项目环境影响评价中，为防治飞机噪声污染，应优先分析的是（　　）。

　　A．机场飞行架次调整的可行性

　　B．机场周边环境保护目标隔声的数量

　　C．机场周边环境保护目标搬迁的数量

　　D．机场位置、跑道方位选择、飞行程序和城市总体规划的相容性

44．根据《环境噪声与振动控制工程技术导则》（HJ 2034—2013），针对锅炉排气、高炉放风、化工工艺气放散、空压机和各种风动工具的不同排气噪声特点和工艺要求，可在排气口合理选择（　　）。

　　A．排气放空消声器　　　　　　　　B．微穿孔板消声器

　　C．抗性消声器　　　　　　　　　　D．阻性消声器

45．从声源上降低噪声的措施是（　　）。

　　A．敏感目标防护　　　　　　　　　B．选用低噪声设备

　　C．将噪声源位置进行调整　　　　　D．调整声源与敏感目标距离

46．某地铁建设项目地下段振动对某小区的影响预测值超标 15 dB，以下减振措施可行的是（　　）。

　　A．钢弹簧浮置板　　　　　　　　　B．洛德（Lord）扣件

　　C．科隆蛋扣件　　　　　　　　　　D．橡胶长轨枕

47．用压力式打桩机代替柴油打桩机，反铆接改为焊接，液压代替锻压等降低噪声的措施是指（　　）。

A．利用自然地形物降低噪声　　　B．改进机械设计以降低噪声

C．维持设备处于良好的运转状态　　D．改革工艺和操作方法以降低噪声

48．高层住宅楼一层安装供热水泵后，楼上多层居民室内噪声超标，宜采取的降噪措施是（　　）。

A．对水泵进行隔声　　　　　　　B．为居民安装隔声窗

C．在居民室内安装吸声材料　　　D．对水泵和供热装置进行隔振

49．根据《固体废物处理处置工程技术导则》（HJ 2035—2013），贮存含硫量大于（　　）的煤矸石时，应采取防止自燃的措施。

A．0.5%　　　　　B．1.0%　　　　　C．1.5%　　　　　D．2.0%

50．固体废物焚烧处置技术对环境的最大影响是尾气造成的污染，（　　）是污染控制的关键。

A．工况控制和烟气净化　　　　　B．工况控制

C．固体原料的选择　　　　　　　D．尾气净化

51．根据《固体废物处理处置工程技术导则》（HJ 2035—2013），适用于生活垃圾焚烧，不适用于处理含水率高的污泥的焚烧炉型是（　　）。

A．炉排式焚烧炉　　　　　　　　B．流化床式焚烧炉

C．回转窑焚烧炉　　　　　　　　D．固定床焚烧炉

52．适用于处理炼化项目干化污泥、油泥、废油渣的焚烧炉炉型是（　　）。

A．炉排式焚烧炉　　　　　　　　B．流化床式焚烧炉

C．回转窑焚烧炉　　　　　　　　D．固定床焚烧炉

53．根据《固体废物处理处置工程技术导则》（HJ 2035—2013），垃圾填埋场上方甲烷气体含量应小于5%，建（构）筑物内，甲烷气体含量不应超过（　　）。

A．1.25%　　　　B．2%　　　　　C．5%　　　　　D．10%

54．可一般工业在固体废物填埋场进行填埋处置的固体废物是（　　）。

A．油泥　　　　　　　　　　　　B．危废焚烧飞灰

C．医疗废物　　　　　　　　　　D．粉煤灰

55．在将液态废物送焚烧炉焚烧处理前，需要对其进行（　　）。

A．分类、稀释　　　　　　　　　B．化验、分类

C．分类、固化　　　　　　　　　D．筛分、分级

56．炼化企业产生的油泥、废弃物催化剂在最终处置钱可暂时存放于（　　）。

A．危废贮存设施　　　　　　　　B．防渗露天堆场

C．有顶棚的堆场　　　　　　　　D．生活污水处理厂剩余污泥存放处

57. 在烟气中重金属和二噁英的去除中，下列说法错误的是（   ）。

　A. 合理匹配物料，控制入炉物料含氯量

　B. 固体废物应完全燃烧，并严格控制燃烧室烟气的温度、停留时间与气流扰动工况

　C. 应减少烟气在200～400℃温区的滞留时间

　D. 应优先考虑采用低氮燃烧技术氮氧化物的产生量

58. 炉渣与焚烧飞灰应分别收集、贮存和运输，（   ）属于危险废物，应按危险废物进行安全处置。

　A. 秸秆焚烧飞灰　　　　　　　　B. 农林废物焚烧飞灰

　C. 生活垃圾焚烧飞灰　　　　　　D. 工业垃圾焚烧飞灰

59. 下列关于填埋的说法中，错误的是（   ）。

　A. 填埋技术是固体废物的最终处置技术并且是保护环境的重要手段

　B. 卫生填埋场的合理使用年限应在8年以上，特殊情况下应不低于5年

　C. 具有爆炸性、易燃性、浸出毒性、腐蚀性、传染性、放射性等的有毒有害废物不应进入卫生填埋场，不得直接填埋医疗废物和与衬层不相容的废物

　D. 填埋终止后，应进行封场和生态环境恢复

60. 某新建公路连接甲、乙两城市，选线方案中经过国家重点保护植物集中分布的方案是路径最短、最经济的方案。为保护环境，工程方案优先考虑的措施是（   ）。

　A. 迁地保护　　　B. 物种种植　　　　C. 货币补偿　　　D. 选线避让

61. 西南山区某拟建风电场，其选址位于候鸟迁徙通道上，为避免风电场建设对候鸟迁徙造成影响，应优先采取的措施是（   ）。

　A. 风电场另行选址　　　　　　　B. 减少风机高度

　C. 减少风机数量　　　　　　　　D. 减少占地面积

62. 输油管线工程建设过程中，减少工程施工队植被影响的重要措施是（   ）。

　A. 加快施工进度　　　　　　　　B. 减少施工机械数量

　C. 缩短作业时段　　　　　　　　D. 缩小作业带宽度

63. 某需进行打桩作业的建设项目位于越冬鸟类栖息地附近，施工期打桩作业时间不应安排在（   ）。

　A. 春季　　　　　B. 夏季　　　　　C. 秋季　　　　　D. 冬季

64. 西南山区某拟建铁路需穿越以野生动物为主要保护对象的自然保护区，为最大限度减轻铁路建设对野生动物的影响，穿越自然保护区路段应优先考虑采取的措施是（   ）。

　A. 生态补偿　　　　　　　　　　B. 架设桥梁

　　C. 放缓路基边坡　　　　　　　　D. 隧道穿越

65. 下列关于生态影响的补偿的表述不正确的是（　　　）。

A. 补偿是一种重建生态系统以补偿因开发建设活动而损失的环境功能的措施

B. 异地补偿类似于回复，但建立的新生态系统与原生态系统没有一致性

C. 异地最常见的补偿是耕地和植被的补偿

D. 补偿措施体现社会群体等使用和保护环境的权利，也体现生态环保的特殊性
　　要求

66. 土壤环境保护措施与对策不包括（　　　）。

　　A. 项目生产设施　　　　　　　　B. 保护的目标

　　C. 实施的保证措施　　　　　　　D. 预期效果的分析

67. （　　　）应针对现有工程引起的土壤环境影响问题，提出"以新带老"措施，有效减轻影响程度或控制影响范围，防止土壤环境影响加剧。

　　A. 所有建设项目　　　　　　　　B. 改、扩建项目

　　C. 污染影响型项目　　　　　　　D. 新、改、扩建项目

68. （　　　）建设项目应结合项目的生态影响特征、按照生态系统功能优化的理念、坚持高效适用的原则提出源头防控措施。

　　A. 生态影响型　　　　　　　　　B. 污染影响型

　　C. 生态影响型及污染影响型　　　D. 改、扩建项目

69. 进行污染场地修复时，提出的修复目标不包括（　　　）。

　　A. 确认目标污染物　　　　　　　B. 确认场地状况

　　C. 提出修复目标值　　　　　　　D. 确认修复范围

70. 关于修复技术可行性评估，如对土壤修复技术适用性不确定，应开展（　　　）。

　　A. 实验室小试　　　　　　　　　B. 应用案例分析

　　C. 现场中试　　　　　　　　　　D. 专家讨论会

71. 确认前期场地环境调查与风险评估提出的土壤修复范围是否清楚，特别要关注（　　　）。

　　A. 四周边界　　　　　　　　　　B. 污染土层深度分布

　　C. 地下水埋深　　　　　　　　　D. 污染土层异常分布情况

72. 关于基坑清理效果评估布点，对于重金属和半挥发性有机物，在一个采样网格和间隔内可采集（　　　）。

　　A. 混合样　　　B. 表层样　　　C. 深层样　　　D. 柱状样

73. Ⅱ类一般工业固废填埋场的地步与潜水面之间的岩层一般为（　　　）。

　　A. 饱水带　　　　　　　　　　　B. 非饱水带

　　C. 天然隔水层　　　　　　　　　D. 人工合成材料防渗层

二、不定项选择题（每题的备选项中至少有一个符合题意）

1. 根据《大气污染治理工程技术导则》（HJ 2000—2010），大气污染治理工程应遵循哪些原则（　　）。

　　A. 综合治理　　　　B. 循环利用　　　　　C. 达标排放　　　D. 总量控制

2. 根据《大气污染治理工程技术导则》（HJ 2000—2010），关于污染气体的排放的要求，说法正确的有（　　）。

　　A. 排气筒的出口直径应根据出口流速确定，流速宜取 15 m/s 左右

　　B. 排气筒的高度按《大气污染物综合排放标准》（GB 16297—1996）的要求就可以

　　C. 排气筒或烟道应按相关规范设置永久性采样孔，必要时设置测试平台

　　D. 应当根据当地环保部门的要求在排气筒上建设、安装自动监控设备及其配套设施或预留连续监测装置安装位置

3. 根据《大气污染治理工程技术导则》（HJ 2000—2010），污染气体排放排气筒应根据（　　）因素，确定采用砖排气筒、钢筋混凝土排气筒或钢排气筒。

　　A. 使用条件　　　　　　　　　　　B. 功能要求

　　C. 排气筒高度　　　　　　　　　　D. 材料供应及施工条件

4. 根据《大气污染治理工程技术导则》（HJ 2000—2010），关于污染气体的收集措施和要求，说法正确的有（　　）。

　　A. 对产生逸散粉尘或有害气体的设备，一定要采取密闭、隔离和负压操作措施

　　B. 污染气体应尽可能利用生产设备本身的集气系统进行收集，逸散的污染气体采用集气（尘）罩收集

　　C. 集气（尘）罩的吸气方向应尽可能与污染气流运动方向不一致

　　D. 吸气点的排风量应按防止粉尘或有害气体扩散到周围环境空间为原则确定

5. 根据《大气污染治理工程技术导则》（HJ 2000—2010），对除尘器收集的粉尘或排出的污水，需根据（　　）和便于维护管理等因素，采取妥善的回收和处理措施。

　　A. 生产条件　　　　　　　　　　　B. 除尘器类型

　　C. 粉尘的回收价值　　　　　　　　D. 粉尘的特性

6. 根据《大气污染治理工程技术导则》（HJ 2000—2010），袋式除尘器适宜用于（　　）的含尘气体。

　　A. 处理风量大　　　　　　　　　　B. 浓度范围广

　　C. 处理风量小　　　　　　　　　　D. 浓度波动较大

7. 吸附剂的选择原则包括（　　）。

A．比表面积大，孔隙率高，吸附容量大

B．吸附选择性强

C．有足够的机械强度、热稳定性和化学稳定性

D．原料来源广泛，价廉易得

8．下列含铅烟气中，可用酸液吸收法处理的有（　　）。

A．氧化铅生产含铅废气　　　　　　B．蓄电池生产中的含铅烟气

C．化铅锅含铅烟气　　　　　　　　D．冶炼炉含铅烟气

9．影响吸附法处理废气效率的主要因素有（　　）。

A．吸附剂种类　　　　　　　　　　B．吸附设备结构

C．吸附剂再生方式　　　　　　　　D．吸附塔入孔直径

10．根据《大气污染治理工程技术导则》（HJ 2000—2010），砷、镉、铬及其化合物废气一般处理方法有（　　）。

A．吸附法　　　B．吸收法　　　C．冷凝法　　　D．过滤法

11．袋式除尘器的清灰方式主要有（　　）。

A．机械振打清灰　　　B．脉冲清灰　　　C．逆气流清灰

D．自激式清灰　　　E．高压文氏管清灰

12．电除尘器的主要优点是（　　）。

A．抗高温和腐蚀　　　B．压力损失少　　　C．投资小

D．能耗少　　　E．除尘效率高

13．除尘器的技术指标有（　　）。

A．压力损失　　　B．工作负荷　　　C．净化效率

D．运行成本　　　E．使用温度

14．适合大风量、低浓度有机废气的治理技术方法有（　　）。

A．吸附法　　　　　　　　　　　　B．膜分离法

C．冷凝法　　　　　　　　　　　　D．低温等离子法

15．属于湿法排烟脱硫的有（　　）。

A．活性炭法　　　B．钠法　　　C．镁法　　　D．钙法　　　E．氨法

16．属于干法排烟脱硫的有（　　）。

A．活性炭法　　　B．钠法　　　C．催化氧化法

D．钙法　　　E．石灰粉吹入法

17．低氮燃烧技术是通过（　　）等方法来抑制 NO_x 的生成或破坏已生成的 NO_x。

A．调节燃烧温度　　　　　　　　　B．催化还原

C．烟气中氧的浓度　　　　　　　　D．烟气在高温区的停留时间

18．烟（粉）尘的治理技术主要是通过（　　）来实现。

A．加强环境管理　　　　　　　　B．提高员工环保素质

C．改进燃烧技术　　　　　　　　D．采用除尘技术

19．属于二氧化硫防治措施的是（　　）。

A．氨法　　　　　　　B．海水法　　　　　　C．烟气循环流化床

D．吸附法　　　　　　E．炉内喷钙法

20．属于氮氧化物防治措施的是（　　）。

A．非选择性催化还原法　　　B．炉内喷钙

C．选择性催化还原法　　　　D．低氮喷嘴

21．属于除烟（粉）尘的有效措施的是（　　）。

A．机械式除尘器　　　　　　B．湿式除尘器　　　　　C．袋式除尘器

D．静电除尘器　　　　　　　E．泥煤碱法

22．新建的城镇宜采用分流制，采用分流制的区域宜对初期雨水进行处理的方式，有（　　）。

A．截流　　　　　　B．调蓄　　　　　　C．处理　　　　　　D．综合利用

23．某制糖企业污水处理站好氧处理工艺为普通活性污泥法，宜采用的二沉池类型有（　　）。

A．竖流沉淀池　　　　　　　　B．辐流沉淀池

C．分斜板沉淀池　　　　　　　D．斜管沉淀池

24．下列方法中，利用密度差异去除废水中污染物的有（　　）。

A．隔油　　　　　　B．过滤　　　　　　C．气浮　　　　　　D．反渗透

25．生物接触氧化反应池中，填料的作用有（　　）。

A．可提高废水的 B/C 比

B．可提高废水处理过程中氧的利用率

C．可增加微生物数量

D．可增加好氧生物反应器中微生物的种群数量

26．污泥稳定的目的是（　　）。

A．减少有机组分含量　　　　B．改善污泥脱水性能

C．去除污泥中的水分　　　　D．抑制细菌代谢

E．增加固态物的含量

27．污泥的处置方法主要有（　　）。

A．卫生填埋　　　　B．热解　　　　　C．安全填埋　　　　D．焚烧

28．某生产车间产生含金属 Ni 废水，拟采用物化处理该废水进行预处理，下列做法正确的有（　　）。

A. 应在车间内处理达标后排出　　B. 调节 pH 为酸性去除金属 Ni

C. 调节 pH 为碱性去除金属 Ni　　D. 与其他车间废水混合后集中处理

29. 属于地下水污染水力控制技术方法的有（　　）。

A. 排水法　　　　　　　　　　B. 注水法

C. 防渗墙法　　　　　　　　　D. 包气带土层就地恢复法

30. 在进行污染包气带土层及污染地下水恢复工程之前，必须控制污染源。如果污染源得不到控制，污染物仍源源不断地进入包气带土层及其下的地下水，恢复技术就不能可能取得成功。污染源的种类很多，但就其工程性质可分为（　　）两大类。

A. 不可清除的污染源　　　　　B. 可清除的污染源

C. 点污染源　　　　　　　　　D. 面污染源

31. 对于 I 类建设项目场地地下水污染监控中的监测计划应包括（　　）。

A. 监测孔位置、孔深　　　　　B. 监测井结构

C. 监测层位　　　　　　　　　D. 监测项目、监测频率

32. 对于 I 类建设项目场地地下水污染监控体系应包括（　　）。

A. 建立地下水污染监控制度　　B. 建立地下水污染环境管理体系

C. 制订监测计划　　　　　　　D. 配备先进的检测仪器和设备

33. 属于 I 类建设项目场地地下水污染防治分区防治措施的有（　　）。

A. 提出不同区域的地面防渗方案

B. 划分污染防治区

C. 给出具体的防渗材料及防渗标准要求

D. 建立防渗设施的检漏系统

34. 属于 II 类建设项目地下水保护与环境水文地质问题减缓措施的有（　　）。

A. 以均衡开采为原则，提出防止地下水资源超量开采的具体措施

B. 分区防治措施

C. 建立地下水动态监测系统

D. 针对建设项目可能引发的其他环境水文地质问题提出应对预案

35. 根据《环境噪声与振动控制工程技术导则》（HJ 2034—2013），属于传输途径控制措施的有（　　）。

A. 隔声　　　　　B. 吸声　　　　　C. 阻尼处理　　　　D. 耳罩

36. 根据《环境噪声与振动控制工程技术导则》（HJ 2034—2013），关于隔声的一般规定，说法正确的有（　　）。

A. 对固定声源进行隔声处理时，宜尽可能靠近噪声源设置隔声措施

B. 对敏感点采取隔声防护措施时，宜采用具有一定高度的隔声墙或隔声屏障

　　C. 对噪声传播途径进行隔声处理时，宜采用隔声间（室）的结构形式

　　D. 对临街居民建筑可安装隔声窗或通风隔声窗

37. 在热电厂厂址确定后，可采取的噪声控制措施有（　　　）。

　　A. 调整总图布置　　　　　　　　B. 设置声屏障

　　C. 敏感建筑进行保护　　　　　　D. 夜间停止运行

38. 城市道路建设项目防治噪声污染的基本途径有（　　　）。

　　A. 敏感建筑物自身防护　　　　　B. 从传播途径上降低噪声

　　C. 调整城市建成区功能　　　　　D. 敏感建筑物功能置换

39. 某新建铁路拟穿越城区集中居住区，两侧住宅高度在30 m以上，对住宅高层可考虑的噪声防治对策有（　　　）。

　　A. 铁路改线　　　　　　　　　　B. 铁路侧加3 m高的声屏障

　　C. 居民住宅加装隔声窗　　　　　D. 穿越居民区路段加装封闭的隔声设施

40. 根据《环境噪声与振动控制工程技术导则》（HJ 2034—2013），噪声与振动控制工程的性能通常可以采用（　　　）来检测。

　　A. 插入损失　　　　　　　　　　B. 传递损失

　　C. 空气自由损失　　　　　　　　D. 声压级降低量

41. 在噪声传播途径上降低噪声，可采用（　　　）的设计原则，使高噪声敏感设备尽可能远离噪声敏感区。

　　A. 改革工艺和操作方法　　　　　B. 闹静分开

　　C. 合理布局　　　　　　　　　　D. 消声、隔振和减振

42. 从声源上降低噪声的有（　　　）。

　　A. 利用自然地形物降低噪声　　　B. 改进机械设计以降低噪声

　　C. 维持设备处于良好的运转状态　D. 改革工艺和操作方法以降低噪声

43. 关于焚烧炉炉型适用范围的说法，正确的有（　　　）。

　　A. 炉排式焚烧炉适用于生活垃圾

　　B. 流化床式焚烧炉适用于未经预处理的一般工业固废

　　C. 固定床焚烧炉适用于规模小的固废处理工程

　　D. 回转窑焚烧炉适用于热值较低的一般工业固废

44. 某炼化企业产生的含油污泥，合理的处置方式有（　　　）。

　　A. 一般固废填埋场填埋　　　　　B. 作为民用燃料出售

　　C. 油固分离后综合利用　　　　　D. 水泥窑协同处理

45. 根据《固体废物处理处置工程技术导则》（HJ 2035—2013），固体废物焚烧处置技术适用于处理（　　　）的固体废物。

　　A. 可燃　　　　　　　　　　　　B. 无机成分较多

C．热值较高　　　　　　　　　　　D．有机成分较多

46．根据《固体废物处理处置工程技术导则》（HJ 2035—2013），关于控制焚烧烟气中的酸性气体、烟尘、重金属、二噁英等污染物的措施与设备，说法错误的有（　　）。

A．脱酸系统应采用适宜的碱性物质作为中和剂，可采用半干法、干法或湿法处理工艺

B．烟气除尘设备应采用旋风除尘器

C．烟气中重金属去除应注意固体废物应完全燃烧，并严格控制燃烧室烟气的温度、停留时间与气流扰动工况

D．烟气中二噁英的去除应注意减少烟气在 500～800℃温区的滞留时间

47．根据《固体废物处理处置工程技术导则》（HJ 2035—2013），属于（　　）的有毒有害废物不应进入卫生填埋场。

A．浸出毒性　　　　B．传染性　　　　C．放射性　　　　D．易燃性

48．根据《固体废物处理处置工程技术导则》（HJ 2035—2013），关于垃圾填埋场渗滤液的收集与处理，说法正确的有（　　）。

A．填埋场内应实行雨水与污水合流

B．填埋库区应铺设渗滤液收集系统，并宜设置疏通设施

C．调节池及渗滤液流经或停留的其他设施均应采取防渗措施

D．渗滤液应相关要求，处理达标后排放

49．根据《固体废物处理处置工程技术导则》（HJ 2035—2013），关于垃圾填埋场填埋气体收集与处理，说法正确的有（　　）。

A．填埋场应设置有效的填埋气体导排设施

B．宜对所有的填埋气体进行收集和利用

C．填埋场上方甲烷气体含量应小于 5%

D．填埋场应防止填埋气体在局部聚集

50．根据《固体废物处理处置工程技术导则》（HJ 2035—2013），关于一般工业固体废物的收集和贮存的要求，说法正确的有（　　）。

A．贮存、处置场应采取防止粉尘污染的措施，周边应设导流渠，防止雨水径流进入贮存、处置场内，避免渗滤液量增加和发生滑坡

B．应构筑堤、坝、挡土墙等设施，防止一般工业固体废物和渗滤液的流失

C．应设计渗滤液集排水设施，必要时应设计渗滤液处理设施，对渗滤液进行处理

D．贮存含硫量大于 1% 的煤矸石时，应采取防止自燃的措施

51．下列属于固体废物预处理技术的是（　　）。

A. 污泥浓缩可减少污泥体积

B. 污泥堆肥可实现污泥资源化利用

C. 污泥厌氧消化可回收能源，实现污泥稳定

D. 污泥无害化处理可减少污泥中的致病菌

52. 根据生物处理过程中起作用的微生物对氧气要求的不同，可以把固体废物堆肥分为（　　　）。

A. 高温堆肥　　　　B. 好氧堆肥　　　　C. 低温堆肥　　　　D. 厌氧消化

53. 减轻垃圾焚烧大气污染的措施包括（　　　）。

A. 焚烧工况控制　　　　　　　　　B. 焚烧尾气净化

C. 垃圾预处理　　　　　　　　　　D. 垃圾分类收集

54. 下列废物可以进水泥窑协同处置的有（　　　）。

A. 废盐酸　　　　　　　　　　　　B. 工业污水处理污泥

C. 动植物加工废物　　　　　　　　D. 废轮胎

55. 根据危险废物安全填埋入场要求，废物可直接入场填埋的是（　　　）。

A. 含水率高于85%的废物

B. 液体废物

C. 与衬层具有不相容性反应的废物

D. 根据《固体废物浸出毒性浸出方法》和《固体废物浸出毒性测定方法》测得的废物浸出液中有一种或一种以上有害成分浓度超过《危险废物鉴别标准》中的标准值并低于《危险废物填埋污染控制标准》中的允许进入填埋区控制限值的废物

E. 根据《固体废物浸出毒性浸出方法》和《固体废物浸出毒性测定方法》测得的废物浸出液 pH 在 7.0～12.0 的废物

56. 生态环境保护战略特别注重保护（　　　）地区。

A. 生态良好的地区，要预防对其破坏

B. 城市、乡镇等人口活动较为密集的地区，保护城市、乡镇生态环境

C. 生态系统特别重要的地区，要加强对其保护

D. 资源强度利用，生态系统十分脆弱，处于高度不稳定或正在发生退化性变化的地区

57. 减少生态环境影响的工程措施有（　　　）。

A. 合理选址选线　　　　　　　　　B. 项目规划论证分析

C. 工程方案分析与优化　　　　　　D. 加强工程的环境保护管理

E. 施工方案分析与合理化建议

58. 南方某硫铁矿山露天开采后，因氧化和雨水侵蚀形成的弱酸性地表径流，

造成矿区迹地土壤贫瘠、土层很薄，下列生态恢复措施正确的有（ ）。

A．表层覆土

B．种植大型乔木

C．种植草本植物或灌木

D．利用河泥、湖泥活农业废弃秸秆等增加土壤有机质

59．作为减少生态环境影响的工程措施之一，工程方案分析与优化要从可持续发展出发，其优化的主要措施包括（ ）。

A．选择减少资源消耗的方案　　　　B．采用环境友好的方案

C．选择经济效益最大化的设计方案　D．采用循环经济理念，优化建设方案

E．发展环境保护工程设计方案

60．某拟建高速公路建设期在下列地点设置弃渣场，选址合理的有（ ）。

A．水田　　　B．河道滩地　　　C．废弃取土场　　　D．荒土凹地

61．减少公路建设占用耕地可行的措施有（ ）。

A．调整路线　　　　　　　　　　B．经济补偿

C．以桥梁代替路基　　　　　　　D．高填方路段收缩路基边坡

62．生态影响型建设项目评价中，制定营运期生态监测计划的目的主要有（ ）。

A．调查生态背景　　　　　　B．跟踪生态动态

C．识别未预测到的生态影响　D．为制定生态补救措施提供重要依据

63．生态监测的目的主要是（ ）。

A．了解背景，即继续对生态环境的观察和研究，认识其特点和规律

B．验证假说，即验证环境影响评价中所作出的推论、结论是否正确，是否符合实际

C．促进产率

D．跟踪动态，即跟踪监测实际发生的影响，发现评价中未曾预料到的重要问题，可以采取相应的补救措施

64．按照保护的方式、目的，生态保护可以分为（ ）。

A．维护　　B．保护　　C．恢复　　D．重建　　E．改造

65．根据《矿山生态环境保护与恢复治理技术规范（试行）》（HJ 651—2013），关于矿山生态环境保护与恢复治理的一般要求，说法正确的有（ ）。

A．坚持"预防为主、防治结合、过程控制"的原则，将矿山生态环境保护与恢复治理贯穿矿产资源开采的全过程

B．所有矿山企业均应编制实施矿山生态环境保护与恢复治理方案

C．禁止在重要道路、航道两侧及重要生态环境敏感目标100 m范围内进行对景

观破坏明显的露天开采

　　D. 矿产资源开发活动应符合国家和区域主体功能区规划、生态功能区划、生态环境保护规划的要求

66. 根据《矿山生态环境保护与恢复治理技术规范（试行）》（HJ 651—2013），规定禁止采矿的有（　　　）。

　　A. 森林公园　　　　　　　　　　B. 饮用水水源保护区

　　C. 文物古迹所在地　　　　　　　D. 地质遗迹保护区

67. 根据《矿山生态环境保护与恢复治理技术规范（试行）》（HJ 651—2013），恢复治理后的各类场地应实现（　　　）。

　　A. 安全稳定，对人类和动植物不造成威胁

　　B. 对周边环境不产生污染，与周边自然环境和景观相协调

　　C. 恢复土地基本功能，因地制宜实现土地可持续利用

　　D. 区域整体生态功能得到保护和恢复

68. 土壤环境保护措施与对策应包括（　　　）。

　　A. 保护的对象、目标　　　　　　B. 措施的内容

　　C. 实施部位和时间　　　　　　　D. 编制环境保护措施布置图

69. 根据《环境影响评价技术导则　土壤环境（试行）》，在建设项目可行性研究提出的影响防控对策基础上（　　　），提出合理、可行、操作性强的土壤环境影响防控措施。

　　A. 结合建设项目特点

　　B. 结合环境影响识别结果

　　C. 结合调查评价范围内的土壤环境质量现状

　　D. 根据环境影响预测与评价结果

70. 生态影响型土壤环境污染过程防控措施包括（　　　）。

　　A. 排水排盐　　　　　　　　　　B. 调节土壤 pH 值

　　C. 降低地下水位　　　　　　　　D. 地面硬化

71. 污染影响型建设项目应针对（　　　）提出源头控制措施，并与相关标准要求相协调。

　　A. 污染影响特征　　　　　　　　B. 关键污染源

　　C. 敏感点情况　　　　　　　　　D. 污染物的迁移途径

72. 项目评价区土壤盐渍化的过程防控措施有（　　　）。

　　A. 种植耐盐植物　　　　　　　　B. 排水沟排盐

　　C. 降低地下水位　　　　　　　　D. 调节土壤 pH 值

73. 进行生态影响评价应充分重视（　　　）。

　　A．直接影响　　　　　　　　　　B．间接影响

　　C．潜在影响　　　　　　　　　　D．区域性影响

74．建设项目根据行业特点与占地范围内的土壤特性，按照相关技术要求采取（　　）措施。

　　A．过程阻断　　　　　　　　　　B．污染物削减

　　C．地面硬化　　　　　　　　　　D．分区防控

75．生活垃圾填埋气的净化方法表述正确的有（　　）。

　　A．溶剂吸收法是目前较为成熟的沼气净化方法

　　B．采用 MDEA 作为 CO_2 的吸收剂，可分离垃圾沼气中的 CO_2

　　C．采用 MDEA 为吸收剂的溶剂吸收法，CO_2 脱除率大于 90%

　　D．采用 MDEA 为吸收剂的溶剂吸收法，CO_2 脱除率大于 95%

参考答案

一、单项选择题

1．A　【解析】《大气污染治理工程技术导则》（HJ 2000—2010）6.1.1.4，除尘器宜布置在除尘工艺的负压段上。当布置在正压段时，电除尘器应采用热风清扫，袋式除尘器应保证清灰压力大于系统操作压力，配套风机应考虑防磨措施。

2．B　【解析】《大气污染治理工程技术导则》（HJ 2000—2010）6.3.1.1，吸附法净化气态污染物是利用固体吸附剂对气体混合物中各组分吸附选择性的不同，而分离气体混合物的方法，主要适用于低浓度有的毒有害气体净化。6.2.1.1，吸收法净化气态污染物是利用气体混合物中各组分在一定液体中溶解度的不同而分离气体混合物的方法。主要适用于吸收效率和速率较高的有毒有害气体的净化。

3．B　【解析】《大气污染治理工程技术导则》（HJ 2000—2010）6.2.1.1，吸收法净化气态污染物是利用气体混合物中各组分在一定液体中溶解度的不同而分离气体混合物的方法。主要适用于吸收效率和速率较高的有毒有害气体的净化。

4．C

5．A　【解析】《大气污染治理工程技术导则》（HJ 2000—2010）6.3.3.1，常用的吸附设备有固定床、移动床和流化床。工业应用宜采用固定床。

6．B　【解析】《大气污染治理工程技术导则》（HJ 2000—2010）7.3.3.1，吸附法适用于低浓度挥发性有机化合物废气的有效分离与去除，是一种广泛应用的化工工艺单元。

7．A　【解析】A 项属于湿式除尘类型，可用于高湿含尘废气的净化；B 项不

能用于除尘；C 项虽可处理高湿含尘废气，但须选用具有抗结露性能的滤料；D 项适用于去除干燥粉尘，高含湿性粉尘会黏附在旋风除尘器器壁，难以进入灰斗，影响除尘效率。

8. A　【解析】《大气污染治理工程技术导则》（HJ 2000—2010）7.4.3.3，化学吸收类处理方法宜用于处理大气量、高、中浓度的恶臭气体。

9. D　【解析】《大气污染治理工程技术导则》（HJ 2000—2010）6.1.3.2，A 项旋风除尘器属于机械除尘器，宜用于处理密度较大、颗粒较粗的粉尘；B 项水膜除尘器属于湿式除尘器，适用于捕集粒径 1μm 以上的尘粒；D 项电袋除尘器适用于对运行稳定性要求高和粉尘排放要求严格的烟气净化，因此 D 项正确。

10. A　【解析】根据《大气污染治理工程技术导则》（HJ 2000—2010）7.5.3.2，吸收和吸附等物理化学方法在自愿回收利用和卤化物深度处理上工艺技术相对成熟，优先使用物理化学方法处理卤化物气体。吸收法治理含氯或氯化氢废气时，宜采用碱液吸收法。

11. B　【解析】根据《大气污染治理工程技术导则》（HJ 2000—2010）7.6.4.1，铅及其化合物废气宜用吸收法处理。

12. C　【解析】SCR 选择性催化还原法，原理是在催化剂作用下，还原剂 NH_3 在 290～400℃下将氮氧化物还原成氮气和水，从而减少氮氧化物的排放。SNCR 选择性非催化还原法，是指无催化剂的作用下，在适合脱硝反应的"温度窗口"内喷入还原剂，将烟气中的氮氧化物还原成氮气和水。

13. B

14. C　【解析】《大气污染治理工程技术导则》（HJ 2000—2010）6.1.3.5，袋式除尘器属高效除尘设备，宜用于处理风量大、浓度范围广和波动较大的含尘气体。

15. B　16. D

17. B　【解析】单台裂解炉在非正常工况时年排放氮氧化物的总量为：$5\times36\times42\,000\times240\times10^{-9}=1.81$（t/a）。

18. A　19. A

20. A　【解析】《大气污染治理工程技术导则》（HJ 2000—2010）7.6.3，汞及其化合物废气一般处理方法是：吸收法、吸附法、冷凝法和燃烧法。

21. A

22. D　【解析】《大气污染治理工程技术导则》（HJ 2000—2010）6.1.3.1。

23. B

24. D　【解析】由题目所给条件可知，甲苯尾气浓度为 20 mg/m³，风量为 200 000 m³/h，甲苯的排放速率为：$20\times200\,000=4\,000\,000$（mg/h）=4（kg/h），气体

流量大，浓度低。低温等离子体法、催化氧化法和变压吸附法等工艺，宜用于气体流量大，浓度低的各类挥发性有机化合物废气处理。A 项，甲苯的水溶性不好，不适合用海水法；B 项，排烟再循环法不能使甲苯的量减少；C 项，适用于二氧化硫的吸收。

25. C　【解析】浓度接近在空气中的爆炸上限遇到明火易爆炸，不能用作燃料，A 不选。根据相似相溶原理（极性化合物易溶于极性的溶剂，非极性化合物易溶于非极性的溶剂），水洗涤不适用于有机废气，柴油可以用于有机废气的吸收，在低温下进行吸收，也使部分高沸点有机物直接冷凝为液体，C 正确。稀释后排放并未去除废气，不合理，排除 D。

26. C　【解析】设原污泥量为 a，则污泥含干泥量为：$a×（1-96\%）$；设现污泥量的含水率为 b，则污泥含干泥量为：$a×10\%×（1-b）$。因为污泥含干泥量始终不变，则 $a×（1-96\%）=a×10\%×（1-b）$。解得：$b=60\%$。

27. B　【解析】A^2/O（厌氧缺氧好氧）工艺是通过厌氧区、缺氧区和好氧区的各种组合以及不同的污泥回流方式来去除水中有机污染物和氮、磷等的活性污泥法污水处理方法。好氧段溶解氧一般要求在 $2\sim3$ mg/L，对于厌氧段和缺氧段，溶解氧越低越好，由于进水和回流等影响氧含量，但缺氧段至少保证小于 0.5 mg/L，厌氧段小于 0.2 mg/L。B 正确。

28. D　【解析】D 项，膜分离法分为微滤、超滤、纳滤和反渗透法。微滤用于去除粒径为 $0.1\sim10$ μg 的悬浮物、颗粒物、纤维和细菌；超滤适用于去除分子量为 $10^3\sim10^6$ Da 的胶体和大分子物质；纳滤适用于分离分子量在 $200\sim1\ 000$ Da、分子尺寸在 $1\sim2$ nm 的溶解性物质、二阶及高价盐等；反渗透适用于去除水中全部溶质，已用于脱盐及去除微量残留有机物。去除含胶体有机物的污水用膜分离法。A 项，过滤适用于混凝或生物处理后低浓度悬浮物的去除，多用于废水深度处理，包括中水处理。可采用石英砂、应遵循"以废治废"的原则，并考虑资源回收和综合利用。C 项，活性污泥法适用于去除污水中碳源有机物为主要目标，无氮、磷去除要求的情况。

29. B　【解析】为利于后续的生化处理，对于含有石油类废水的处理，一般先进行除油预处理，具体有隔油池、气浮或破乳—混凝—气浮、重力分离法等方法。甲苯、丙酮具有毒性，要在生化处理前处理；另甲苯、丙酮沸点不高、可挥发，可采用蒸汽汽提处理，经过重力油水分离—蒸汽汽提处理后的废水甲苯、丙酮、石油类浓度降低，可生化处理，如好氧处理。

30. C　【解析】废水处理技术可分为一级、二级和三级处理。一级处理通常被认为是一个沉淀过程，主要是通过物理处理法中去除废水中的悬浮状态的固体、呈分层或乳化状态的油类污染物。二级处理主要是去除水中的溶解性 BOD_5，并进一步去除悬浮固体物质，还可去除一定量的营养物（如氮、磷等）。三级处理是进一步去除废水中的其他污染成分（如氮、磷、微细悬浮物、微量有机物和无机盐等）。

31. D 【解析】有效处理硝基苯的工艺有：微电解、厌氧水解和 Fenton 氧化。废水处理方法中，中和处理法适用于酸性、碱性废水的处理，应遵循以废治废的原则，并考虑资源回收和综合利用。废水中含酸、碱浓度差别很大，一般来说，如酸、碱浓度在3%以上，则应考虑综合回收或利用；酸碱浓度在3%以下时，因回收利用的经济意义不大，才考虑中和处理。中和处理不能有效处理硝基苯。

32. B

33. C 【解析】UASB 即上流式厌氧污泥床反应器，属于厌氧生物处理法。

34. C 【解析】是否需要消毒以及消毒程度应根据废水性质、排放标准或再生水要求确定。为避免或减少消毒时产生的二次污染物，最好采用紫外线或二氧化氯消毒，也可用液氯消毒。臭氧消毒适用于污水的深度处理（如脱色、除臭等）。在臭氧消毒之前，应增设去除水中悬浮物和化学需氧量的预处理设施（如砂滤、膜滤等）。

35. C 36. D 37. A

38. B 【解析】曝气沉砂池集曝气和除砂为一体，可使沉砂中的有机物含量降低至5%以下，由于池中设有曝气设备，具有预曝气、脱臭、防止污水厌氧分解、除油和除泡等功能，为后续的沉淀、曝气及污泥消化池的正常运行以及污泥的脱水提供有利条件。

39. D 【解析】曝气是指向水中充气或机械搅动等方法增加水与空气接触面积的过程，产生并促使氧气有效地与水接触，在生物氧化作用不断消耗氧气的情况下提供氧气，保持水中一定的溶解氧浓度；除供氧外，还在曝气池区产生足够的搅拌混合作用，促进水的循环流动，使得活性污泥与废水充分的接触混合；维持混合液一定的运动速度，使活性污泥在混合液中始终保持悬浮状态。进一步把有机物降解成无机物。

40. B 【解析】芯片生产项目常产生 6 种废水：①含氮废水；②含氟废水；③BG/CMP 过程废水；④酸碱废水；⑤有机废水；⑥废气洗涤塔废水。其中含氟废水中的污染物主要包括：氨氮、氟化物、磷酸等。含氟废水现行的处理方法包括化学沉淀法、吸附法、混凝沉淀法、絮凝法、电凝聚法、离子交换树脂法、反渗透法、液膜法、电渗析法、冷冻法、超滤除氟、纳滤技术法、流化床结晶法、共蒸馏法和生化法等，其中化学沉淀法、吸附法和混凝沉降法最为常用。化学沉淀处理是向废水中投加某些化学药剂（沉淀剂），使其与废水中溶解态的污染物直接发生化学反应，形成难溶的固体生成物，然后进行固液分离，除去水中污染物。题干中的含氟废水可采用 $CaCl_2$ 混凝沉淀进行预处理。

41．C　【解析】《声环境影响评价技术导则》（HJ 2.4—2021）9.2.1，从建设项目的选址（选线）、规划布局、总图布置（跑道方位布设）和设备布局等方面进行调整，提出降低噪声影响的建议。噪声防治优先顺序：合理规划噪声源与声环境保护目标布局、噪声源、传播途径、声环境保护目标。选址布局是前提，先规避，再措施。

42．A　【解析】根据技术方法教材"防治噪声与振动污染的工程措施"的相关内容，对于由空气柱振动引发的空气动力性噪声的治理，一般采用安装消声器的措施。

43．D

44．A　【解析】《环境噪声与振动控制工程技术导则》（HJ 2034—2013）7.3.5.2，针对锅炉排气、高炉放风、化工工艺气体放散、空压机和各种风动工具的不同排气噪声特点和工艺要求，可在排气口合理选择安装具有扩散降速或变频机能的排气放空消声器。

45．B

46．A　【解析】根据《地铁设计规范》（GB 50157—2013），轨道减振级别分为中等减振、高等减振和特殊减振。中等减振的减振效果为 $10\sim15$ dB，其减振轨道构造主要有先锋扣件、弹性轨枕、弹性支撑块和梯形轨枕轨道；高等减振的减振效果为 $15\sim20$ dB，其减振轨道结构主要是浮置板轨道，包括橡胶浮置板轨道和钢弹簧浮置板轨道。

47．D

48．D　【解析】水泵引起的噪声超标是由于水泵的振动引起的。根据技术方法教材"防治噪声与振动污染的工程措施"的相关内容，当机器设备产生的振动可以引起固体声传导并引发结构噪声时，也应进行隔振降噪处理。

49．C

50．A　【解析】焚烧处置技术对环境的最大影响是尾气造成的污染，常见的焚烧尾气污染物包括：烟气、酸性气体、氮氧化物、重金属、二口恶英等。为防止二次污染，工况控制和烟气净化则是污染控制的关键。

51．A　【解析】《固体废物处理处置工程技术导则》（HJ 2035—2013）8.1.5.6，炉排式焚烧炉适用于生活垃圾焚烧，不适用与处理含水率高的污泥。

52．C　【解析】《固体废物处理处置工程技术导则》（HJ 2035—2013）8.1.5.6，回转窑焚烧炉适用于处理成分辅助、热值较高的一般工业固体废物。

53．A　54．B　55．B

56．A　【解析】《国家危险废物名录》，油泥、废催化剂属于危险废物；《危险废物贮存污染控制标准》6.1.1，贮存设施应根据危险废物的形态、物理化学性质、包装形式和污染物迁移途径，采取必要的防风、防晒、防雨、防漏、防渗、防腐以及其他环境污染防治措施，不应露天堆放危险废物。

57. D

58. C　【解析】《生活垃圾焚烧污染控制标准》，生活垃圾焚烧飞灰属于危险废物，应按危险废物进行安全处置；秸秆等农林废物焚烧飞灰和除危险废物外的固体废物焚烧炉渣应按一般固体废物处理。

59. B　【解析】卫生填埋场的合理使用年限应在 10 年以上，特殊情况下应不低于 8 年。

60. D　【解析】《环境影响评价技术导则　生态环境》（HJ 19—2022）9.1.2，优先采取避让方案，源头防止生态破坏，包括通过选址选线调整或局部方案优化避让生态敏感区，施工作业避让重要物种的繁殖期、越冬期、迁徙洄游期等活动期和特别保护期，取消或调整产生显著不利影响的工程内容和施工方式等。

61. A　62. D

63. D　【解析】需打桩作业的建设项目涉及越冬鸟类栖息地的路段时应做好施工规划，在鸟类越冬期减少高噪声施工作业，必要情况下设置临时声音屏障。因此，该建设项目施工期的打桩作业时间不应安排在冬季。

64. D　【解析】生态影响的防护、恢复、补偿原则：①应按照避让、减缓、补偿和重建的次序提出生态影响防护与恢复的措施；所采取措施的效果应有利修复和增强区域生态功能。②凡涉及不可替代、极具价值、极敏感、被破坏后很难恢复的敏感生态保护目标（如特殊生态敏感区、珍稀濒危物种）时，必须提出可靠的避让措施或生境替代方案。③涉及采取措施后可恢复或修复的生态目标时，也应尽可能提出避让措施；否则，应制定恢复、修复和补偿措施。各项生态保护措施应按项目实施阶段分别提出，并提出实施时限和估算经费。A 项属于补偿措施；C 项属于减缓措施；BD 两项均属于避让措施，但针对铁路，应采取隧道穿越的避让方式。

65. B　【解析】补偿是一种重建生态系统以补偿因开发建设活动而损失的环境功能的措施。补偿有就地补偿和异地补偿两种形式。就地补偿类似于恢复，但建立的新生态系统与原生态系统没有一致性；异地补偿则是在开发建设项目发生地无法补偿损失的生态功能时，在项目发生地以外实施补偿措施，如在区域内或流域内的适宜地点或其他规划的生态建设工程中补偿，最常见的补偿是耕地和植被的补偿。补偿措施体现社会群体等行使保护环境的权利，也体现生态保护的特殊性要求。

66. A　【解析】《环境影响评价技术导则　土壤环境（试行）》9.1.1 原文，土壤环境保护措施与对策应包括：保护的对象、目标、措施的内容、设施的规模及工艺、实施部位和时间、实施的保证措施、预期效果的分析等，在此基础上估算（概算）环境保护投资，并编制环境保护措施布置图。

67. B 【解析】《环境影响评价技术导则 土壤环境（试行）》9.1.3 原文，改、扩建项目应针对现有工程引起的土壤环境影响问题，提出'以新带老'措施，有效减轻影响程度或控制影响范围，防止土壤环境影响加剧。

68. A 【解析】《环境影响评价技术导则 土壤环境（试行）》9.2.2.2 原文，生态影响型建设项目应结合项目的生态影响特征、按照生态系统功能优化的理念、坚持高效适用的原则提出源头防控措施。

69. B 【解析】《污染场地土壤修复技术导则》5.2 提出修复目标原文，通过对前期获得的场地环境调查和风险评估资料进行分析，结合必要的补充调查，确认污染场地土壤修复的目标污染物、修复目标值和修复范围。

70. C 【解析】《污染场地土壤修复技术导则》6.2.2 现场中试原文，如对土壤修复技术适用性不确定，应在污染场地开展现场中试，验证试验修复技术的实际效果，同时考虑工程管理和二次污染防范等。

71. D 【解析】《污染场地土壤修复技术导则》5.2.3 确认修复范围原文，确认前期场地环境调查与风险评估提出的土壤修复范围是否清楚，包括四周边界和污染土层深度分布，特别要关注污染土层异常分布情况，比如非连续性自上而下分布。

72. A 【解析】《污染地块风险管控与土壤修复效果评估技术导则》6.1.1.3.5 原文，对于重金属和半挥发性有机物，在一个采样网格和间隔内可采集混合样。

73. B 【解析】Ⅱ类一般工业固体废物填埋场底部的防渗要求要高于Ⅰ类填埋场，即在天然基础层上方增加人工合成材料——高密度聚乙烯膜。Ⅱ类一般工业固体废物填埋场底部即为天然基础层，天然基础层也即包气带层，包气带层为地面与地下水面之间与大气相通的，含有气体的地带。因包气带下层为潜水水位以下岩层，岩层空隙均被水充满，称为饱水带，所以包气带又称非饱和带。因此 B 选项正确。

二、不定项选择题

1. ABCD 【解析】《大气污染治理工程技术导则》（HJ 2000—2010）4.2。

2. AC 【解析】《大气污染治理工程技术导则》（HJ 2000—2010）5.3，排气筒的高度应按《大气污染物综合排放标准》（GB 16297）和行业、地方排放标准的规定计算出的排放速率确定，排气筒的最低高度应同时符合环境影响报告批复文件要求。

3. ABCD 【解析】《大气污染治理工程技术导则》（HJ 2000—2010）5.3.4，应根据使用条件、功能要求、排气筒高度、材料供应及施工条件等因素，确定采用砖排气筒、钢筋混凝土排气筒或钢排气筒。

4. BD 【解析】《大气污染治理工程技术导则》（HJ 2000—2010）5.1，污染气体收集。

5. ABCD　6. ABD

7. ABCD　【解析】选择吸附剂时，应遵循的原则包括：①比表面积大，孔隙率高，吸附容量大；②吸附选择性强；③有足够的机械强度、热稳定性和化学稳定性；④抑郁再生和活化；⑤原料来源广泛，价廉易得。

8. AB　【解析】《大气污染治理工程技术导则》（HJ 2000—2010）7.6.4。酸液吸收法适用于净化氧化铅和蓄电池生产中产生的含铅烟气。碱液吸收法适用于净化化铅锅、冶炼炉产生的含铅废气。

9. ABC

10. BD　【解析】汞及其化合物废气一般处理方式是：吸收法、吸附法、冷凝法和燃烧法。砷、镉、铬及其化合物废气通常采用吸收法、过滤法处理。

11. ABC　【解析】D和E选项属湿式除尘器。

12. ABDE　【解析】在所有的除尘器中，电除尘器的投资成本相对较高，特别是高效电除尘器的初投资比达15。

13. ABCE　【解析】选项D是除尘器的经济指标。

14. AD　【解析】A项，吸附法适用于低浓度挥发性有机化合物废气的有效分离与去除。B项，膜分离法适用于高浓度挥发性有机化合物废气的分离与回收。C项，低温等离子体法适用于气体流量大、浓度低的各类挥发性有机化合物废气处理。

15. BCDE　16. ACE　17. ACD　18. CD　19. ABCDE　20. ACD

21. ABCD　【解析】《大气污染治理工程技术导则》（HJ 2000—2010）6.1.3.2，除尘器主要有机械式除尘器、湿式除尘器、袋式除尘器和静电除尘器。

22. ABC

23. AB　【解析】沉淀池可采用竖流式、平流式、辐流式或斜管（板）沉淀池等类型。活性污泥法后的二沉池不宜采用斜管（板）沉淀池。

24. AC　【解析】隔油、气浮方法是利用密度差异去除废水中的污染物。气浮适用于除水中密度小于 1 kg/L 的悬浮物、油类和脂肪，可用于污水处理，也可用于污泥浓缩。

25. BCD　26. ABD　27. AD

28. AC　【解析】废水中的重金属离子（如汞、镉、铅、锌、镍、铬、铁、铜等）、碱土金属（如钙、镁）、某些非金属（如砷、氟、硫、硼）均可采用化学沉淀处理过程去除。沉淀剂可选用石灰、硫化物、钡盐和铁屑等。Ni属于第一类污染物。对第一类污染物，不分行业和污水排放方式，也不受纳水体的功能类别，一律在车间或车间处理设施排放口考核；去除金属 Ni 时，调节 pH 为碱性，形成 Ni（OH）$_2$沉淀，再经固液分离装置去除沉淀物。

29. ABC　【解析】作为地下水环境修复的传统技术，水力控制技术包括抽注地下水、排出地下水、设置低渗透性屏障，这些方法可以单独使用或者联合使用来控制地下水污染。地下水污染水力控制技术包含的系统有：① 抽水（排水）系统；② 注水系统；③ 水动力屏障系统。抽水（排水）系统包括重力排水、浅井和群井、深井；注水系统包括补给水塘和注水井。

30．AB　【解析】在进行污染包气带土层及污染地下水恢复工程之前，必须控制污染源。如果污染源得不到控制，污染物仍源源不断地进入包气带土层及其下的地下水，恢复技术就不能可能取得成功。污染源的种类很多，但就其工程性质可分为两大类：不可清除的污染源和可清除的污染源。不可清除的污染源是指像城市垃圾、工业垃圾及放射性等人类活动中产生的固体废物，在目前的科学技术水平下，这些废物还不能完全被消除。可清除的污染源（如贮存罐、贮存箱、废油桶等）的控制措施一般是停止使用，或迁移到安全的地点。

31．ABCD　32．ABCD　33．ABCD　34．ACD　35．ABC

36．AD　【解析】选项 B 和 C 的说法对调才正确。

37．ABC　【解析】D 选项夜间停止运行，虽然属于管理措施，但是对于热电厂项目不可行。

38．ABD　【解析】C 选项，应该调整城市规划区功能，不是建城区。

39．ACD　【解析】B 项，铁路侧加 3 m 声屏障，对住宅高层的噪声防治无作用，但可以在穿越居民区路段加装封闭的隔声设施。

40．ABD　41．BCD　42．BCD

43．AC　【解析】选项 B 多了"未经处理"几个字，流化床式焚烧炉对物料的理化特性有较高的要求，适用于处理污泥、预处理后的生活垃圾及一般工业固体废物。回转窑焚烧炉适用于处理成分复杂、热值较高的一般工业固体废物。

44．CD　【解析】含油污泥是危险废物，不能在一般固废填埋场填埋，A 错误；含油污泥具有较大的危害性，对环境容易造成较大的污染，经过处理后可作为生产燃料，但运输、贮存等环节均有严格要求，不宜作为民用燃料直接出售，B 错误；炼化厂含油污泥含油量搞，可以油固分离后综合利用，C 正确；含油污泥中的有机物和潜在热量高，用于水泥窑协同处理可实现含油污泥的减量化、无害化、资源化，D 正确。

45．ACD

46．BD　【解析】选项 B 的正确说法是：烟气除尘设备应采用袋式除尘器；选项 D 的正确说法是：应减少烟气在 200～400℃温区的滞留时间。

47．ABCD　【解析】具有爆炸性、易燃性、浸出毒性、腐蚀性、传染性、放射性等的有毒有害废物不应进入卫生填埋场，不得直接填埋医疗废物和与衬层不相容的废物。

48．BCD　【解析】填埋场内应实行雨水与污水分流，减少运行过程中的渗滤液产生量。

49．ACD　【解析】宜对填埋气体进行收集和利用，难以回收和无利用价值时宜将其导出处理后排放。

50．ABC　【解析】选项 D 的正确说法是：贮存含硫量大于 1.5% 的煤矸石时，应采取防止自燃的措施。

51．ABCD　【解析】污水污泥的减量化处理包括使污泥的体积减小和污泥的质量减少，前者如采用污泥浓缩、脱水、干化等技术，后者如采用污泥消化、污泥焚烧等技术。

52．BD

53．ABCD　【解析】垃圾预处理、垃圾分类收集从源头控制污染物的产生；焚烧工况控制是从焚烧过程中减少污染物的产生；焚烧尾气净化是对产生的尾气进行处理。

54．BCD　【解析】水泥窑协同处置固体废物是指将满足或经过预处理后满足入窑要求的固体废物投入水泥窑，在进行水泥熟料生产的同时实现对固体废物的无害化处理过程。水泥窑协同处置固体废物的类型主要包括危险废物、生活垃圾、城市和工业污水处理污泥、动植物加工废物、受污染土壤、应急事件废物等。严禁利用水泥窑协同处置具有放射性、爆炸性和反应性废物，未经拆解的废家用电器、废电池和电子产品，含汞的温度计、血压计、荧光灯管和开关，铬渣，以及未知特性和未经过检测的不明性质废物。反应性废物是指经鉴别具有爆炸性质的危险废物和废弃氧化剂或有机过氧化剂。废盐酸属于废弃氧化剂，故不可利用水泥窑协同处置。

55．DE　【解析】根据危险废物安全填埋入场要求，废物可直接入场填埋的有两种情况。

56．ACD　【解析】生态环境保护战略特别注重保护三类地区：一是生态环境良好的地区，要预防对其破坏；二是生态系统特别重要的地区，要加强对其保护；三是资源强度利用，生态系统十分脆弱，处于高度不稳定或正在发生退化的地区。不同的地区因地制宜，贯彻实施各地生态环境保护规划，是生态环保措施必须实施的内容。

57．ACDE

58．ACD　【解析】土壤肥沃、主层较厚的地可种植乔木，土壤贫瘠、图层甚薄的地方，则只能中草本植物或灌木，根据题目，B 错误。

59．ABDE　60．CD

61．ACD　【解析】题干中已经明确给出要"减少占用耕地"，应按照避让、减缓、修复和补偿的次序提出生态影响防护与恢复的措施，所以 B 选项不正确；调整线路、以桥代路、收缩边坡都可以有效减少对耕地的占用，故选 ACD。

62. ABCD

63. ABD 【解析】生态监测的目的是：① 了解背景，即继续对生态的观察和研究，认识其特点和规律；② 验证假说，即验证环境影响评价中所做出的推论、结论是否正确，是否符合实际；③ 跟踪动态，即跟踪监测实际发生的影响，发现评价中未曾预料到的重要问题，并据此采取相应的补救措施。

64. ABCD

65. ABD 【解析】选项 C 的正确说法是：禁止在重要道路、航道两侧及重要生态环境敏感目标可视范围内进行对景观破坏明显的露天开采。

66. ABCD 67. ABCD

68. ABCD 【解析】《环境影响评价技术导则 土壤环境（试行）》9.1.1 原文，土壤环境保护措施与对策应包括：保护的对象、目标，措施的内容、设施的规模及工艺、实施部位和时间、实施的保证措施、预期效果的分析等，在此基础上估算（概算）环境保护投资，并编制环境保护措施布置图。

69. ACD 【解析】《环境影响评价技术导则 土壤环境（试行）》9.1.2 原文，在建设项目可行性研究提出的影响防控对策基础上，结合建设项目特点、调查评价范围内的土壤环境质量现状，根据环境影响预测与评价结果，提出合理、可行、操作性强的土壤环境影响防控措施。

70. ABC 【解析】《环境影响评价技术导则 土壤环境（试行）》9.2.3.2 原文，涉及酸化、碱化影响的可采取相应措施调节土壤 pH 值，以减轻土壤酸化、碱化的程度；涉及盐化影响的，可采取排水排盐或降低地下水位等措施，以减轻土壤盐化的程度。

71. BD 【解析】《环境影响评价技术导则 土壤环境（试行）》9.2.2 原文，污染影响型建设项目应针对关键污染源、污染物的迁移途径提出源头控制措施，并与 HJ 2.2、HJ 2.3、HJ 19、HJ 169、HJ 610 等标准要求相协调。

72. ABC 【解析】土壤盐渍化是由于地下水水位较高（埋深较浅），水分蒸发，留下盐类矿物质，致使土壤盐泽化。水位埋深越浅，矿化度越高，盐渍化程度越重。因此，直接用排水沟排盐或者降低地下水水位是有效的过程防控措施。种植耐盐植物可以减少蒸发，控制积盐。调节 pH 是防控土壤酸碱化措施。故选 ABC。

73. ABD

74. ABD 【解析】《环境影响评价技术导则 土壤环境（试行）》9.2.3，过程防控措施，建设项目根据行业特点与占地范围内的土壤特性，按照相关技术要求采取过程阻断、污染物削减和分区防控措施。

75. ACD 【解析】垃圾填埋二次污染的防治方法：（2）填埋气的净化。溶剂吸收法是目前较为成熟的沼气净化方法，如采用双塔式溶剂吸收法提纯垃圾沼气，设备简单、成本低、操作简便，净化效果好。

采用 MDEA 作为 CO_2 的吸收剂，可分离垃圾沼气中的 CH_4，供作汽车燃料，或作高热质燃气并入天然气管网用于工业锅炉、民用燃气或发电。

上述工艺的 CO_2 脱除率大于 90%，甲烷回收率 90%～95%，净化气中甲烷含量高于 90%，据介绍，北京某环境工程技术有限公司已进行了该类净化技术的开发。其净化技术为吸收法，操作费用低，投资少，净化度高；所有设备均为国产，操作简单，无二次污染，工艺符合中国国情。

第六章 环境管理与环境监测

一、单项选择题（每题的备选选项中，只有一个最符合题意）

1. 根据《建设项目环境影响评价技术导则 总纲》，按建设项目不同阶段、针对不同工况、不同环境影响和（   ），提出具体环境管理要求。

   A. 大气环境敏感性　　　　　　　B. 环境风险特征

   C. 要素　　　　　　　　　　　　D. 生产工艺

2. 根据《建设项目环境影响评价技术导则 总纲》，环境监测计划主要内容不包括（   ）。

   A. 监测频次　　　　　　　　　　B. 监测数据采集与处理

   C. 监测期间气象条件　　　　　　D. 监测网点的布设

3. 根据《建设项目环境影响评价技术导则 总纲》，污染源监测不包括（   ）。

   A. 对污染源的定期监测

   B. 对污染治理设施的运转的不定期监测

   C. 在线监测设备的布设

   D. 污染源监测应至少取得 7 天的有效数据

4. 在地下水环境监测中，确定监测层位最主要的依据为（   ）。

   A. 建设项目地理位置　　　　　　B. 含水层的结构特点

   C. 排放污染物的种类　　　　　　D. 排放污染物的数量

5. 某排污单位制定自行监测方案，监测内容不包括（   ）。

   A. 污染物排放监测　　　　　　　B. 关键工艺参数监测

   C. 制定排污标准　　　　　　　　D. 污染治理设施处理效果监测

6. 排污单位环境管理台账中对于发生变化的基本信息，记录频次为（   ）。

   A. 1 次/年　　　　　　　　　　B. 5 次/年

   C. 1 次/3 年　　　　　　　　　D. 发生变化时记录 1 次

7. 排污单位环境管理纸质台账与电子台账原则上保存时间分别不低于（   ）。

   A. 1 年，1 年　　B. 3 年，3 年　　C. 5 年，5 年　　D. 3 年，5 年

8. 对于存在较大潜在人群健康风险的建设项目，应提出（   ）。

   A. 环境管理要求　　　　　　　　B. 生态监测方案

C. 定点监测计划　　　　　　　　　D. 环境跟踪监测计划

9. 固定污染源烟气在线监测系统（CEMS）数据失控时段可修约的数据为（　　）。

　　A. 污染物排放量　　　　　　　　　B. 污染物排放浓度

　　C. 烟气参数　　　　　　　　　　　D. 有效数据捕集率

10. 废水采样过程中，不能在采样前用废水荡洗采样器具和样品容器的监测分析项目的是（　　）。

　　A. 石油类　　　　B. 氰化物　　　　C. 氨氮　　　　　D. pH

11. 对下泄流量有泄放要求的建设项目，在闸坝下游应设置（　　）监测系统。

　　A. 流速　　　　　　B. 水量　　　　　C. 生态流量　　　D. 水温

12. 排放口 COD 水质在线监测缺失时，其替代值的计算方法为（　　）。

　　A. 缺失时段上推至与缺失时段相同长度的前一时间段监测值的算数平均值

　　B. 缺失时段上推至与缺失时段相同长度的前一时间段监测值的中位值

　　C. 缺失时段前 2 日监测值算数平均值

　　D. 缺失时段前 4 日监测值算数平均值

二、不定项选择题（每题的备选项中至少有一个符合题意）

1. 某煤制烯烃项目废水全部回用，根据监测技术规范和排放标准要求，环境监测计划中除废气监测点外，还需设置的要素监测点有（　　）。

　　A. 企业厂界噪声监测点　　　　　　B. 全厂雨水监控池排放口

　　C. 地下水环境跟踪监测井　　　　　D. 厂界环境空气质量监测点

2. 某新建高速公路以隧道方式穿越一植被茂密的山体，该项目运营期隧道穿越段应进行的生态监测内容有（　　）。

　　A. 地下水水位　　　　　　　　　　B. 地下水水质

　　C. 鸟类生态习性　　　　　　　　　D. 植物生长状况

3. 关于排污单位自行监测，属于主要排放口的有（　　）。

　　A. 主要污染源的废气排放口

　　B. 主要污染源与一般污染源共用的排放口

　　C. "排污许可证申请与核发技术规范"确定的主要排放口

　　D. 非重点行业焚烧炉废气排放口

4. 按照国家有关规定，重点排污单位应当（　　）。

　　A. 安装使用监测设备　　　　　　　B. 保证监测设备正常运行

　　C. 恢复周边生态　　　　　　　　　D. 保存原始监测记录

5. 下列关于重点排污单位废气自行监测指标的最低监测频次的说法，正确的是

（ ）。

    A. 主要排放口主要监测指标，每半年到每年一次

    B. 主要排放口其他监测指标，每年一次

    C. 其他排放口监测指标，每半年到每年一次

    D. 主要排放口主要监测指标，每个月到每季度一次

  6. 排污单位环境管理台账记录内容包括（ ）。

    A. 基本信息   B. 生产设施运行管理信息

    C. 污染防治设施运行管理信息   D. 监测记录信息

  7. 下列选项中，属于确定监测频率需要遵循的原则是（ ）。

    A. 能反映污染物的长期波动

    B. 满足趋势分析的需要

    C. 满足精度需要，能区别污染物随时间的变化

    D. 能反映土地利用的变化对水质的影响

  8. 关于重点排污单位废水自行监测指标的最低监测频次，正确的是（ ）。

    A. 主要排放口主要监测指标，每日到每月一次

    B. 主要排放口其他监测指标，每季度到每半年一次

    C. 其他排放口监测指标，每季度到每半年一次

    D. 主要排放口主要监测指标，每季度一次

  9. 根据项目规模、生态影响特点及所在区域的生态敏感性，需要长期跟踪监测的是（ ）。

    A. 新建码头项目   B. 高等级航道项目

    C. 围填海项目   D. 大型海上机场

  10. 锅炉烟气 SO_2 排放连续监测系统，除 SO_2 浓度外还应包括的测量点烟气参数有（ ）。

    A. 烟气流量   B. 烟气温度和压力

    C. 烟气含氧量   D. 烟气湿度

  11. 对于地下水一级评价的建设项目，跟踪监测点数量一般不少于 3 个，应至少在（ ）各布设 1 个。

    A. 建设项目场地   B. 建设项目场地上游

    C. 建设项目场地下游   D. 建设项目场地侧向

参考答案

一、单项选择题

1．B　【解析】《建设项目环境影响评价技术导则　总纲》9.1原文，按建设项目建设阶段、生产运行、服务期满后（可根据项目情况选择）等不同阶段，针对不同工况、不同环境影响和环境风险特征，提出具体环境管理要求。

2．C　【解析】《建设项目环境影响评价技术导则　总纲》9.4原文，环境监测计划应包括污染源监测计划和环境质量监测计划，内容包括监测因子、监测网点布设、监测频次、监测数据采集与处理、采样分析方法等，明确自行监测计划内容。

3．D　【解析】《建设项目环境影响评价技术导则　总纲》9.4原文，a）污染源监测包括对污染源（包括废气、废水、噪声、固体废物等）以及各类污染治理设施的运转进行定期或不定期监测，明确在线监测设备的布设和监测因子。

4．B　【解析】层位的确定依据以下原则：①含水层的结构特点是确定监测层位最主要的依据。含水层结构决定着地下水径流特征和污染物的迁移特点，含水层之间的水力联系决定了污染物的迁移方向和迁移能力。②建设项目的特点也是确定监测层位的重要参考依据。污染物由地表水污染地下水的建设项目，重点监测潜水含水层；污染物在地下或者含水层以下的建设项目，监测层位应兼顾污染物直接进入的含水层。③根据不同类型的特征因子的物理、化学性质及在含水层中的迁移转化规律，确定监测层位深度。

5．C　【解析】《排污单位自行监测技术指南　总则》，监测内容包括污染物排放监测、周边环境质量影响监测、关键工艺参数监测、污染治理设施处理效果监测。

6．D　【解析】《排污单位环境管理台账及排污许可证执行报告技术规范　总则（试行）》4.4.1原文，对于未发生变化的基本信息，按年记录，1次/年；对于发生变化的基本信息，在发生变化时记录1次。

7．B　【解析】《排污单位环境管理台账及排污许可证执行报告技术规范　总则（试行）》，纸质台账、电子台账保存时间原则上均不低于3年。

8．D　【解析】《建设项目环境影响评价技术导则　总纲》9.4原文，d）对存在较大潜在人群健康风险的建设项目，应提出环境跟踪监测计划。

9．A　【解析】《固定污染源烟气（SO_2、NO_x、颗粒物）排放连续监测技术规范》（HJ 75—2017），CEMS系统数据失控时段污染物排放量按照规范需求进行修约，污染物浓度和烟气参数不修约。

10. A 【解析】《污水监测技术规范》（HJ 91.1—2019）6.5.8c，部分监测项目保存方式不同，须单独采集储存，如动植物油类、石油类、硫化物、挥发酚、氰化物、余氯、微生物等。

11. C 【解析】《环境影响评价技术导则 地表水环境》9.3.5，对下泄流量有泄放要求的建设项目，在闸坝下游应设置生态流量监测系统。

12. A 【解析】《水污染源在线监测系统（COD_{Cr}、NH_3-N 等）数据有效性判别技术规范》（HJ 356—2007），缺少水质自动分析仪监测值内容包括：缺少 COD_{Cr}、NH_3-N、TP 监测值以缺失时间段上推至与缺失时间段相同长度的前一时间段监测值的算术平均值替代，缺失 pH 值以缺失时间段上推至与缺失时间段相同长度的前一时间段 pH 值中位值替代。如前一时间段数据缺失，再依次往前类推。

二、不定项选择题

1. ABCD 【解析】《排污单位自行监测技术指南 总则》5.1，监测内容包括污染物排放监测、周边环境质量影响监测、关键工艺参数监测、污染治理设施处理效果监测。

2. CD 【解析】生态监测是观测与评价生态系统的自然变化及对人为变化所做出的反应，是对各类生态系统结构和功能的时空格局变量的测定。项目运营期隧道穿越段应进行的监测包括鸟类生态习性和植物生长状况。

3. ABC 【解析】《排污单位自行监测技术指南 总则》5.2.1.1 原文，符合以下条件的废气排放口为主要排放口：a）主要污染源的废气排放口、b）"排污许可证申请与核发技术规范"确定的主要排放口、c）对于多个污染源共用一个排放口的，凡涉主要污染源的排放口均为主要排放口。

4. ABD

5. CD 【解析】《排污单位自行监测技术指南 总则》5.2.1.4。

6. ABCD 【解析】《排污单位自行监测技术指南 总则》4.3。

7. BCD 【解析】监测频率的确定遵循以下原则：①监测频率的确定主要根据水文地质概念模型，此外还需要考虑满足趋势分析的需要；②分析监测点位与污染源的关系，对于位于污染源下游的点位需增加监测频率；③满足精度需要，能区别污染物随时间的变化；④能反映污染物的短期波动，如季节性波动；⑤能反映土地利用的变化对水质的影响。

8. AC 【解析】《排污单位自行监测技术指南 总则》5.3.3.2。

9. ABC 【解析】《环境影响评价技术导则 生态影响》9.3，生态监测和环境管理，结合项目规模、生态影响特点及所在区域的生态敏感性，针对性地提出全生命周期、长期跟踪或常规的生态监测计划，提出必要的科技支撑方案。大中型水利水电项目、采掘类项目、新建 100 km 以上的高速公路及铁路项目、大型海上机场项目等应开展全生命周期生态监测；新建 50～100 km 的高速公路及铁路项目、新建码头项目、高等级航道项目、围填海项目以及占用或穿（跨）越生态敏感区的其他项目应开展长期跟踪生态监测：（施工期并延续至正式投运后 5～10 年），其他项目可根据情况开展常规生态监测。

10. ABCD【解析】根据固定污染源烟气（SO_2、NO_x、颗粒物）排放连续监测系统技术要求及检测方法（HJ 76—2017），4.1 系统组成：CEMS 由颗粒物监测单元和（或）气态污染物 SO_2 和（或）NO_x 监测单元、烟气参数监测单元、数据采集与处理单元组成。系统测量烟气中颗粒物浓度、气态污染物 SO_2 和（或）NO_x 浓度、烟气参数（温度、压力、流速或流量、湿度、含氧量等），同时计算烟气中污染物排放速率和排放量，显示（可支持打印）和记录各种数据和参数，形成相关图表，并通过数据、图文等方式传输至管理部门。

11. ABC 【解析】《环境影响评价技术导则　地下水环境》11.3.2.1 原文，跟踪监测点数量要求：a）一级、二级评价的建设项目，一般不少于 3 个，应至少在建设项目场地及其上、下游各布设 1 个。一级评价的建设项目，应在建设项目的平面布置基础上，结合预测评价结果和应急响应时间要求，在重点污染风险源处增设监测点。

第七章 环境风险分析

一、单项选择题（每题的备选选项中，只有一个最符合题意）

1．根据《建设项目环境风险评价技术导则》，依据（　　　），将大气环境敏感程度分为三级。

    A．大气环境敏感性　　　　　　　　B．环境敏感目标环境敏感性

    C．人口密度　　　　　　　　　　　D．大气功能敏感性

2．某煤化工项目厂区雨水由北向南汇集，经雨水干管排入厂外园区市政雨水管网，经小河汇入黄河的一级支流。该项目环境风险评价时，分析判断地表水环境敏感程度应调查的内容是（　　　）。

    A．该项目污水处理厂处理工艺

    B．该项目消防水管网布置

    C．厂区周围分散式水源井分布

    D．事故情况下废水排至地表水体的潜在通道

3．某建设项目涉及的物质和工艺系统的危险性等级为 P2，项目所在地的环境敏感程度为 E2，则该建设项目环境风险潜势划分为（　　　）级。

    A．Ⅰ　　　　　　B．Ⅱ　　　　　　C．Ⅲ　　　　　　D．Ⅳ

4．建设项目环境风险评价中，最大可信事故是指（　　　）。

    A．在所有预测的概率不为零的事故中，对环境（或健康）危害最严重的事故

    B．在所有预测的概率大于1的事故中，对环境（或健康）危害最严重的事故

    C．基于经验统计分析，在一定可能性区间内发生的事故中，造成环境危害最严重的事故

    D．基于合理计算，在一定可能性区间内发生的事故中，造成环境危害最严重的事故

5．关于事故源强的确定，下列说法正确的是（　　　）。

    A．事故源强设定可采用事件树分析法、计算法和经验估算法

    B．火灾伴生/次生的污染物释放可使用计算法确定事故源强

    C．以应力作用引起的泄漏型为主的事故可使用经验估算法确定事故源强

    D．计算法适用于以腐蚀或应力作用等引起的泄漏型为主的事故

6. 环境风险识别中的生产系统危险性识别不包括（　　）。

A. 主要生产装置　　　　　　　　B. 公用工程

C. 主要原辅材料　　　　　　　　D. 辅助生产设施

7. 气体泄漏速率计算公式 $Q_G = YC_dAP\sqrt{\dfrac{M\gamma}{RT_G}\left(\dfrac{2}{\gamma+1}\right)^{\frac{\gamma+1}{\gamma-1}}}$，$\gamma$ 表示（　　）。

A. 流出系数　　　　　　　　　　B. 气体的绝热指数

C. 气体泄漏系数　　　　　　　　D. 气体常数

8. $\dfrac{P_0}{P} \leqslant \left(\dfrac{2}{\gamma+1}\right)^{\frac{\gamma}{\gamma-1}}$ 成立的条件是（　　）。

A. 气体流动属于亚音速流动　　　B. 气体流动属于音速流动

C. 气体流动属于紊流　　　　　　D. 气体流动属于黏滞流

9. 公式（　　）是用来计算过热液体闪蒸蒸发速率的。

A. $Q_1 = Q_L \times F_v$

B. $Q_G = YC_dAP\sqrt{\dfrac{M\gamma}{RT_G}\left(\dfrac{2}{\gamma+1}\right)^{\frac{\gamma+1}{\gamma-1}}}$

C. $Q_3 = \alpha p\dfrac{M}{RT_0}u^{\frac{(2-n)}{(2+n)}}r^{\frac{(4+n)}{(2+n)}}$

D. $Q_2 = \dfrac{\lambda S \times (T_0 - T_b)}{H\sqrt{\pi \alpha t}}$

10. 当包气带防污性能为 D1，地下水功能性敏感性为 G2 时，其对应的地下水环境敏感程度应达到（　　）。

A. E1　　　　　B. E2　　　　　C. E3　　　　　D. E4

11. 进行物质泄漏量计算时，一般情况下，设置紧急隔离系统的单元，泄漏时间可设定为（　　）min。

A. 30　　　　　B. 15～30　　　　C. 15　　　　　D. 10

12. 关于事故源强的确定，以下说法错误的是（　　）。

A. 装卸事故，泄漏量按装卸物质流速和管径及失控时间计算

B. 油气长输管线泄漏事故，按管道截面 50%断裂估算泄漏量

C. 油气长输管线泄漏事故，截断阀启动前，泄漏量按实际工况确定

D. 水体污染事故源强应结合污染物释放量、消防用水量及雨水量等因素综合确定

13. 某废旧轮胎综合利用项目发生事故时，该项目危险物质可能泄漏到厂址西南侧 1 900 m 处的一地表水体（水域环境功能为Ⅱ类），该泄漏排放点下游（顺水

流向） 3 km 处有一重要水生生物的自然产卵场。该项目环境风险评价地表水环境敏感程度分级判定为（　　）。

A．E1 环境高度敏感区　　　　　B．E3 环境低度敏感区

C．无法判定　　　　　　　　　　D．E2 环境中度敏感区

14．应急储存设施不应根据（　　）确定。

A．发生事故的设备容量　　　　　B．事故时消防用水量

C．可能进入应急储存设施的雨水量　D．最大生产设备容量

15．某甲醇生产装置甲醇精馏单元采用三塔精馏工艺，自动控制每塔的流量。建设项目环境风险评价中，下列事故风险源项单元划分，正确的是（　　）。

A．单塔分别作为危险单元

B．两塔组合作为危险单元

C．三塔整体作为一个危险单元

D．甲醇生产装置整体作为一个危险单元

16．某建设项目环境风险评价专题对项目突发环境事件应急预案提出了与园区、地方政府突发事件应急预案相衔接的要求。当事故状态下需要疏散周边居民及有关人员时，下达撤离指令的机构是（　　）。

A．发生事故的车间　　　　　　　B．需要疏散区域的居民委员会

C．园区应急指挥中心　　　　　　D．企业总经理办公室

17．企业突发环境事件应急预案应体现（　　）。

A．主要危险物质　　　　　　　　B．优化的平面布局

C．分级响应、区域联动的原则　　D．现有环境风险防范措施的有效性

18．环境风险评价结论中，对（　　）的建设项目，须提出环境影响后评价的要求。

A．涉及剧毒物质　　　　　　　　B．存在较大环境风险

C．位于敏感区　　　　　　　　　D．污染物排放量较大

19．某油品储罐事故情形设定储罐防火堤内形成液池火灾，液池的有效面积为 2 357.1 m³，油品的燃烧速度为 0.044 5 kg/（m²·s）。油品火灾次生的 CO 产生量可以按 G_{CO}=2 330 qCQ 估算，取碳含量85%，化学不完全燃烧值5%，该事故情形 CO 产生的源强是（　　）kg/s。

A．10.39　　　　B．12.22　　　　C．207.74　　　　D．244.39

20．某建设项目涉及的危险物质有甲烷、甲醇，厂内物质贮存总量分别为 3 t 和 4 t，甲烷和甲醇临界量均为 10 t，则该项目风险潜势是（　　）。

A．Ⅰ　　　　　　B．Ⅱ　　　　　　C．Ⅲ　　　　　　D．Ⅳ

21．某盐酸甲罐区存储盐酸 600 m³，罐区围堰内净空容量为 100 m³，事故废

水管道容量为 10 m³，消防设施最大给水流量为 18 m³/h，消防实施对应的设计消防历时为 2 h，发生事故时在 2 h 内可以转输到乙罐区盐酸 80 m³，发生事故时生产废水及雨水截断无法进入事故废水管道，则在甲罐区设置的应急池设计容量至少为（　　）m³。

　　A．410　　　　　B．546　　　　　C．456　　　　　D．446

22．油气长输管线泄漏事故，按管道截面（　　）断裂估算泄漏量，应考虑截断阀启动前、后的泄漏量。

　　A．25%　　　　　B．50%　　　　　C．75%　　　　　D．100%

23．不属于环境风险三级评价基本要求的附图是（　　）。

　　A．环境敏感目标位置图　　　　　　B．危险单元分布图

　　C．预测结果图　　　　　　　　　　D．评价范围图

24．某项目危险物质数量与临界量比值 $Q \geq 100$，行业及生产工艺为 M3，其对应的工艺系统危险性等级为（　　）。

　　A．P1　　　　　B．P2　　　　　C．P3　　　　　D．P4

25．在生产系统危险性识别中，分析危险单元内潜在风险源的依据是（　　）。

　　A．生产工艺流程　　　　　　　　　B．物质危险性

　　C．平面布置功能区　　　　　　　　D．危险单元

26．某柴油圆形长输管道，用伯努利方程 $Q_L = C_d A \rho \sqrt{\dfrac{2(P - P_0)}{\rho} + 2gh}$ 计算液体泄漏速率，当雷诺系数 Re＞100，裂口形状为圆形，环境压力与管道压力平衡的情况下，液体泄漏速率为（　　）。

　　A．$Q_L = 0.65 A \rho \sqrt{2gh}$　　　　　　B．$Q_L = 0.55 A \rho \sqrt{2gh}$

　　C．$Q_L = 0.50 A \rho \sqrt{2gh}$　　　　　　D．$Q_L = A \rho \sqrt{2gh}$

27．某石化项目按 $V_{总} = (V_1 + V_2 - V_3)_{max} + V_4 + V_5$ 校核事故废水储存设施的总有效容积，估算厂区事故废水量时，消防水量和物料量 $(V_1 + V_2 - V_3)_{max}$ 为 12 960 m³；收集的雨水量 V_5 为 26 600 m³；进入该收集系统的生产废水量 V_2 暂不考虑。事故废水收集和储存系统的设计总有效容积 V 总应为（　　）m³。

　　A．13 600　　　　B．12 900　　　　C．27 000　　　　D．40 000

28．事故水环境风险防范措施中，应明确（　　）的环境风险防控体系要求。

　　A．封堵系统　　　　　　　　　　　B．应急储存设施

　　C．单元—厂区—园区/区域　　　　　D．预防为主

二、不定项选择题（每题的备选项中至少有一个符合题意）

1. 在建设项目环境风险评价中，大气环境敏感程度分级表述正确的是
（　　）。
  A. 环境风险受体的敏感性依据环境敏感目标敏感性及人口密度划分
  B. 环境风险受体的敏感区分为环境高度敏感区、环境中度敏感区和环境不敏
    感区
  C. 周边 500 m 范围内人口总数小于 500 人的，大气环境敏感程度为 E3 级
  D. 油气、化学品输送管线管段周边 500 m 范围内，每千米人口数量是大气环境
    环境敏感程度分级依据

2. 环境风险潜势，是对建设项目潜在环境危害程度的概化分析表达，是基于
（　　）的综合表征。
  A. 建设项目涉及的物质　　　　　B. 建设项目涉及的工艺系统危险性
  C. 所在地环境敏感程度　　　　　D. 建设项目类别

3. 建设项目环境风险识别内容包括（　　）。
  A. 物质危险性识别　　　　　　　B. 危险物质向环境转移途径识别
  C. 生产系统危险性识别　　　　　D. 环境敏感目标识别

4. 关于危险物质数量与临界量比值（Q），以下说法正确的是（　　）。
  A. 计算所涉及的每种危险物质在厂界内的最大存在总量与其在附录 B 中对应临
    界量的比值 Q
  B. 在不同厂区的同一种物质，按其在厂界内的最大存在总量计算
  C. 长输管线项目，按照两个截断阀室之间管段危险物质最大存在总量计算
  D. 将 Q 值划分为：$1 \leq Q < 10$、$10 \leq Q < 100$、$Q \geq 100$

5. 以下属于生产系统危险性识别内容的是（　　）。
  A. 生产装置　　　　　B. 储运设施　　　　　C. 公用工程
  D. 辅助生产设施　　　E. 环境保护设施

6. 采用计算法确定事故源强，适用于（　　）。
  A. 火灾伴生/次生的污染物释放
  B. 爆炸伴生/次生的污染物释放
  C. 腐蚀作用引起的泄漏型为主的事故
  D. 应力作用引起的泄漏型为主的事故

7. 某聚氯乙烯项目，以电石为原料，乙炔与氯化氢在汞触媒作用下生成聚乙烯
单体，聚合生产产品聚乙烯。该项目事故风险源分析应包括（　　）。
  A. 聚合单元　　　　　　　　　　B. 生产控制室

    C. 氯化氢输送管道   D. 电石存放库

8. 液体泄漏速率 Q_L 用伯努利方程计算 $Q_L = C_d A \rho \sqrt{\dfrac{2(P - P_0)}{\rho} + 2gh}$ ，式中液体泄漏系数 C_d 的影响因素包括（   ）。

    A. 雷诺数   B. 液体比重

    C. 裂口形状   D. 容器内介质压力

9. 企业突发环境事件应急预案的编制内容包括（   ）等。

    A. 预案适用范围   B. 环境事件分类与分级

    C. 组织机构与职责   D. 善后处置

    E. 预案管理与演练等内容

10. 环境风险管理过程中，应（   ）。

    A. 针对主要风险源，提出设立风险监控及应急监测系统

    B. 实现事故预警和快速应急监测、跟踪

    C. 提出应急物资的管理要求

    D. 提出人员的管理要求

11. 风险事故源强设定可以采用的数据有（   ）。

    A. 液体泄漏速率理论估算数据   B. 同类事故类比源强数据

    C. 事故源强设计数据   D. 雨水收集池数据

12. 影响泄漏液体质量蒸发速率的因素包括（   ）。

    A. 环境温度   B. 风速

    C. 液体表面蒸气压   D. 液池半径

13. 属于建设项目环境风险评价基本附表要求的有（   ）。

    A. 建设项目环境敏感特征表   B. 事故源项及事故后果基本信息表

    C. 大气风险预测模型主要参数表   D. 环境风险评价自查表

14. 对于长输管道运输项目评估生产工艺情况，项目评估中分段评价的依据是（   ）。

    A. 站场   B. 阀门   C. 管线   D. 控制台

15. 某液体散货码头项目主要装卸货品为液体化学品。码头项目可能发生的海域环境风险有（   ）。

    A. 码头作业人员落水   B. 船载化学品泄漏入海

    C. 装船化学品喷溅入海   D. 工作船顶推作业

16. 某甲醛生产装置主要危险单元及危险物料见下表。该装置环境风险事故类型有（   ）。

　　A. 甲醇爆炸事故　　　　　　　　　　　B. 反应器火灾事故

　　C. 事甲醛储罐泄漏事故　　　　　　　　D. 甲醛输送管道破裂事故

17. 下列设施中，属于石化项目水体风险防控措施的有（　　　）。

　　A. 消防水储罐　　　　　　　　　　　　B. 车间排水监测井

　　C. 消防废水收集池　　　　　　　　　　D. 有机液体罐区围堰

18. 质量蒸发中，（　　　）决定液池最大直径。

　　A. 泄漏点附近的地域构型　　　　　　　B. 围堰厚度

　　C. 泄漏的连续性或瞬时性　　　　　　　D. 液体泄漏量

参考答案

一、单项选择题

1. A　【解析】《建设项目环境风险评价技术导则》附录 D.1 原文，大气环境，依据环境敏感目标环境敏感性及人口密度划分环境风险受体的敏感性，共分为三种类型，E1 为环境高度敏感区，E2 为环境中度敏感区，E3 为环境低度敏感区，分级原则见表 D.1。

2. D　【解析】《建设项目环境风险评价技术导则》附录 D.2 原文，地表水敏感程度要根据排放点进入地表水水域环境功能，排放点下游一定范围内水体敏感目标情况判定。

3. C　【解析】《建设项目环境风险评价技术导则》6.1 原文，危险物质及工艺系统危险性为 P2，项目所在地的环境敏感程度为 E2，则该建设项目环境风险潜势划为Ⅲ级。

4. C　【解析】《建设项目环境风险评价技术导则》3.6 原文，最大可信事故是基于经验统计分析，在一定可能性区间内发生的事故中，造成环境危害最严重的事故。

5. D　【解析】《建设项目环境风险评价技术导则》8.2.2 原文，事故源强设定可采用计算法和经验估算法。计算法适用于以腐蚀或应力作用等引起的泄漏型为主的事故；经验估算法适用于以火灾、爆炸等突发性事故伴生/次生的污染物释放。

6. C　【解析】环境风险识别中的生产系统危险性识别包括主要生产装置、储运设施、公用工程和辅助生产设施，以及环境保护设施等。

7. B　【解析】《建设项目环境风险评价技术导则》附录 F.1.2，γ——气体的绝热指数（比热容比），即定压比热容 C_p 与定容比热容 C_V 之比。

8. B 【解析】当 $\dfrac{P_0}{P} \leqslant \left(\dfrac{2}{\gamma+1}\right)^{\frac{\gamma}{\gamma-1}}$ 成立时，气体流动属音速流动；当 $\dfrac{P_0}{P} > \left(\dfrac{2}{\gamma+1}\right)^{\frac{\gamma}{\gamma-1}}$

成立时，气体流动属于亚音速流动。

9. A 【解析】选项 B 是气体泄漏速率计算公式，选项 C 是质量蒸发速率计算公式，选项 D 是热量蒸发速率的估算公式。

10. A 【解析】当包气带防污性能为 D1，地下水功能敏感性为 G2 时，地下水环境敏感性程度为 E1。

包气带防污性能	地下水功能敏感性		
	G1	G2	G3
D1	E1	E1	E2
D2	E1	E2	E3
D3	E2	E3	E3

11. D 【解析】《建设项目环境风险评价技术导则》8.2.2.1 原文，泄漏时间应结合建设项目探测和隔离系统的设计原则确定。一般情况下，设置紧急隔离系统的单元，泄漏时间可设定为 10 min。

12. B 【解析】《建设项目环境风险评价技术导则》8.2.2.3 原文，a）装卸事故，泄漏量按装卸物质流速和管径及失控时间计算，失控时间一般可按 5～30 min 计。b）油气长输管线泄漏事故，按管道截面 100% 断裂估算泄漏量，应考虑截断阀启动前、后的泄漏量。截断阀启动前，泄漏量按实际工况确定；截断阀启动后，泄漏量以管道泄压至与环境压力平衡所需要时间计。c）水体污染事故源强应结合污染物释放量、消防用水量及雨水量等因素综合确定。

13. A 【解析】《建设项目环境风险评价技术导则》附录 D2 原文，地表水环境敏感程度分级依据事故情况下危险物质泄漏到水体的排放点受纳地表水体功能敏感性与下游环境敏感目标情况判定。水体功能 II 类对应地表水功能敏感程度为 F1；重要水生物自然产场对应敏感目标分级为 S1，则敏感程度为 E1，选项 A 正确。

14. D 【解析】《建设项目环境风险评价技术导则》10.2.2 原文，应急储存设施应根据发生事故的设备容量、事故时消防用水量及可能进入应急储存设施的雨水量等因素综合确定。

15. D 【解析】源项分析的步骤中，通常按功能划分建设项目工程系统，一般建设项目有生产运行系统、公用工程系统、储运系统、生产辅助系统、环境保护系统、安全消防系统等。将各功能系统划分为功能单元，每一个功能单元至少应包括一个危险性物质的主要贮存容器或管道。并且每个功能单元与所有其他单元有分隔开的地方，即有单一信号控制的紧急自动切断阀。因此，在本题中需将甲醇生产装置整体作为一个危险单元。

16. C　【解析】《建设项目环境风险评价技术导则》10.2.7原文，极端事故风险防控及应急处置应结合所在园区区域环境风险防控体系筹考虑，按分级响应要求及时启动园区区域环境风险防范措施，实现厂内与园区区域环境风险防控设施及管理有效联动，有效防控环境风险。

17. C　【解析】《建设项目环境风险评价技术导则》10.3.2原文，企业突发环境事件应急预案应体现分级响应、区域联动的原则，与地方政府突发环境事件应急预案相衔接，明确分级响应程序。

18. B　【解析】《建设项目环境风险评价技术导则》11.4原文，对存在较大环境风险的建设项目，须提出环境影响后评价的要求。

19. A　【解析】《建设项目环境风险评价技术导则》附录 F.3.2，油品火灾伴生/次生一氧化碳产生量公式为

$$G_{co}=2\,330\,qCQ$$

式中：C 为物质中碳的含量，取85%；q 为化学不完全燃烧值，取1.5%~6%；Q 为参与燃烧的物质量，t/s。

20. A　【解析】《建设项目环境风险评价技术导则》附录 C.1.1，当 $Q<1$ 时，该项目环境风险潜势为 I。

21. D　【解析】《事故状态下水体污染的预防与控制技术要求》（Q/SY 1190—2013）附录B，事故缓冲设施总有效容积计算公式为：$V_{总}=(V_1+V_2-V_3)_{\max}+V_4+V_5$，$V_2=\Sigma Q_{消}\times t_{消}$，$V_5=10q\times f$，$q=q_a/n$。式中：$V_1$ 为收集系统范围内发生事故的物料量（m^3）；V_2 为发生事故的储罐、装置或铁路、汽车装卸区同时使用的消防设施给水流量（m^3/h）；$t_{消}$ 为消防设施对应的设计消防历时（h）；V_3 为发生事故时可以传输到其他储存或处理设施的物料（m^3）；V_4 为发生事故时仍必须进入该收集系统的生产废水（m^3）；V_5 为发生事故时可能进入该收集系统的降雨量（m^3）；q 为降雨强度，按平时日降雨量（mm）；q_a 为年平均降雨量（mm）；n 为平均降雨量数；f 为必须进入事故废水收集系统的雨水汇总面积（$10^4\,m^2$）。根据题意，$V_1=600$（m^3），$V_2=18\times2=36$（m^3），$V_3=80+100+10=190$（m^3），$V_4+V_5=0$。则 $V_{总}=600+36-190=446$（m^3）。

22. D　【解析】《建设项目环境风险评价技术导则》8.2.2.3 原文，油气长输管线泄漏事故，按管道截面100%断裂估算泄漏量，应考虑截断阀启动前、后的泄漏量。

23. C　【解析】《建设项目环境风险评价技术导则》附录 J.1。

24. B　【解析】《建设项目环境风险评价技术导则》表 C.2，判断出危险性等级为 P2。

25．A　【解析】《建设项目环境风险评价技术导则》7.2.3.1原文，按工艺流程和平面布置功能区划，结合物质危险性识别，以图表的方式给出危险单元划分结果及单元内危险物质的最大存在量。按生产工艺流程分析危险单元内潜在的风险源。

26．A　【解析】《建设项目环境风险评价技术导则》附录F.1.1，表F.1液体泄漏系数（C_d），Re＞100，裂口为圆形，液体泄漏系数C_d取值0.65。

27．C

28．C　【解析】《建设项目环境风险评价技术导则》10.2.2原文，事故废水环境风险防范应明确"单元—厂区—园区/区域"的环境风险防控体系要求。

二、不定项选择题

1．AC　【解析】《建设项目环境风险评价技术导则》附录D.1原文，大气环境，依据环境敏感目标环境敏感性及人口密度划分环境风险受体的敏感性，共分为三种类型，E1为环境高度敏感区，E2为环境中度敏感区，E3为环境低度敏感区。

2．ABC　【解析】《建设项目环境风险评价技术导则》3.2原文，环境风险潜势，对建设项目潜在环境危害程度的概化分析表达，是基于建设项目涉及的物质和工艺系统危险性及其所在地环境敏感程度的综合表征。

3．ABC　【解析】《建设项目环境风险评价技术导则》7.1原文，建设项目环境风险识别内容包括物质危险性识别、生产系统危险性识别、危险物质向环境转移途径识别。

4．ABC　【解析】《建设项目环境风险评价技术导则》附录C.1.1，计算所涉及的每种危险物质在厂界内的最大存在总量与其在附录B中对应临界量的比值Q。在不同厂区的同一种物质，按其在厂界内的最大存在总量计算。对于长输管线项目，按照两个截断阀室之间管段危险物质最大存在总量计算。将Q值划分为：Q＜1、1≤Q＜10、10≤Q＜100、Q≥100。

5．ABCDE　【解析】《建设项目环境风险评价技术导则》7.1.2原文，生产系统危险性识别，包括主要生产装置、储运设施、公用工程和辅助生产设施，以及环境保护设施等。

6．CD　【解析】《建设项目环境风险评价技术导则》8.2.2原文，事故源强设定可采用计算法和经验估算法。计算法适用于以腐蚀或应力作用等引起的泄漏型为主的事故；经验估算法适用于以火灾、爆炸等突发性事故伴生/次生的污染物释放。

7．ACD　【解析】源项分析步骤包括：①划分各功能单元；②筛选危险物质，确定环境风险评价因子，如分析各功能单元涉及的有毒有害、易燃易爆炸的名称和贮量，主要列出各单元所有容器和管道中的危险物质清单，包括物料类型、相态、压力、温度、体积或重量；③事故源项分析和最大可信事故筛选；④估算各功能单元最大可信事故泄露量和泄漏率。

8. ACD　【解析】《建设项目环境风险评价技术导则》F.1.1，表F.1液体泄漏系数（C_d），液体泄漏系数影响因素包括雷诺数（Re）和裂口形状。

9. ABCDE　【解析】《建设项目环境风险评价技术导则》10.3.1原文，按照国家、地方和相关部门要求，提出企业突发环境事件应急预案编制或完善的原则要求，包括预案适用范围、环境事件分类与分级、组织机构与职责、监控和预警、应急响应、应急保障、善后处置、预案管理与演练等内容。

10. ABCD　【解析】《建设项目环境风险评价技术导则》10.2.4原文，针对主要风险源，提出设立风险监控及应急监测系统，实现事故预警和快速应急监测、跟踪，提出应急物资、人员等的管理要求。

11. ABC　【解析】《建设项目环境风险评价技术导则》（HJ 169—2018），事故源强是为事故后果预测提供分析模拟情形。事故源强设定可采用计算法和经验估算法。计算法适用于以腐蚀或应力作用等引起的泄露型为主的事故，包括事故源强设计数据；经验估算法适用于以火灾、爆炸等突发性事故伴生、次生的污染物释放，包括液体泄露速率理论估算、同类事故类比法。

12. ABCD　【解析】《建设项目环境风险评价技术导则》附录 F.1.4.3，液体质量蒸发速率公式：$Q_3 = ap \dfrac{M}{RT_0} u^{\frac{(2-n)}{(2+n)}} r^{\frac{(4+n)}{(2+n)}}$，影响泄漏液体质量蒸发速率的因素包括环境温度、风速、液体表面蒸气压、液池半径、大气稳定度系数、气体常数等。

13. ABCD　【解析】《建设项目环境风险评价技术导则》附录J、附录K。

14. AC　【解析】计算所涉及的每种危险物质在厂界内的最大存在总量与其在附录 B 中对应临界量的比值 Q。在不同厂区的同一种物质，按其在厂界内的最大存在总量计算对于长输管线项目，按照两个截断阀门之间管段危险物质最大存在总量计算。而长输管道运输项目应按站场、管线分段进行评价。

15. C　【解析】《建设项目环境风险评价技术导则》7.2.4.1，环境风险类型包括危险物质泄漏，以及火灾、爆炸等引发的伴生次生染物排放。

16. CD　【解析】《建设项目环境风险评价技术导则》7.2.4.1，环境风险类型包括危险物质泄漏，以及火灾、爆炸等引发的伴生次生染物排放。

17. CD　【解析】A 项，消防水储罐是消防设施，属于环境风险防范措施；B 项，车间排水监测井作为常规监测点，不能预防环境风险事故，也不属于水体风险防控措施。

18. AC　【解析】《建设项目环境风险评价技术导则》F.1.4.3，液池最大直径取决于泄漏点附近的地域构型、泄漏的连续性或瞬时性。有围堰时，以围堰最大等效半径为液池半径；无围堰时，设定液体瞬时扩散到最小厚度时，推算液池等效半径。

第八章 环境影响经济损益分析

一、单项选择题（每题的备选选项中，只有一个最符合题意）

1. 建设项目环境影响经济损益评价包括（　　）。
   A. 环境累积效应评价　　　　　　　　B. 环保措施的经济损益评价
   C. 环境价值经济评价　　　　　　　　D. 环保设备的经济损益评价

2. 购买桶装纯净水作为应对水污染的防护措施，由此引起的额外费用，可视为水污染的损害价值，这种方法属于（　　）。
   A. 影子工程法　　　　　　　　　　　B. 防护费用法
   C. 生产力损失法　　　　　　　　　　D. 恢复或重置费用法

3. 在标准的环境价值评估方法中，下列方法在环境影响经济评价中，最常用而且最经济的是（　　）。
   A. 人力资本法　　　　　　　　　　　B. 隐含价格法
   C. 调查评价法　　　　　　　　　　　D. 成果参照法

4. 城市生活污水二级处理厂，在排放前常采用消毒处理，最经济的消毒方法是（　　）。
   A. 过氧化氢　　　　　　　　　　　　B. 臭氧法
   C. 紫外线法　　　　　　　　　　　　D. 二氧化氯法

5. 用于评估风景名胜区、森林公园、旅游胜地的环境价值的常用方法为（　　）。
   A. 隐含价格法　　　　　　　　　　　B. 旅行费用法
   C. 旅行费用法　　　　　　　　　　　D. 影子工程法

6. 恢复或重置费用法、人力资本法、生产力损失法、影子工程法的共同特点是（　　）。
   A. 基于人力资本的评估方法　　　　　B. 基于支付意愿衡量的评估方法
   C. 基于标准的环境价值评估方法　　　D. 基于费用或价格的评估方法

7. 在可能的情况下，下列环境影响经济评价的方法中，首选（　　）。
   A. 医疗费用法、机会成本法、影子工程法、隐含价格法
   B. 隐含价格法、旅行费用法、调查评价法、成果参照法
   C. 人力资本法、医疗费用法、生产力损失法、恢复或重置费用法、影子工程法

D．反向评估法、机会成本法

8．在环境影响经济评价方法中最常用的是（　　）。

A．防护费用法　　　　　　　　　B．隐含价格法

C．成果参照法　　　　　　　　　D．反向评估法

9．成果参照法、隐含价格法、旅行费用法、调查评价法在环境影响经济评价中的共同特点是（　　）。

A．基于人力资本的评估方法　　　B．基于购买意愿衡量的评估方法

C．基于标准的环境价值评估方法　D．基于费用或价格的评估方法

10．某地水土流失后的治理费用是 85 万元/km²，那么，该地水土流失的环境影响的损失就是 85 万元/km²，此种计算方法属于环境影响经济评价方法中的（　　）。

A．影子工程法　　　　　　　　　B．隐含价格法

C．恢复或重置费用法　　　　　　D．旅行费用法

11．某处因噪声污染需安装隔音设施花费 70 万元，如果这 70 万元就算是噪声污染的环境影响损失，那此种环境影响经济评价的方法是（　　）。

A．机会成本法　　　　　　　　　B．防护费用法

C．恢复或重置费用法　　　　　　D．隐含价格法

12．用复制具有相似功能的工程的费用来表示该环境的价值，是（　　）的特例。

A．影子工程法　　　　　　　　　B．机会成本法

C．反向评估法　　　　　　　　　D．重置费用法

13．费用效益分析是从（　　）角度出发分析某一项目对整个国民经济净贡献的大小。

A．小区　　　　B．全社会　　　　C．厂商　　　　D．功能区

14．在环境价值评价方法中，（　　）通过构建模拟市场来揭示人们对某种环境物品的支付意愿，从而评价环境价值。

A．调查评价法　　　　　　　　　B．机会成本法

C．旅行费用法　　　　　　　　　D．隐含价值法

15．反应项目对国民经济贡献的相对量指标是（　　）。

A．贴现率　　　　　　　　　　　B．经济净现值

C．环境影响的价值　　　　　　　D．经济内部收益率

16．在费用效益分析中，当经济净现值（　　）时，表示该项目的建设能为社会做出贡献，即项目是可行的。

A．小于零　　　　B．小于1　　　　C．大于零　　　　D．大于1

17．当项目的经济内部收益率（　　）行业基准收益率时，表示该项目是可行的。

A．小于　　　　　B．大于或等于　　　C．等于　　　　　　D．大于

18．人们虽然不使用某一环境物品，但该环境物品仍具有的价值属于环境的（　　）。

A．直接使用价值　　B．非使用价值　　　C．间接使用价值　　D．选择价值

19．费用—效益分析法中的经济净现值是用（　　）将项目计算期内各年的净收益折算到建设起点的现值之和。

A．银行贴现率　　B．环境贴现率　　　C．金融贴现率　　　D．社会贴现率

20．通过分析和预测一个或多个不确定性因素的变化所导致的项目可行性指标的变化幅度，判断该因素变化对项目可行性的影响程度，此种分析法是（　　）。

A．敏感性分析法　　B．环境价值法　　　C．影子工程法　　　D．反向评估法

21．环境影响经济损益分析中最关键的一步是（　　）。

A．量化环境影响　　　　　　　　　　B．筛选环境影响

C．对量化的环境影响进行货币化　　　D．对量化的环境影响进行对比分析

22．关于环境影响经济损益分析的步骤，下列叙述正确的是（　　）。

A．筛选环境影响→量化环境影响→评估环境影响的货币化价值→将货币化的环境影响价值纳入项目的经济分析

B．量化环境影响→筛选环境影响→评估环境影响的货币化价值→将货币化的环境影响价值纳入项目的经济分析

C．筛选环境影响→评估环境影响的货币化价值→量化环境影响→将货币化的环境影响价值纳入项目的经济分析

D．筛选环境影响→量化环境影响→将货币化的环境影响价值纳入项目的经济分析→评估环境影响的货币化价值

23．将货币化的环境影响价值纳入项目的经济分析时，关键是将估算出的环境影响价值纳入（　　）。

A．环境现金流量表　　　　　　　　　B．经济现金流量表

C．社会现金流量表　　　　　　　　　D．财务现金流量表

24．森林具有平衡碳氧、涵养水源等功能，这是环境的（　　）。

A．非使用价值　　　　　　　　　　　B．直接使用价值

C．间接使用价值　　　　　　　　　　D．存在价值

25．假如一片森林的涵养水源量是 100 万 m^3，而在当地建设一座有效库容为 100 万 m^3 的水库所需费用是 400 万元，则可以此费用表示该森林的涵养水源功能价值，此方法称为（　　）。

A．防护费用法　　B．恢复费用法　　　C．影子工程法　　　D．机会成本法

二、不定项选择题（每题的备选项中至少有一个符合题意）

1. 环境的使用价值通常包含（　　　）。

    A. 直接使用价值　　　　　　　　B. 间接使用价值

    C. 非使用价值　　　　　　　　　D. 选择价值

2. 在费用效益分析中，考察项目对环境影响的敏感性时，可以考虑分析的指标或参数是（　　　）。

    A. 环境影响的价值　　　　　　　B. 环境影响持续的时间

    C. 环境计划计划执行情况　　　　D. 生产成本

3. （　　　）具有完善的理论基础，能对环境价值有一个正确的度量。

    A. 旅行费用法　　　　B. 生产力损失法　　　　C. 影子工程法

    D. 隐含价格法　　　　E. 防护费用法

4. （　　　）能够用于评估环境污染的健康影响。

    A. 影子工程法　　　　B. 生产力损失法　　　　C. 人力资本法

    D. 旅行费用法　　　　E. 医疗费用法

5. 为避免某呼吸道疾病 1 个病日，人们的支付意愿是 50 元。而当前该疾病持续 7 天，该疾病第一年估计影响该区域 100 万人的 1%，则这一健康影响第一年的总价值是 350 万元。那么总价值受（　　　）内容的影响。

    A. 单位价值　　　　　　　　　　B. 受影响的人数

    C. 受影响的天数　　　　　　　　D. 受影响的范围

6. 建设项目环境经济损益分析中，需要估算建设项目环境保护措施的（　　　）。

    A. 投资费用　　　　　　　　　　B. 运行成本

    C. 现金流量　　　　　　　　　　D. 环境效益

7. 环境影响的经济评价中，费用效益分析和财务分析的主要不同点包括（　　　）。

    A. 分析的角度不同　　　　　　　B. 分析的类别不同

    C. 对项目外部影响的处理不同　　D. 对税收、补贴等项目的处理不同

8. 环境影响经济损益分析时，对环境影响的筛选，可以不考虑做损益分析的是（　　　）。

    A. 难以定量化的环境影响　　　　B. 项目设计时已被控制的环境影响

    C. 小的、轻微的环境影响　　　　D. 环境影响本身是否发生具有不确定性

    E. 内部的环境影响

9. 可用于评估大气环境质量改善、大气污染、水污染、环境舒适性和生态系统环境服务功能等的环境价值的评估方法是（　　　）。

    A. 隐含价格法　　　B. 调查评价法　　　C. 成果参照法　　　D. 因子工程法

10. 关于3组环境价值评估方法的选择，下列说法正确的是（　　）。

　A. 首选第Ⅰ组评估方法，因其理论基础完善，是标准的环境影响评估方法

　B. 再选第Ⅱ组评估方法，可作为低限值，但有时具有不确定性

　C. 后选第Ⅲ组评估方法，有助于项目决策

　D. 首选第Ⅰ组评估方法，可作为低限值，有助于项目决策

11. 在环境经济评价方法中，影响环境价值支付意愿的因素包括（　　）。

　A. 收入　　　　　B. 年龄　　　　　C. 替代品价格　　　　　D. 消费水平

参考答案

一、单项选择题

1. B

2. B　【解析】防护费用法属于第Ⅱ组评估方法中的第六种用于评估噪声、危险品和其他污染造成的损失。该方法用避免某种污染的费用来表示该环境污染造成损失的价值。

3. D

4. C　【解析】为避免或减少消毒时产生的二次污染物，最好用紫外线或二氧化氯消毒。很明显，最经济的是紫外线法。

5. C　【解析】旅行费用法一般用来评估户外游憩地的环境价值，如评估森林公园、城市公园、自然景观等的游憩价值。旅行费用法的基本思维是到该地旅游要付出代价，这一代价即旅行费用。旅行费用越高，来该地游玩的人越少；旅行费用越低，来该地游玩的人越多。所以，旅行费用成了旅游地环境服务价格的替代物。据此，可以求出人们在消费该旅游地环境服务时获得的消费者剩余。旅游地门票为零时，该消费者剩余就是这一景观的游憩价值。

6. D

7. B　【解析】选项B是有完善的理论基础的环境价值评估方法，也称标准的环境价值评估方法。

8. D　9. C　10. C　11. B

12. D　【解析】影子工程法属于第Ⅱ组评估方法中的第五种用于评估水污染造成的损失、森林生态功能价值等。用复制具有相似环境功能的工程的费用来表示该环境的价值，是重置费用法的特例。

13. B　【解析】费用效益分析，又称国民经济分析、经济分析，是环境影响的经济评价中使用的另一个重要的经济评价方法。它是从全社会的角度，评价项目、

规划或政策对整个社会的净贡献。费用效益分析是对项目（可行性研究报告中）财务分析的扩展和补充，是在财务分析的基础上，考虑项目等的外部费用（环境成本等），并对项目中涉及的税收、补贴、利息和价格等的性质重新界定和处理后，评价项目、规划或政策的可行性。

14. A 【解析】调查评价法可用于评估几乎所有的环境对象，如大气污染的环境损害、户外景观的游憩价值、环境污染的健康损害、人的生命价值、特有环境的非使用价值。调查评价法通过构建模拟市场来揭示人们对某种环境物品的支付意愿（WTP），从而评价环境价值。它通过人们在模拟市场中的行为，而不是在现实市场中的行为来进行价值评估，通常不发生实际的货币支付。

15. D 【解析】经济内部效益率是反应项目对国民经济贡献的相对量指标。它是使项目计算期内的经济净现值等于零时的贴现率。

16. C 17. D

18. B 【解析】环境的非使用价值是指人们虽然不使用某一环境物品，但该环境物品仍具有的价值。根据不同动机，环境的非使用价值又可分为遗赠价值和存在价值。如濒危物种的存在，有些人认为，其本身就是有价值的，这种价值与人们是否利用该物种谋取经济利益无关。

19. D 20. A 21. C 22. A 23. B 24. C 25. C

二、不定项选择题

1. ABD 【解析】此题主要考查环境除有直接使用价值和间接使用价值外还有选择价值。

2. ABC 【解析】费用效益分析中，考察项目对环境影响的敏感性时，可以考虑分析的指标或参数有：①贴现率（10%、8%、5%）；②环境影响的价值（上限、下限）③市场边界（受影响人群的规模大小）；④环境影响持续的时间（超出项目计算期时）；⑤环境计划执行情况（好、坏）。

3. AD 4. CE 5. ABC 6. ABD

7. ACD 【解析】环境影响的经济评价中，费用效益分析和财务分析的主要不同有：① 分析的角度不同。财务分析，是从厂商（以盈利为目的的生产商品或劳务的经济单位）的角度出发，分析某一项目的盈利能力。费用效益分析则是从全社会的角度出发，分析某一项目对整个国民经济净贡献的大小。② 使用的价格不同。财务分析中所使用的价格是预期的现实中要发生的价格；而费用效益分析中使用的价格是反映整个社会资源供给与需求状况的均衡价格。③ 对项目外部影响的处理不同。财务分析只考虑，厂商自身对某项目方案的直接支出和收入；而费用效益分析除了考虑这些直接收支外，还要考虑该项目引起的间接的、未发生实际支付的效益和费用，如环境成本和环境效益。④ 对税收、补贴等项目的处理不同。在费用效益分析中，补贴和税收不再被列入企业的收支项目中。

8. BC

9. A　【解析】　隐含价格法可用于评估大气质量改善的环境价值，也可用于评估大气污染、水污染、环境舒适性和生态系统环境服务功能等的环境价值。

10. ABC　【解析】3 组环境评估方法的选择优先序（在可能情况下）应为：①首选第Ⅰ组评估方法，因其理论基础完善，是标准的环境价值评估方法；②再选第Ⅱ组评估方法，可作为低限值，但有时具有不确定性；③后选第Ⅲ组评估方法，有助于项目决策。

11. ABC　【解析】无论使用价值还是非使用价值，价值的恰当量度都是人们的最大支付意愿（WTP），即一个人为获得某种物品（服务）而愿意付出的最大货币量。影响支付意愿的因素有收入、替代品价格、年龄、教育、个人独特偏好以及对该物品的了解程度等。

第九章　综合练习（一）

一、单项选择题（每题的备选选项中，只有一个最符合题意）

1. 在建设项目环境风险评价中，设置紧急隔离系统的单元，物质泄漏时间可设定为（　　）min。

    A. 15   B. 20   C. 10   D. 30

2. 某煤油输送管道设计能力为 12 t/h，运行温度 25℃，管道完全破裂环境分事故后果分析时，假定 10 min 内输煤油管道上下游阀门自动切断，则煤油泄漏事故源强为（　　）。

    A. 1.0   B. 24   C. 12   D. 2.0

3. 某工业项目使用液氨为原料，每年工作 8 000 h，用液氨 1 000 t（折纯），其中 96% 的氨进入主产品，3.5% 的氨进入副产品，0.3% 的氨进入废水，剩余的氨全部以无组织形式排入大气。则用于计算卫生防护距离的氨排放参数是（　　）kg/h。

    A. 0.15   B. 0.25   C. 0.28   D. 0.38

4. 某企业锅炉燃油量为 10 000 t/a，含硫量为 1%，若 SO_2 总量控制指标为 40 t/a，则该锅炉脱硫设施的效率至少应大于（　　）。

    A. 90%   B. 80%   C. 70%   D. 60%

5. 大气环境影响预测时如果评价区域属于复杂地形，下列说法不正确的有（　　）。

    A. 地形数据原始数据分辨率不得小于 90 m

    B. AERMOD 地表参数一般根据项目周边 3 km 范围内的土地利用类型进行合理划分，或采用 AERSURFACE 直接读取可识别的土地利用数据文件

    C. CALPUFF 采用模型可以识别的土地利用数据来获取地表参数，土地利用数据的分辨率一般可小于模拟网格分辨率

    D. 估算模型 AERSCREEN 和 ADMS 的地表参数根据模型特点取项目周边 3 km 范围内占地面积最大的土地利用类型来确定

6. 某建设项目，排气筒 A 和 B 相距 40 m，高度分别为 25 m 和 40 m，排放同样的污染物。排气筒 A、B 排放速率分别为 0.52 kg/h 和 2.90 kg/h，其等效排气筒高度及排放速率是（　　）m 和（　　）kg/h。

A. 32.5，2.9   B. 32.5，3.42

C. 33.35，2.9   D. 33.35，3.42

7. 某水泥厂扩建项目现状工程的污染源调查，下列优先采用的数据是（ ）。

A. 在线监测数据   B. 项目监督性监测数据

C. 环评数据或补充污染源监测数据 D. 年度排污许可执行报告

8. 某化工项目核算大气环境防护距离说法错误的（ ）。

A. 大气环境防护距离根据正常工况下新增污染源短期浓度核算

B. 大气环境防护距离厂界外预测网格分辨率不应超过 50 m

C. 大气环境防护距离内不应有长期居住的人群

D. 项目厂界浓度满足大气污染物厂界浓度限值，但厂界外大气污染物短期贡献浓度超过环境质量浓度限值的，应以自厂界起至超标区域的最远垂直距离设置大气环境防护距离

9. 某采样监测点全年 SO_2 质量检测数据 400 个，其中有 60 个超标、10 个未检出、10 个不符合监测技术规范要求，则 SO_2 全年超标率为（ ）。

A. 14.6%   B. 15%   C. 15.4%   D. 15.8%

10. 下列关于莫奥长度 L_{mo} 与稳定度、混合层的关系的说法，正确的是（ ）。

A. $L_{mo} < 0$，近地面大气边界层处于稳定状态

B. $L_{mo} = 0$，混合层高度=800 m

C. $|L_{mo}| < \infty$，边界层处于中性状态

D. $|h/L_{mo}|$ 数值越大，混合层高度越高

11. 固定顶罐总容积为 5 000 m^3，最大储存量为80%，储罐与恒压（101.3 kPaG）废气收集处理系统相连，储罐气象空间温度从 10℃ 匀速上升至 13℃ 过程中，向废气收集系统排放的气量是（ ）m^3。

A. 42.38   B. 1 200   C. 41.38   D. 1 100

12. 已知采样时的饱和溶解氧浓度估算为 9.0 mg/L，河流断面实测溶解氧为 10.0 mg/L，该断面执行地表水 Ⅲ 类标准，溶解氧限值 5.0 mg/L，则该断面溶解氧的标准指数为（ ）。

A. −0.25   B. 0.25   C. 2.0   D. 5.0

13. 某项目涉及循环水系统用水量为 1 000 m^3/h，新鲜水补水量为用水量的10%，循环水系统排水量为 30 m^3/h，循环水利用率为（ ）。

A. 90%   B. 90.9%   C. 87%   D. 79%

14. 某拟建项目达标废水排放到近岸海域水体，评价等级为二级，在制定海域水质现状调查监测方案时，合理布设的水质取样断面数为（ ）。

A. 2个   B. 6个   C. 4个   D. 8个

15. 某拟建啤酒厂污水达标处理后直接排入一河流，改排放口上游 700 m 处有

一养殖小区，河流不受回流影响，现状调查时在上游布设的监测断面距排放口距离是（　　）m。

    A. 200   B. 500   C. 800   D. 1 200

16. 某建成项目有两个排气筒，据实际需要两根排气筒的高度都为 12 m，SO_2 实际排放速率一根为 1.0 kg/h，另一根为 0.8 kg/h；两根排气筒的直线距离为 10 m。该项目排气筒 SO_2 排放速率（　　）。（15 m 排气筒执行最高允许排放速率为 3.0 kg/h）

    A. 达标   B. 不达标   C. 无法确定

17. 下列危险废物中，不能直接送入危险废物暂存库贮存的是（　　）。

    A. 袋盖桶装油泥

    B. 用带盖塑料桶包装的废机油

    C. 用纤维待包装吸附 H_2S 饱和的废活性炭

    D. 用带盖铁桶包装的经过高温焙烧后的废金属氧化物催化剂

18. 拟建危险废物填埋场的天然基础层饱和渗透系数不应大于（　　）cm/s，且其厚度不应小于 2 m，刚性填埋场除外。

    A. 1.0×10^{-7} B. 1.0×10^{-9} C. 1.0×10^{-5} D. 1.0×10^{-11}

19. 排污单位废水排放量大于（　　）的，应安装自动测流设施并开展流量自动监测。

    A. 100 t/h   B. 100 t/d   C. 1 000 t/h   D. 1 000 t/d

20. 某企业 A 车间废水量 100 t/d，废水水质为 pH 2.0，COD 浓度 2 000 mg/L；B 车间废水量也为 100 t/d，废水水质为 pH 6.0，COD 浓度 1 000 mg/L，上述 A、B 车间废水纳入污水站混合后水质为（　　）。

    A. pH 4.0，COD 1 500 mg/L   B. pH 4.0，COD 1 800 mg/L

    C. pH 2.3，COD 1 500 mg/L   D. pH 3.3，COD 1 800 mg/L

21. 当需要预测排放口所在水域形成的混合区范围时，应适当（　　）预测点位。

    A. 不改变   B. 减少   C. 加密   D. 引用

22. 狄龙模型可用于下列（　　）污染因子的预测。

    A. 总磷   B. 水温   C. 溶解氧   D. 重金属

23. 对于感潮河段的下游水位边界确定，应选择（　　）作为基本水文条件进行计算。

    A. 对应时段潮周期   B. 一个潮周期

    C. 实测潮位过程   D. 历史最大潮周期

24. 当采用（　　）进行水环境影响预测时，可对预测水域进行合理概化。

    A. 解析法   B. 一维模型   C. 数值解模型   D. 二维模型

25．某建设项目向河流排放达标废水，废水排放量为 0.05 m³/s。河流流量为 2 m³/s，排放口上游氨氮浓度为 0.7 mg/L，执行Ⅱ类水标准（标准限值为 1.0 mg/L）。假设废水排入河流后完全混合，忽略降解的影响，为满足 2 km 处水环境安全余量（10%）要求，可作为建设项目氨氮允许排放的最大浓度为（   ）mg/L。

    A．32.8   B．16.8   C．13.0   D．8.9

26．水污染治理技术中，选用高污泥负荷、高充水比序批式活性污泥法（SBR）去除的目标污染物主要是（   ）。

    A．氮   B．锰   C．铜   D．磷

27．高浓度含硫含氨废水最适宜的预处理工艺是（   ）。

    A．萃取   B．生物好氧氧化

    C．空气吹脱   D．蒸汽汽提

28．传统活性污泥法处理工艺流程示意图如下，其中（2）（3）（4）（5）分别是（   ）。

    A．二沉池、曝气池、出水、剩余污泥

    B．曝气池、二沉池、出水、剩余污泥

    C．曝气池、污泥浓缩池、出水、干化污泥

    D．曝气池、二沉池、剩余污泥、出水

29．湖泊、水库水质完全混合模式是（   ）模型。

    A．三维   B．二维   C．一维   D．零维

30．地表水环境影响预测模型参数确定的方法有（   ）。

    A．类比法   B．数值法   C．解析法   D．模型法

31．河流一维稳态水质模型 $C=C_0 e^{-kx/u}$ 可以用于（   ）的水质预测。

    A．$\alpha \leq 0.027$ 且 $Pe \geq 1$ B．$\alpha \leq 0.027$ 且 $Pe < 1$

    C．$0.027 < \alpha \leq 380$ D．$\alpha > 380$

32．采用河流一维对流扩散简化模型进行水质预测，至少要调查（   ）。

    A．流量、水面宽、粗糙系数   B．流速、纵向扩散系数、水面宽

    C．水面宽、水深、坡度   D．流速、综合衰减系数

33．不达标区建设项目选择废水处理措施时，应优先考虑（   ）。

    A．水环境质量改善目标   B．替代源的削减方案实施情况

C．治理效果　　　　　　　　　　D．最低排放强度和排放浓度

34．关于地下水天然露头调查目的的说法，正确的是（　　　）。

　　A．确定包气带水文地质参数

　　B．确定地下水环境现状评价范围

　　C．确定地下水环境影响评价类别和等级

　　D．确定区内含水层层位和地下水埋藏条件

35．在排污企业排放污染物核算中，通过监测并计算核定日平均水污染物排放量后，按（　　　）计算污染物年排放总量。

　　A．建设单位所属行业平均年工作天数　　B．建设单位年工作的计划天数

　　C．建设单位年工作的实际天数　　　　　D．行业排放系数

36．由于大气降水使表层土壤中的污染物在短时间内以饱和状态渗流形式进入含水层，这种污染属于（　　　）污染。

　　A．间歇入渗型　　　　　　　　　B．连续入渗型

　　C．含水层间越流型　　　　　　　D．径流型

37．适用于狭长、均匀河口连续点源模型分析的水文水力学调查，至少包括（　　　）等参量。

　　A．流量、流速和水深　　　　　　B．流速、河宽和水深

　　C．流量、流速和水位　　　　　　D．流速、底坡降和流量

38．某拟建储油库项目事故风险情景设定为油罐出料管口破裂，按照排放规律，其地下水环境影响预测源强可以概化为（　　　）。

　　A．面源排放　　　B．点源排放　　　C．瞬时排放　　　D．连续恒定排放

39．城市污水处理厂尾水排入河流，排放口下游临界氧亏点的溶解氧浓度一般（　　　）该排放口断面的溶解氧浓度。

　　A．高于　　　　　　B．低于　　　　　C．略高于　　　　D．等于

40．某河流拟建引水式电站，将形成 6 km 的减水河段，减水河段无其他水源汇入，下游仅有取水口一个，取水量 2 m^3/s，若减水河段最小生态需水量为 10 m^3/s，问大坝至少应下放的流量为（　　　）m^3/s。

　　A．2　　　　　　　B．8　　　　　　　C．10　　　　　　D．12

41．某拟建项目厂址位于平原地区，为调查厂址附近地下潜水水位和流向，应至少布设潜水监测井位（　　　）个。

　　A．1　　　　　　　B．2　　　　　　　C．3　　　　　　　D．4

42．某傍河潜水含水层模拟模型确定时，该潜水含水层傍河一侧边界条件可以概化为（　　　）。

　　A．已知水头边界　　　　　　　　B．隔水边界

C. 定流量边界　　　　　　　　　　D. 零通量边界

43. 一般认为导致水体富营养化的原因是（　　）的增加。

A. 氮、磷　　　　　　　　　　　　B. pH、叶绿素 a

C. 水温、水体透明度　　　　　　　D. 藻类数量

44. 集中式生活饮用水地表水源地硝基苯的限值为 0.017 mg/L。现有一河段连续 4 个功能区（从上游到下游顺序为 II 类、III 类、IV 类、V 类）的实测浓度分别为 0.020 mg/L、0.019 mg/L、0.018 mg/L 和 0.017 mg/L。根据标准指数法判断可能有（　　）个功能区超标。

A. 1　　　　　B. 2　　　　　C. 3　　　　　D. 4

45. 某建设工程迹地位于华南低山区，雨量充沛。按植被分布特征判断，自然状态下多年后可能出现的植被类型是（　　）。

A. 云杉群落　　　　　　　　　　　B. 红松群落

C. 华山松群落　　　　　　　　　　D. 马尾松群落

46. 某次样方调查资料给出了样方总数和出现某种植物的样方数，据此可以计算出该种植物的（　　）。

A. 密度　　　　B. 优势度　　　　C. 频度　　　　D. 多度

47. 生态影星评价制图应采用标准地形图作为工作地图，精度一般为（　　）。

A. 1∶10 000　　　B. 1∶15 000　　　C. 1∶50 000　　　D. 1∶100 000

48. 描述物种在群落中重要程度的指标是（　　）。

A. 样方数、采样频次和样方面积

B. 相对密度、相对优势度和相对频度

C. 种数、种类与区系组成

D. 种类总和、样地总面积和样地总数量

49. 下列工程活动导致的生态影响中，属于短期生态影响的是（　　）。

A. 水库运行调度对鱼类的影响　　　B. 水库淹没对库区动物生境的影响

C. 公路运输噪声对邻近动物的影响　　D. 公路隧洞爆破对邻近动物的影响

50. 以下属于两栖爬行动物调查方法的是（　　）。

A. 鸣声计数法　　　　　　　　　　B. 分区直数法

C. 鸣叫调查法　　　　　　　　　　D. 样点法

51. 某新建公路拟经过国家重点保护植物集中分布地，工程方案中应优先考虑的保护措施是（　　）。

A. 迁地保护　　　　　　　　　　　B. 育种种植

C. 货币补偿　　　　　　　　　　　D. 选线避让

52. 用放射性标记物测定自然水体中的浮游植物光合作用固定的某元素要用"暗

呼吸"法做校正，这是因为植物在黑暗中能吸收（　　）。

　　A. O^2　　　　　B. H^2　　　　C. N^2　　　　　D. ^{14}C

53. 某公路项目推荐线路长为 45 km，线路 K18+150～K23+360 处南侧毗邻一省级自然保护区，该保护区边界距公路中心线最近水平距离为 50 m，则该项目生态保护措施平面布置图成图精度的最低要求是（　　）。

　　A. 1∶10 万　　　　　　　　　B. 1∶2000

　　C. 1∶2.5 万　　　　　　　　D. 1∶1 万

54. 用黑白瓶测定水体初级生产量，得出初始瓶（IB）、黑瓶（DB）和白瓶（LB）的溶解氧量分别为 5.0 mg/L、3.5 mg/L 和 9.0 mg/L，则净初级生产量和总初级生产量分别是（　　）。

　　A. 4.0 mg/L 和 5.5 mg/L　　　　　B. 5.5 mg/L 和 1.5 mg/L

　　C. 4.0 mg/L 和 1.5 mg/L　　　　　D. 1.5 mg/L 和 5.5 mg/L

55. 某地生物多样性有所下降，生态系统结构和功能受到一定程度破坏，生态系统稳定性受到一定程度干扰，生态影响程度属于（　　）。

　　A. 强　　　　B. 中　　　　C. 弱　　　　　D. 无

56. 关于陆生维管植物调查样地的设置，下列说法错误的是（　　）。

　　A. 样地应具有代表性　　　　B. 样地形状以正方形为宜

　　C. 样地位置可布置于 60°坡地　　D. 样地应避开与观测目的无关因素的干扰

57. 在无法获得项目建设前的生态质量背景资料时，应首选（　　）作为背景资料进行类比分析。

　　A. 当地长期科学观测累积的数据资料

　　B. 同一气候带类似生态系统类型的资料

　　C. 全球按气候带和生态系统类型的统计资料

　　D. 当地地方志记载的有关资料

58. 下列鸟类属于青藏高原特有种的是（　　）。

　　A. 黑颈鹤　　　B. 爪哇金丝燕　　C. 白鹳　　　　D. 丹顶鹤

59. 寒温带分布的地带性植被类型为（　　）。

　　A. 雨林　　　B. 针阔混交林　　C. 常绿阔叶林　　D. 落叶针叶林

60. 机场项目环境影响评价中，声环境保护目标与项目关系现状图的最小比例尺是（　　）。

　　A. 1∶5 000　　B. 1∶10 000　　C. 1∶15 000　　D. 1∶20 000

61. 反映地面生态学特征的植被指数 NPVI 是指（　　）。

　　A. 比值植被指数　　　　　　　B. 农业植被指数

　　C. 归一化差异植被指数　　　　D. 多时植被指数

62. 输气管道建成后，适合在其上方覆土绿化的植物物种是（　　）。

    A. 松树　　　　　　B. 柠条　　　　　　C. 杨树　　　　　　D. 苜蓿

63. 地处西北地区冲洪积扇上的煤制气项目，地下水评价首先应关注的地质环境条件是（　　）。

    A. 水文地质条件　　　　　　　　　　B. 工程地质条件

    C. 地基承载力条件　　　　　　　　　D. 气象气候条件

64. 在鱼道设计中必须考虑的技术参数是（　　）。

    A. 索饵场分布　　B. 水流速度　　C. 河流水质　　D. 鱼类驯化

65. 下列环境水文地质试验方法中，可用于测定包气带渗透性能及防污性能的是（　　）。

    A. 抽水试验　　　B. 注水试验　　　C. 渗水试验　　　D. 浸溶实验

66. 承压水含水层一般不易受其顶部的地表污染源污染的主要原因是（　　）。

    A. 承压水含水层水流速度快

    B. 承压水含水层水量大

    C. 承压水含水层比其上部岩层的渗透系数大

    D. 承压水含水层与其补给区空间分布不一致

67. 降雨初期的地下水入渗方式主要有（　　）。

    A. 水动力弥散　　　　　　　　　　　B. 淋溶

    C. 稳定渗流　　　　　　　　　　　　D. 非饱和渗流

68. 对某污水池下伏潜水含水层进行监测时，发现氨氮浓度呈现明显上升趋势，立即修复污水池，切断氨氮泄漏。关于修复后 2 个月内地下水中污染特征的说法，正确的是（　　）。

    A. 泄漏点地下水氨氮浓度不变，且污染范围不变

    B. 泄漏点地下水氨氮浓度变小，且污染范围缩小

    C. 泄漏点地下水氨氮浓度变大，且污染范围缩小

    D. 泄漏点地下水氨氮浓度变小，且污染范围加大

69. 某项目区基岩为碳酸岩，岩溶暗河系统十分发育，水文地质条件复杂，地下水评价等级为一级。下列地下水流模拟预测方法选择中，正确的是（　　）。

    A. 概化为等效多孔介质，优先采用数值法

    B. 概化为等效多孔介质，优先采用解析法

    C. 概化为地表河流系统，优先采用解析法

    D. 概化为地表河流系统，优先采用数值法

70. 某沟渠厂 2 000 m，两侧与浅层地下水联系密切且补给地下水，已知潜水含水层渗透系数 100 m/d，地下水力坡度 0.2%，水力坡度取值段含水层平均厚度 4 m，

则该沟渠对地下水渗漏补给量是（　　　）m³/d。

　　A. 1 000 　　　　　B. 1 500 　　　　　C. 1 600 　　　　　D. 2 000

71. 下列含尘废气中，适用于静电除尘器除尘的是（　　　）。

　　A. 燃煤锅炉烟气 　　　　　　　　　B. 聚丙烯分料料仓废弃

　　C. 汽车喷涂车间废气 　　　　　　　D. 铝制轮毂抛光车间废气

72. 含汞废气的净化方法是（　　　）。

　　A. 吸收法 　　　B. 氧化还原法 　　　C. 中和法 　　　D. 催化氧化还原法

73. 对空气柱振动引发的空气动力性噪声的治理，一般采用（　　　）的措施。

　　A. 安装减振垫 　　　　　　　　　　B. 安装消声器

　　C. 加装隔声罩 　　　　　　　　　　D. 设置声屏障

74. 拟建电厂风机房一侧墙面向外辐射噪声，其墙面宽度×长度为 9.1 m×12.2 m，墙面中心轴线上可以用点声源预测模型进行预测的最小距离是（　　　）m。

　　A. 2.9 　　　　　B. 3.9 　　　　　C. 9.1 　　　　　D. 12.2

75. 线性工程声环境保护目标与项目关系图比例尺应不小于（　　　）。

　　A. 1∶1 000 　　　B. 1∶5 000 　　　C. 1∶10 000 　　　D. 1∶50 000

76. 无限长线声源 10 m 处噪声级为 82 dB，在自由空间传播约至（　　　）m 处噪声级可衰减为 70 dB。

　　A. 40 　　　　　B. 80 　　　　　C. 120 　　　　　D. 160

77. 开展厂界噪声环境监测的建设项目，应至少（　　　）开展一次监测。

　　A. 每年 　　　　　B. 每月 　　　　　C. 每五年 　　　　　D. 每季度

78. 某厂区压缩机是最大噪声源，其噪声源表述正确的是（　　　）。

　　A. 距离压缩机 r 处的 A 声功率级

　　B. 距离压缩机 r 处的 A 声压级

　　C. 压缩机的 A 声压级

　　D. 距离压缩机 r 处的中心频率为 63～8 000 Hz 8 个倍频带的声功率级

79. 某造船厂扩建工程，声环境影响评价工作等级为一级，工程分析中首选的声源源强数据是（　　　）。

　　A. 类比监测数据 　　　　　　　　　B. 能量守恒计算数据

　　C. 经验公式计算数据 　　　　　　　D. 参考资料分析数据

80. 下列噪声中，可以用最大 A 声级进行评价的是（　　　）。

　　A. 突发噪声 　　　B. 稳态连续噪声 　　　C. 道路运输噪声 　　　D. 风机运行噪声

81. 某拟建工程的声源为固定声源，声环境影响评价范围内现有一固定声源，敏感点分布如下图，声环境现状监测点应优先布置在（　　　）敏感点。

A. 1[#]　　　　　　B. 2[#]　　　　　　C. 3[#]　　　　　　D. 4[#]

82. 环境振动监测中无规则振动采用的评价量为（　　）。

　　A. 铅垂向 Z 振级　　　　　　　　　B. 铅垂向 Z 振级最大值

　　C. 累计百分铅垂向 Z 振级　　　　　D. 累计百分振级

83. 我国现有环境噪声标准中，主要评价量为（　　）。

　　A. 等效声级和计权有效感觉噪声级

　　B. 等效声级和计权有效感觉连续噪声级

　　C. 等效连续 A 声级和计权等效连续感觉噪声级

　　D. A 计权等效声级和计权等效连续噪声级

84. 某车间内中心部位有一中发动机试车台，发动机声功率为 130 dB，房间常数 R 为 200 m² ，则车间内距离发动机 15 m 处噪声级为（　　）。

　　A. 106　　　　　B. 113　　　　　C. 118　　　　　D. 130

85. 已知某厂房靠近窗户处的声压级为 85 dB（1 000 Hz），窗户对 1 000 Hz 声波的隔声量（TL）为 15 dB，窗户面积为 3 m² ，则从窗户透射的声功率级（1 000 Hz）是（　　）dB。

　　A. 73　　　　　B. 69　　　　　C. 67　　　　　D. 64

86. 点声源 A、B、C 在某一预测点处的噪声叠加值为 75 dB，其中 A、B 两声源对预测点产生的噪声值分别为 61 dB 和 67 dB，则 C 声源对预测点产生的噪声值为（　　）dB。

　　A. 71　　　　　B. 72　　　　　C. 73　　　　　D. 74

87. 已知某敏感点昼间现状声级为 57 dB（A），执行 2 类声环境功能区标准，企业拟新增一处点声源，靠近该声源 1 m 处的声级为 77 dB（A），为保障敏感点昼间达标，新增声源和敏感点的距离至少应大于（　　　）m。

A. 2.8　　　　　B. 4.0　　　　　C. 10　　　　　D. 100

88. 计权等效连续感觉噪声级 L_{WECPN} 计算公式中，昼间（7：00—19：00）、晚上（19：00—22：00）和夜间（22：00—7：00）飞行架次的权重取值分别是（　　　）。

A. 1、3 和 10　　B. 10、3 和 1　　C. 2、3 和 10　　D. 3、1 和 10

89. 位于自由空间的点声源 A 声功率级为 85 dB，在仅考虑几何发散衰减时，距声源 10 m 处的 A 声级为（　　　）dB。

A. 85　　　　　B. 65　　　　　C. 57　　　　　D. 54

90. 对于拟建公路、铁路工程，环境噪声现状调查重点需放在（　　　）。

A. 线路的噪声源强及其边界条件参数

B. 工程组成中固定噪声源的情况分析

C. 环境敏感目标分布及相应执行的标准

D. 环境噪声目标随时间和空间变化情况分析

91. 环境噪声的防治措施优先考虑的环节为（　　　）。

A. 受体保护

B. 从声源上和传播途径上降低噪声

C. 从声源上降低噪声和受体保护

D. 从传播途径上降低噪声和受体保护

92. 某拟建城市轨道交通项目，地下线路对距其 60 m 处的居民住宅室内产生噪声影响，为降低轨道交通对该居民住宅室内噪声的影响，应采取的主要措施是（　　　）。

A. 住宅与线路间设置声屏障　　　　B. 住宅更换隔声窗

C. 隧道内作吸声处理　　　　　　　D. 轨道采取隔震措施

93. 消声器主要用来降低（　　　）。

A. 机械噪声　　　　　　　　　　　B. 电磁噪声

C. 空气动力性噪声　　　　　　　　D. 撞击噪声

94. 钢铁项目制氧机产生的噪声使厂界超标，从噪声与振动控制方案设计基本原则考虑优先采用的是（　　　）。

A. 制氧机安装隔声罩　　　　　　　B. 厂界处设置声屏障

C. 增大维护结构窗体面积　　　　　D. 厂内设置 30 m 乔灌木隔声带

95. 已知某一段时间内不同时刻的瞬时 A 声级，要求计算该时段内的等效声级，采用的计算方法是（　　　）。

A. 算术平均法　　　　　　　　　　B. 能量平均法

C. 几何平均法　　　　　　　　　　D. 调和平均法

96. 土壤盐化影响因素有地下水位埋深（GWD）、干燥度（EPR）、土壤本底含盐量（SSC）、地下水溶解性总固体（TDS）、土壤质地（ST）等，按权重值从大到小排序正确的是（　　）。

　　A. GWD＞EPR＞SSC＞TDS＞ST

　　B. GWD＞EPR＞SSC＝TDS＞ST

　　C. GWD＞EPR＞TDS＞SSC＞ST

　　D. ST＞SSC＞EPR＞TDS＞GWD

97. 某地土壤实测体积含水量为 40%，用 100 cm³ 环刀取原状土，实测土壤鲜重为 200 g，该土壤的干容重是（　　）g/cm³。

　　A. 0.4　　　　　B. 1.6　　　　　C. 2.4　　　　　D. 2

98. 在建设项目土壤环境现状调查资料收集过程中，不需要收集的图件是（　　）。

　　A. 植被类型图　　　　　　　　　B. 土地利用现状图

　　C. 土地利用规划图　　　　　　　D. 土壤类型分布图

99. 以下不属于土壤理化特性调查内容的是（　　）。

　　A. 阳离子交换量　　　　　　　　B. 氧化还原电位

　　C. 包气带岩性　　　　　　　　　D. 孔隙度

100. 某改建项目，土壤环境影响评价工作等级为二级，应对现有工程的土壤环境保护措施情况进行调查，并重点调查（　　）的土壤污染现状。

　　A. 敏感点　　　　　　　　　　　B. 主要装置或设施附近

　　C. 污水站附近　　　　　　　　　D. 评价范围内农用地

101. 某拟建生活垃圾填埋场开展土壤环境影响预测，应选用模型是（　　）。

　　A. 一维非饱和溶质运移模型　　　B. 一维饱和溶质运移模型

　　C. 二维饱和溶质运移模型　　　　D. 三维饱和溶质运移模型

102. 对于土壤环境影响评价，当同一建设项目涉及两个或两个以上场地时，应（　　）判定评价工作等级。

　　A. 对影响最大的区域　　　　　　B. 同时

　　C. 分别　　　　　　　　　　　　D. 对影响较大的地区

103. 确认前期场地环境调查与风险评估提出的土壤修复范围是否清楚，特别要关注（　　）。

　　A. 四周边界　　　　　　　　　　B. 污染土层深度分布

　　C. 地下水埋深　　　　　　　　　D. 污染土层异常分布情况

104. 环境风险危险物质及工艺系统危险性（P）分级由（　　）来确定。

　　A. 行业及生产工艺（M）和危险物质数量与临界量比值（Q）

B. 行业及生产工艺（M）和环境敏感程度

C. 环境敏感程度与危险物质数量与临界量比值（Q）

D. 行业及生产工艺（M）和环境风险潜势

105. 关于高速公路项目运营期工程分析技术要求的说法，正确的是（　　　）。

A. 应关注筑路材料临时堆场对环境的影响

B. 应关注桥梁基础建设的底泥清淤弃渣的影响

C. 应关注公路隧道施工排水对地表水环境的影响

D. 应关注管理服务区的废水、废气和固废的影响

106. 工程分析中将没有排气筒或排气筒高度低于（　　　）m 的排放源定位为无组织排放源。

A. 15　　　　　B. 20　　　　　C. 8　　　　　D. 25

107. 河流水域概化中，预测河段及代表性断面的宽深比≥（　　　）时，可视为矩形河段。

A. 10　　　　　B. 15　　　　　C. 20　　　　　D. 25

108. 以下水文地质试验方法中可以确定包气带防护能力能的是（　　　）。

A. 注水试验　　B. 渗水试验　　C. 浸溶试验　　D. 土柱淋滤试验

109. 用来反映岩土透水性能的指标是（　　　）。

A. 渗流速度　　B. 渗透系数　　C. 有效孔隙度　　D. 水力坡度

110. 煤矿主通风机排风道消声处理后。距离排风口 15 m 处经计权网络修正后的各倍频带声压级如下表，则距离排风口 15 m 处的 A 声级是（　　　）dB（A）。

倍频带带中心频率/HZ	63	125	250	500	1000	2 000	4 000	8 000
声压级/dB	41.3	41.3	41.3	44.2	41.2	41.2	25.1	25.1

A. 99.4　　　　B. 49.7　　　　C. 44.2　　　　D. 25.1

111. 下列选项中，与噪声传播过程中由于距离增加而引起的衰减有关的因素是（　　　）。

A. 噪声的固有频率　　　　　　B. 点声源与受声点距离

C. 噪声的原有噪声级　　　　　D. 噪声源周围布局

112. 景观生态学评价方法中，可用于分析景观变化的方法有（　　　）。

A. 生境评级法　　B. 类比法　　C. 系统分析法　　D. 定性描述法

113. 陆地生态系统生物量是衡量环境质量变化的主要标志，应采用（　　　）进行测定。

A. 样地调查收割法　　　　　　B. 系统分析法

C. 随机抽样法　　　　　　　　D. 收集资料法

114. 下列工程或设施中，产生的大气污染源为线源的是（　　）。

　　A. 化学只要企业废水地下技术管线　　　　B. 成品油配送库中的汽油罐

　　C. 北京至天津的高速公路　　　　D. 榆林至郑州的天然气管线

115. 大气环境影响预测时，对于临近污染源的高层住宅楼，应适当考虑（　　）的预测受体。

　　A. 不同代表长度上　　　　　　　　B. 不同代表宽度上

　　C. 不同代表高度上　　　　　　　　D. 不同代表朝向上

116. 对于持久性污染物（连续排放），沉降作用明显的河段适用的水质模式是（　　）。

　　A. 河流完全混合模式　　　　　　　　B. 河流一维稳态模式

　　C. 零维模式　　　　　　　　D. S-P 模式

117. 采用瞬时点源排放模式预测有毒有害化学品事故泄漏进入水体的影响，首先需要（　　）。

　　A. 判断是否可以作为瞬时点源处理

　　B. 判断有毒有害化学品进入水体的浓度

　　C. 判断水面上大气中有毒污染的分压是否达标

　　D. 判断悬浮颗粒物浓度是否达标

118. 在达西定律中，关于渗透系数的说法错误的是（　　）。

　　A. 渗透系数是表征含水介质透水性能的重要参数

　　B. 渗透系数与颗粒成分、颗粒排列等有关

　　C. 渗透系数与流体的物理性质有关

　　D. 粒径越大，渗透系数（K）越小

119. 某占地 41 km 化工园区中拟建聚氯乙烯项目，项目厂界距园区管委会办公楼（员工 400 人）约 500 m，项目厂界东侧相距化肥厂（员工 1 600 人）500 m。项目厂界外西侧、北侧 5 km 范围内有 12 个自然村（人口总数为 8 100 多人），该项目环境风险评价专项中大气环境敏感程度是（　　）。

　　A. E0　　　　　B. E1　　　　　C. E2　　　　　D. E3

120. 某炼油项目填海 7 hm^2，配套建设成品油码头及罐区，并对航道进行疏浚。施工期海域专题的主要评价因子是（　　）。

　　A. 成品油　　　　B. 悬浮物　　　　C. 重金属　　　　D. 溶解氧

121. 陆生植物调查中，适用于全查法的情形（　　）。

　　A. 物种稀少　　　　　　　　B. 分布范围相对分散

　　C. 种群数量相对较多　　　　D. 分布面积较大

122. 对某海岸滩涂进行生态系统健康状况评价，适宜采用的指标是（　　）。

A．生物量　　　　　　　　　　　　B．植被覆盖度

C．香农-威纳多样性指数　　　　　　D．生物完整性指数

123．高速公路环境保护验收在噪声监测时，符合布设 24 h 连续测量点位的监测点是（　　）。

A．车流量有代表性的路段，距高速公路路肩 50 m、高度 1.3 m

B．车流量有代表性的路段，距高速公路路肩 50 m、高度 1.2 m

C．车流量有代表性的路段，距高速公路路肩 60 m、高度 1.3 m

D．车流量有代表性的路段，距高速公路路肩 60 m、高度 1.2 m

124．从土壤剖面采取土壤样品正确的方法是（　　）。

A．随机取样　　　　　　　　　　　B．由上而下分层取样

C．由下而上分层取样　　　　　　　D．由中段向上下两侧扩展取样

二、不定项选择题（每题的备选项中至少有一个符合题意）

1．属大气污染源面源的有（　　）。

A．车间　　　　　　　B．工棚　　　　　　　C．露天堆料场

D．15 m 以下排气筒　　E．锅炉房 20 m 高度的烟囱

2．影响噪声源对声环境敏感目标噪声贡献值的因素有（　　）。

A．噪声源位置　　　　　　　　　　B．声源源强

C．人口密度　　　　　　　　　　　D．空气的温度、湿度

3．制定生态影响型项目营运期生态跟踪监测方案时，以（　　）作为监测对象。

A．植被　　　　　　　　　　　　　B．国家重点保护物种

C．地区特有物种　　　　　　　　　D．对环境变化敏感的物种

4．狄龙模型适合于（　　）水质预测。

A．湖中氮的　　　　　　　　　　　B．湖中磷的

C．光合作用显著的河流的　　　　　D．水库中氮、磷的

5．新建机场项目环境影响评价中，飞机噪声影响预测所需的参数有（　　）。

A．日均飞行架次　　　　　　　　　B．机型组合比列

C．起飞架次昼夜比例　　　　　　　D．降落架次昼夜比例

6．大气污染的常规控制技术分为（　　）等。

A．洁净燃烧技术　　　　　　　　　B．高烟囱烟气排放技术

C．烟粉尘净化技术　　　　　　　　D．气态污染物净化技术

7．在工业污染型项目的工程分析中，应具备的基本图件有（　　）。

A．工厂平面布置图　　　　　　　　B．工艺流程图

    C. 物料平衡图   D. 环境监测布点图

    E. 评价范围图

8. 制定环境风险应急预案时，应包括的内容有（   ）。

    A. 设置应急计划区   B. 制定应急环境监测方案

    C. 进行应急救援演练   D. 及时发布有关信息

9. 某煤制烯烃项目由备煤、气化、变换、净化、甲醇合成、甲醇制烯烃、硫回收、污水处理场等单元组成。该项目排放硫化氢的无组织排放单元有（   ）。

    A. 气化   B. 硫回收   C. 甲醇制烯烃   D. 污水处理厂

10. 固体废物填埋场工程组成包括（   ）。

    A. 渗滤液收集系统   B. 环境监测系统

    C. 填埋气体收集系统   D. 防渗系统

11. 某管线项目穿越省级森林生态系统类型的自然保护区实验区，环境影响评价需具备的基本生态图件有（   ）。

    A. 土地利用现状图   B. 植被分布现状图

    C. 重要物种分布图   D. 自然保护区功能分区图

12. 城市污水处理厂污泥稳定过程中（   ）。

    A. 厌氧消化   B. 好氧消化

    C. 化学稳定和混合   D. 污泥浓缩

13. 在城市垃圾填埋场的环境影响评价中，应（   ）。

    A. 分析渗滤液的产生量与成分

    B. 评价渗滤液处理工艺的适用性

    C. 预测渗滤液处理排放的环境影响

    D. 评价控制渗滤液产生量的措施有效性

14. 为满足噪声源噪声级的类比测量要求，应当选取与建设项目噪声源（   ）进行。

    A. 相似的型号规格   B. 相近的工况

    C. 相似的环境条件   D. 相同的测量时段

15. 某水深较大、面积较小的水库建设项目，进行水温预测时采用垂向一维数学模型，该模型涉及的参数有（   ）。

    A. 垂向流速   B. 太阳热辐射通量

    C. 水温垂向扩散系数   D. 水温纵向扩散系数

16. 某建设项目拟向内陆河流排放废水，可作为该河流地表水环境影响预测的设计水文条件有（   ）。

    A. 90%保证率最枯月流量   B. 90%保证率最枯月平均水位

C. 近 10 年最枯月平均流量　　　　　D. 近 10 年最枯月平均水位

17. 生态影响评价中，陆生野生动物的调查内容一般应包括（　　）。

A. 动物种类及区系组成　　　　　　B. 分布范围及生境状况

C. 种群数量及繁殖规律　　　　　　D. 迁徙行为及迁徙通道

18. 某技改扩建项目拟依托原有公辅工程，其治理措施可行性分析应考虑的因素（　　）。

A. 能力匹配性　　　　　　　　　　B. 工艺可行性

C. 经济合理性　　　　　　　　　　D. 现行环保政策相符性

19. 在城市垃圾填埋场的环境影响评价中，应对（　　）进行分析或评价。

A. 填埋场废气产量　　　　　　　　B. 废气的综合利用途径

C. 集气、导气系统失灵状况下的环境影响　　D. 废气利用方案的环境影响

20. 公路建设项目环境影响评价中，减少占用耕地可行的工程措施有（　　）。

A. 优化线路方案　　　　　　　　　B. 高填方路段收缩路基边坡

C. 以桥梁代替路基　　　　　　　　D. 编制基本农田保护方案

21. 从河流 A 的上游筑坝，跨流域调水补给河流 B 的中游，其生态影响评价范围应包括（　　）。

A. 河流 A 的上游　　　　　　　　B. 河流 A 的中、下游

C. 河流 B 的中、下游　　　　　　D. 调水线路所穿越地区

22. 距离某空压机站 10 m 处声级为 80 dB（A），距离空压机站 150 m、180 m、300 m、500 m 各有一村庄。该空压机站应布置在距离村庄（　　）m 外，可满足 GB 3096—2008 中 2 类区标准要求。

A. 150　　　　B. 180　　　　C. 300　　　　D. 500

23. 属于环境风险源项的有（　　）。

A. 系统故障导致高浓度 SO_2 事故排放　　B. 氨从储罐大量泄出

C. 污水处理站事故排放　　　　　　D. 运输液氯的槽车事故泄漏

24. 进行河流水环境影响预测，需要确定（　　）等。

A. 受纳水体的水质状况　　　　　　B. 拟建项目的排污状况

C. 设计水文条件　　　　　　　　　D. 边界条件（或初始条件）

25. 进行陆生动物哺乳动物多样性调查时，调查方法可采用（　　）。

A. 样线（带）调查法　　　　　　　B. 踪迹判断法

C. 红外相机陷阱法　　　　　　　　D. 生态图法

26. 某炼化企业产生的含油污泥，合理处置方式有（　　）。

A. 一般固废填埋场填埋　　　　　　B. 作为民用燃料出售

C. 油固分离后综合利用　　　　　　D. 水泥窑协同处理

27．某河流多年平均流量为 250 m³/s，在流经城区河段拟建一集装箱货码头，在环境影响预测分析中需关注的内容应包括（　　　）。

A．集中供水水源地　　　　　　　　B．洄游性鱼类

C．浮游生物　　　　　　　　　　　D．局地气候

28．污染型建设项目的工程分析应给出（　　　）等项内容。

A．工艺流程及产污环节　　　　　　B．污染物源强核算

C．项目周围污染源的分布及源强　　D．清洁生产水平

E．环保措施与污染物达标排放

29．下列生态影响方式属于间接生态影响的有（　　　）。

A．水文情势变化导致生境条件、水生生态系统发生变化

B．不可逆转的生物多样性下降

C．物种迁徙（或洄游）、扩散、种群交流受到阻隔

D．资源减少及分布变化导致种群结构或种群动态发生变化

30．某大型水电站建于干热河谷，为跟踪监测电站建成后对干热河谷陆生生态的影响，监测计划应包括的内容有（　　　）。

A．物候变化　　　　　　　　　　　B．局地气候变化

C．土壤理化性质的变化　　　　　　D．陆生动植物物种的变化

31．用类比法预测河流筑坝对鱼类资源的影响时，类比调查应重点考虑（　　　）。

A．工程特性与水文情势变化　　　　B．饵料生物丰度

C．鱼类区系组成及其生活习性　　　D．有无洄游性、珍稀保护、地方特有鱼类

32．在生态影响型建设项目的环境影响评价中，选择的类比对象应（　　　）。

A．与拟建项目性质相同

B．与拟建项目工程规模相似

C．与拟建项目具有相似的生态环境背景

D．与拟建项目类似且稳定运行一定时间

33．生态现状评价常用的方法有（　　　）。

A．图形叠置法　　　　　　　　　　B．生态机理分析法

C．景观生态学方法　　　　　　　　D．情景分析法

E．系统分析法

34．在建设项目环境影响评价中，环境现状调查包括（　　　）。

A．自然环境现状调查与评价　　　　B．环境保护目标调查

C．社会环境现状调查　　　　　　　D．环境质量现状调查

35．下列关于生态影响评价图件编制规范要求的说法，正确的有（　　　）。

A．当图件主题内容无显著变化时，制图数据源的时效性要求可在无显著变化期

内适当放宽，无需现场勘验校核

B. 生态影响评价制图应采用标准地形图作为工作底图，精度不低于工程设计的制图精度，比例尺一般在 1：10 000 以上

C. 调查样方、样线、点位、断面等布设图、生态监测布点图等应结合实际情况选择适宜的比例尺，一般为 1：10 000~1：2 000

D. 生态影响评价图件应符合专题地图制图的规范要求，图面内容包括主图以及图名、图例、比例尺、方向标、注记、制图数据源、成图时间等辅助要素

36. 对弃渣场进行工程分析时需明确（　　）等。

A. 弃渣场的数量 　　　　　　　B. 弃渣场的占地类型及其面积

C. 弃渣量 　　　　　　　　　　D. 弃渣方式

E. 生态恢复方案

37. 对于连续排入中型宽浅河流的持久性污染物，假设河流流量稳定，在开展水质预测时，下列说法正确的有（　　）。

A. 混合过程段应采用二维水质模型

B. 完全混合段可采用一维稳态水质模型

C. 应考虑降解系数

D. 沉降作用明显河段，应考虑沉降系数

38. 生态影响型建设项目工程分析中，应纳入生态影响源项分析的有（　　）。

A. 占地类型和面积 　　　　　　B. 取弃土场位置和土石方量

C. 移民安置方案 　　　　　　　D. 生态恢复

39. 制定陆生维管植物调查时，通常应准备的观测区域资料有（　　）。

A. 气候资料 　　　　　　　　　B. 土壤类型图

C. 植被类型图 　　　　　　　　D. 动物区系资料

40. 假设枯水期事故排放导致苯胺瞬时泄漏进入河流，若河流径流量为常数，采用一维动态水质解析模式进行下游敏感断面苯胺浓度预测，需要的基本参数有（　　）。

A. 横向混合系数 　　　　　　　B. 纵向离散系数

C. 河道过水断面积 　　　　　　D. 苯胺的一级降解系数。

41. 采用生态机理分析进行生态影响评价时，已开展的工作有（　　）。

A. 预测项目建成后该地区动物、植物生长环境的变化

B. 调查植物和动物分布，动物栖息地和迁徙、洄游路线

C. 根据项目建成后的环境变化，预测建设项目对个体、种群和群落的影响

D. 通过定性分析或定量方法对指标赋值或分级，依据指标进行区域划分并将区划信息绘制成图

42. 属于主要排放口监测指标的有（   ）。

A. 二氧化硫、氮氧化物和挥发性有机物

B. 所在区域环境质量超标的污染物指标

C. 属于优先控制污染物，能在环境或动植物体内积蓄对人类产生长远不良影响的有毒污染物指标

D. 有毒污染物指标

43. 按照水力学特点分类，地下水污染途径大致可分为四种类型。污染物从上到下经包气带进入含水层的类型有（   ）。

A. 间歇入渗型   B. 连续入渗型

C. 径流型   D. 含水层间越流型

44. 当污染物由上而下经包气带进入含水层，其对地下水的污染程度主要取决于包气带的（   ）。

A. 地质结构 B. 岩性   C. 厚度   D. 渗透性

45. 下列技术中，属于地下水污染水力控制技术的有（   ）。

A. 抽水系统控制技术   B. 注水系统控制技术

C. 水动力屏障系统控制技术 D. 可渗透性反应墙技术

46. 进行河流均匀混合模型预测必须确定（   ）。

A. 污染物排放浓度   B. 污水排放量

C. 河流上游污染物浓度   D. 河流流量

47. 控制燃煤锅炉 SO_2 排放的有效方法是（   ）。

A. 炉内喷钙   B. 石灰石—石膏湿法

C. 循环流化床锅炉   D. 氨法

E. 燃用洁净煤

48. 垃圾填埋场恶臭污染治理中，常见的化学方法有（   ）。

A. 掩蔽法 B. 燃烧法 C. 氧化法 D. 碱吸收法

49. 控制燃煤锅炉 NO_x 排放的有效方法有（   ）。

A. 非选择性催化还原法   B. 选择性催化还原法

C. 炉内喷钙法   D. 低氮燃烧技术

50. 具有日调节性能的水电站，运营期对坝址下游河道水生生态产生影响的要素有（   ）。

A. 水量波动 B. 水位涨落 C. 水温分层 D. 气候变化

51. 对于一个选址符合环保要求的拟建垃圾填埋场，控制和预防地下水污染的措施包括（   ）。

A. 防渗工程   B. 渗滤液疏导、处理工程

C. 雨水截流工程　　　　　　　　　　D. 渗滤液系统监测系统

52. 某项目环境空气现状监测，采样时间为每天 23 h。下列污染物中，不满足日平均浓度有效性规定的有（　　　）。

A. SO_2 日平均浓度　　　　　　　　B. $PM_{2.5}$ 日平均浓度

C. BaP 日平均浓度　　　　　　　　　D. TSP 日平均浓度

53. 利用遥感资料可给出的信息有（　　　）。

A. 植被类型及其分布　　　　　　　　B. 土地利用类型及其面积

C. 土壤类型及其分布　　　　　　　　D. 群落结构及物种组成

54. 下列水生生态系统调查内容中，属于浮游生物调查指标的有（　　　）。

A. 生物量　　　　　B. 细胞总量　　　　C. 种类组成及分布

D. 鱼卵及仔鱼的数量、种类、分布　　　E. 生境条件

55. 对降低空气动力性噪声有效的技术措施有（　　　）。

A. 吸声　　　　　　B. 隔声　　　　　　C. 消声　　　　　D. 减振

56. 从声源上降低噪声，可采取的方法有（　　　）。

A. 选用低噪声设备　　　　　　　　　B. 保持设备良好运转状态

C. 采用天然地形遮挡声源　　　　　　D. 合理安排建筑物平面布局

57. 影响重金属污染物在包气带土层中迁移的主要因素包括（　　　）。

A. 水的运移　　　　　　　　　　　　B. 重金属的特性

C. 土层岩性　　　　　　　　　　　　D. 含水层中水流速度

58. 隧道施工可能对生态环境产生影响的因素有（　　　）。

A. 弃渣占地　　　　　　　　　　　　B. 施工涌水

C. 施工粉尘　　　　　　　　　　　　D. 地下水疏干

59. 某汽油加油站加油量为每日 10 000 L，为控制加油枪加油、地下罐收油过程挥发性有机物排放，适宜的控制措施有（　　　）。

A. 采用油气平衡加油枪　　　　　　　B. 采用常温汽油吸收法处理

C. 采用 40 m 排气筒高空排放　　　　　D. 地下油罐采用油气平衡收油

60. 拟采用生态因子类比法对建设项目进行生态影响分析评价，类比工程的选择需考虑的因素有（　　　）。

A. 相似地貌　　　　　　　　　　　　B. 相似植物群落

C. 相似气候类型　　　　　　　　　　D. 相似经济指标

61. 在污染型项目的工程分析中，应具备的基本图件有（　　　）。

A. 项目平面布置图　　　　　　　　　B. 工艺流程图

C. 环境监测布点图　　　　　　　　　D. 评价范围图

62. 某项目设置室外冷却塔，为项目的主要噪声源，该噪声源调查表的内容应

包括（   ）。

A. 电机变频范围 B. 运行时段

C. 声源控制措施 D. 空间相对位置

63．将某工业厂房墙面（长为 b，高为 a，且 $b > a$）视为面声源，计算距墙面声源中心距离为 r 处声级时，需要采用的声波衰减公式有（   ）。

A. $r < a/\pi$，$A_{div} \approx 0$

B. $a/\pi < r < b/\pi$，$A_{div} \approx 10 lg（r/r_0）$

C. $r > b/\pi$，$A_{div} \approx 20 lg（r/r_0）$

D. $r > a/\pi$，$A_{div} \approx 10 lg（r/r_0）$

64．下列关于环境质量现状评价，错误的是（   ）。

A. PM_{10}、CO 和 O_3 长期监测数据的年评价指标包括 PM_{10} 24 h 平均第 98 百分位数、CO_2 4 h 平均第 95 百分位数、O_3 8 h 平均第 90 百分位数和 PM_{10}、CO、O_3 的年平均值

B. 补充监测数据的现状评价内容，分别对各监测点位不同污染物的短期浓度进行环境质量现状评价。对于超标的污染物，计算其超标倍数和超标率

C. Pb 的浓度单位为 $\mu g/m^3$ 时，数据要求保留 2 位小数

D. 采用多个长期监测点位数据进行现状评价，取各污染物相同时刻各监测点位的浓度最大值作为评价范围内环境空气保护目标及网格点环境质量现状浓度

65．湖库水平衡计算中的出水量包括（   ）。

A. 地表径流量 B. 城市生活取水量

C. 农业取水量 D. 湖库水面蒸发量

66．影响垃圾卫生填埋的渗滤液产生量的因素有（   ）。

A. 垃圾含水量 B. 垃圾填埋总量

C. 区域的降水量与蒸发量 D. 渗滤液的输导系统

67．下列生态影响型项目的工程分析中，属于该项目工程分析重点的有（   ）。

A. 公路项目对动物迁徙通道的阻隔影响

B. 水库项目对原生常绿阔叶林的淹没影响

C. 油气田开采项目对邻近自然保护区的影响

D. 风电场项目 35 kV 集电线路的电磁辐射影响

68．对于大气环境风险预测，一级评价需选取（   ），选择适用的数值方法进行分析预测。

A. 最不利气象条件 B. 最不利地形

C. 事故发生地的最常见气象条件 D. 典型事故案例中的气象条件

69．水泥窑窑尾烟气氮氧化物脱硝可采用的工艺技术有（   ）。

A．SCR
B．SNCR

C．碱洗脱酸降温+SCR
D．水洗+活性炭吸附+SCR

70．在模拟湖库（　　）时，可采用解析解模型。

A．水域形态规则
B．水域面积较小

C．水流均匀
D．排污稳定

71．影响建设项目对敏感点等效声级贡献值的主要原因有（　　）。

A．声源源强
B．声源的位置

C．声波传播条件
D．敏感点处背景值

72．绘制工矿企业噪声贡献值等声级图时，等效声级（　　）。

A．间隔不大于 5 dB
B．最低值和功能区夜间标准相一致

C．可穿越建筑物
D．最高值可为 75 dB

73．大气环境影响预测进行模型计算设置时，对于城市/农村选项，（　　）应选择"城市"。

A．项目周边 3 km 半径范围内一半以上面积属于城市建成区

B．项目周边 3 km 半径范围内一半以上面积属于城市规划区

C．项目周边 5 km 半径范围内人口较多

D．项目周边 5 km 半径范围内一半以上面积属于城市建成区

74．下列属于 ADMS 必须需要的地面气象数据的有（　　）。

A．风速
B．总云量

C．低云量
D．干球温度

75．采用大气估算模式计算点源最大地面浓度时，所需参数包括排气筒出口处的（　　）。

A．内径
B．烟气温度

C．环境温度
D．烟气速度

76．某集中供热项目大气环境影响评价等级为一级，评价结果表达应包含（　　）。

A．基本信息底图
B．网格浓度分布图

C．项目基本信息图
D．大气环境防护区域图

77．评价等级为二级的大气环境影响预测内容至少应包括（　　）。

A．正常排放时小时平均浓度
B．非正常排放时小时平均浓度

C．正常排放时日平均浓度
D．非正常排放时日平均浓度

78．下列属于系数法预测二次污染物 $PM_{2.5}$ 对大气环境影响的模型有（　　）。

A．AERMOD
B．AUSTAL2000

C．CALPUFF
D．EDMS/AEDT

79．利用一维水质模型预测非持久性污染物排放对下游河段的影响，需确定的

参数有（　　　）。

  A．综合衰减系数   B．纵向扩散系数

  C．横向混合系数   D．垂向扩散系数

80．有关河流水域概化要求说法正确的有（　　　）。

  A．预测河段及代表性断面的宽深比≥20时，可视为矩形河段

  B．河段弯曲系数>1.3时，可视为弯曲河段，其余可概化为平直河段

  C．对于河流水文特征值和水质急剧变化的河段，应分段概化，并分别进行水环境影响预测

  D．预测河段及代表性断面的宽深比≥15时，可视为矩形河段

81．地表水面源污染负荷估算模型有（　　　）。

  A．源强系数法   B．水文分析法

  C．河流数学模型   D．面源模型法

82．某公路拟在距离厂界10 m处安装4台小型方体冷却塔，预测时厂外敏感点噪声超标，通常采用的噪声治理方法有（　　　）。

  A．设置声屏障   B．选用低噪声冷却塔

  C．调整冷却塔的位置   D．进风口安装百叶窗式消声器

83．某技改扩建项目拟依托原有公辅工程，其治理措施可行性分析应考虑的因素（　　　）。

  A．能力匹配性   B．工艺可行性

  C．经济合理性   D．现行环保政策相符性

84．有关污水处理工艺说法正确的有（　　　）。

  A．采用厌氧和好氧组合工艺时，厌氧工艺单元应设置在好氧工艺单元前

  B．一级处理主要是去除污水中呈胶体和溶解状态的有机污染物

  C．当污（废）水中含有生物毒性物质，应在污（废）水进入生物处理单元前去除毒性物质

  D．三级处理主要是去除污水中呈悬浮或漂浮状态的污染物

85．某公路扩建工程，现状公路和周围敏感度表见下图，噪声现状监测点布设合理的是（　　　）。

图例：▨ 敏感目标

A. ①③   B. ①②   C. ②③   D. ①

86. 进行河流稳态水质模拟预测需要确定（   ）。

A. 污染物排放位置、排放强度   B. 水文条件

C. 初始条件   D. 水质模型参数值

87. 洁净煤燃烧技术包括（   ）。

A. 循环流化床燃烧   B. 型煤固硫技术

C. 低 NO_x 燃烧技术   D. 煤炭直接液化

88. 袋式除尘器的清灰方式有（   ）。

A. 机械振动清灰   B. 脉冲喷吹清灰

C. 逆气流清灰   D. 蒸汽喷吹清灰

89. 在对某输气管道项目沿线陆生植被和植物进行样方调查时，拟对其间的马尾松物种进行重要值计算需要的参数有（   ）。

A. 相对密度   B. 相对频度

C. 相对稳定度   D. 相对优势度

90. 对于污染型项目，一般从其厂区总平面布置图中可以获取的信息有（   ）。

A. 采用的工艺流程   B. 建（构）物位置

C. 主要环保设施位置   D. 评价范围内的环境敏感目标位置

91. 下列关于生态影响评价图件编制规范要求的说法，正确的有（   ）。

A. 当图件主题内容无显著变化时，制图数据源的时效性要求可在无显著变化期内适当放宽，无须现场勘验校核

B. 生态影响评价制图应采用标准地形图作为工作底图，精度不低于工程设计的制图精度，比例尺一般在 1∶10 000 以上

C. 调查样方、样线、点位、断面等布设图、生态监测布点图等应结合实际情况选择适宜的比例尺，一般为 1∶10 000～1∶2 000

D. 生态影响评价图件应符合专题地图制图的规范要求，图面内容包括主图以及图名、图例、比例尺、方向标、注记、制图数据源、成图时间等辅助要素

92. 利用遥感资料可给出的信息有（   ）。

A. 植被类型及其分布   B. 地形

C. 群落结构及物种组成   D. 土地利用类型及其面积

93. 计算某高速公路和敏感点之间的地面效应衰减时，需分析的主要影响因素有（   ）。

A. 地面类型   B. 敏感点建筑类别

C. 高速公路和敏感点之间的距离   D. 声传播路径的平均离地高度

94. 拟建高速公路穿越两栖动物栖息地，对动物栖息地可采取的保护措施有

（   ）。

  A．增加路基高度   B．降低路基高度

  C．收缩路基边坡   D．增设桥涵

  95．某拟建高速公路经过某种爬行动物主要活动区，公路营运期对该动物的影响有（   ）。

  A．减少种群数量   B．改变区系成分

  C．阻隔活动通道   D．分割栖息生境

  96．某水电项目实施影响生态保护区的国家保护动物猕猴，对生态环境需要采取措施有（   ）。

  A．库区清理时对猕猴进行临时保护

  B．采取临时人工食源区

  C．围栏人工驯养

  D．对临时占地进行恢复

  97．根据建设项目特点、可能产生的环境影响和当地环境特征，有针对性收集调查评价范围内的相关土壤资料，主要内容包括（   ）。

  A．土地利用现状图、土地利用规划图、土壤类型分布图

  B．气象资料、地形地貌特征资料

  C．土地利用历史情况

  D．与建设项目土壤环境影响评价相关的其他资料

  E．水文及水文地质资料

  98．下列关于土壤环境现状监测点数量的要求，说法正确的有（   ）。

  A．生态影响型建设项目可优化调整占地范围内、外监测点数量，保持总数不变

  B．生态影响型建设项目占地范围超过 2 000 hm² 的，每增加 1 000 hm² 增加 1 个监测点

  C．污染影响型建设项目可优化调整占地范围内、外监测点数量，保持总数不变

  D．污染影响型建设项目占地范围超过 100 hm² 的，每增加 20 hm² 增加 1 个监测点

  99．土壤的氧化还原性质对植物的生长起着至关重要的作用，土壤中的各种生物化学过程都受氧化还原电位的制约，各物种的反应活性、迁移、毒性及其能否被生物吸收利用，都与物种的氧化还原状态有关。氯化还原电位与氧化性关系表述错误的是（   ）。

  A．土壤氧化还原点位越高，氧化性越强

  B．土壤氧化还原点位越高，氧化性越弱

  C．土壤氧化还原点位越低，氧化性越弱

D. 土壤氧化还原点位越低，氧化性越强

100．进行污染场地修复时，提出的修复目标包括（　　）。

A. 确认目标污染物　　　　　　　B. 确认场地状况

C. 提出修复目标值　　　　　　　D. 确认修复范围

101．生态影响型土壤环境污染过程防控措施包括（　　）。

A. 排水排盐　　　　　　　　　　B. 调节土壤 pH 值

C. 降低地下水位　　　　　　　　D. 地面硬化

102．化工园区内新建液氯管道输送过程中的环境风险防范与减缓措施有（　　）。

A. 提高管道设计等级　　　　　　B. 规定应急疏散通道

C. 储备救援物资　　　　　　　　D. 管廊设防雨盖顶

103．在建设项目环境风险评价中，大气环境敏感程度分级表述正确的是（　　）。

A. 环境风险受体的敏感性依据环境敏感目标敏感性及人口密度划分

B. 环境风险受体的敏感区分为环境高度敏感区环境中度敏感区和环境不敏感区

C. 周边 500 m 范围内人口总数小于 500 人的，大气环境敏感程度为 E3 级

D. 油气、化学品输送管线管段周边 500 m 范围内每千米人口数量是大气环境敏感程度分级依据

104．核实无组织排放源污染物排放量的方法通常有（　　）。

A. 物料衡算法　　　　　　　　　B. 类比法

C. 反推法　　　　　　　　　　　D. 排污系数法

105．对可能造成土壤盐化、酸化、碱化影响的建设项目，应选取（　　）等作为预测因子。

A. 土壤盐分含量　　　　　　　　B. pH 值

C. 特征因子　　　　　　　　　　D. 基本因子

106．在生态影响型项目环境影响评价中，属于工程分析对象的是（　　）。

A. 总投资　　　　　　　　　　　B. 施工组织设计

C. 项目组成和建设地点　　　　　D. 国民经济评价和财务分析

107．关于大气污染源调查方法正确的说法有（　　）。

A. 新建项目可通过类比调查或设计资料确定

B. 改、扩建项目的现有工业污染源可以现有的工业污染源调查资料为基础，再对变化情况进行核实、调整

C. 评价区内其他污染源及界外区较大污染源可参照建设项目的方法进行调整

D. 有时候可以参照水环境的调查方法

108．某油气田开发项目位于西北干旱荒漠区，占地面积 100 km²，1 km 外有以

保护鸟类为主的国家重要湿地保护区，下列方法中，可用于评价该建设项目生态环境现状的有（　　　）。

A. 图形叠置法　　　　　　　　　B. 列表清单法

C. 单因子指数法　　　　　　　　D. 景观生态学法

109. 环境空气质量现状补充监测点位图中，需明确标出位置的有（　　　）。

A. 国家监测站点　　　　　　　　B. 地方监测站点

C. 现状补充监测点　　　　　　　D. 污染源监测点

110. 某编制报告书的新建项目距离海岸边 4 km，采用 AERSCREEN 确定评价等级需输入参数（　　　）。

A. 90% 负荷运行条件下的排放源强及对应污染源参数

B. 分辨率不小于 90 m 的地形数据

C. 岸边熏烟选项

D. 地表参数

111. 关于某河流水体中的饱和溶解氧，下列说法正确的是（　　　）。

A. 跟大气压有关，随水文升高，饱和溶解氧浓度增大

B. 跟大气压无关，随水文升高，饱和溶解氧浓度增大

C. 跟大气压有关，随水文升高，饱和溶解氧浓度降低

D. 跟大气压无关，随水文升高，饱和溶解氧浓度降低

112. 在相同水力坡度条件下，关于潜水含水层防污性能的说法，正确的有（　　　）。

A. 包气带厚度越小，防污性能越强

B. 包气带岩性渗透系数越小，防污性能越强

C. 含水层渗透系数越大，防污性能越弱

D. 含水层介质粒径越大，防污性能越强

113. 液体泄漏速率（Q_L）用伯努力方程计算式中液体泄漏系数（C_d）的影响因素包括（　　　）。

A. 雷诺数　　　　　　　　　　　B. 裂口形状

C. 容器内介质压力　　　　　　　D. 液体比重

114. 地下水评价 I 类新建项目，需要调查的环境水文地质问题有（　　　）。

A. 地下水污染　　　　　　　　　B. 天然劣质地下水

C. 土壤污染　　　　　　　　　　D. 地面沉降

115. 对某大型露天煤矿开展生态现状评价，宜采用的方法有（　　　）。

A. "3S" 叠图法　　　　　　　　　B. 列表清单法

C. 类比分析法　　　　　　　　　D. 景观生态学

116. 大气环境防护距离计算模式的主要输入参数包括（　　）。

  A. 面源长度   B. 小时评价标准

  C. 年排放小时数   D. 污染物排放速率

117. 下列使用二维稳态混合模式的是（　　）。

  A. 需要评价的河段小于河流中达到横向均匀混合的长度

  B. 需要评价的河段大于河流中达到横向均匀混合的长度（计算得出）

  C. 大中型河流，横向浓度梯度明显

  D. 非持久性污染物完全混合段

118. 湖泊（水库）水环境影响预测的方法有（　　）。

  A. 湖泊、水库水质箱模式   B. S-P 模式

  C. 湖泊（水库）的富营养化预测模型 D. 湖泊、水库一维稳态水质模式

119. 某项目排放污水中含有重金属，排放口下游排放区域内分布有鱼类产卵场等敏感区。现状评价中应调查（　　）。

  A. 常规水质因子   B. 项目特征水质因子

  C. 水生生物项目特征因子   D. 沉积物项目特征因子

120. 以下属于水库渔业资源调查内容的有（　　）。

  A. 底栖动物   B. 潮间带生物

  C. 大型水生植物   D. 富油植物叶绿素

参考答案

一、单项选择题

1. AC　【解析】《建设项目环境风险评价技术导则》（HJ 169—2018）8.2.2.1 原文，泄漏时间应结合建设项目探测和隔离系统的设计原则确定。一般情况下，设置紧急隔离系统的单元，泄漏时间可设定为 10 min；未设置紧急隔离系统的单元，泄漏时间可设定为 30 min。

2. A　【解析】根据管道设计输送能力以及泄漏持续时间计算：

$$12 \text{ t/h} \times 5 \text{ min}/60 \text{ min} = 1 \text{ t}。$$

3. B　【解析】$[1\ 000 \times (1-96\%-3.5\%-0.3\%) \times 10^3]/8\ 000 = 0.25$。

4. B　【解析】SO_2 产生量 $=10\ 000 \times 1\% \times 2 = 200（t/a）$，$(200-40)/200 \times 100\% = 80\%$。

5. C　【解析】《环境影响评价技术导则　大气环境》附录 B.5，CALPUFF 采用模型可以识别的土地利用数据来获取地表参数，土地利用数据的分辨率一般不小于模拟网格分辨率。

6. D

7. B 【解析】新建项目的污染源调查，依据 HJ 2.1、HJ 130、HJ 942、行业排污许可证申请与核发技术规范及各污染源源强核算技术指南，并结合工程分析从严确定污染物排放量。评价范围内在建和拟建项目的污染源调查，可使用已批准的环境影响评价文件中的资料；改建、扩建项目现状工程的污染源和评价范围内拟被替代的污染源调查，可根据数据的可获得性，依次优先使用项目监督性监测数据、在线监测数据、年度排污许可执行报告、自主验收报告、排污许可证数据、环评数据或补充污染源监测数据等。污染源监测数据应采用满负荷工况下的监测数据或者换算至满负荷工况下的排放数据。

8. A 【解析】《环境影响评价技术导则　大气环境》8.8.5，采用进一步预测模型模拟评价基准年内，本项目所有污染源（改建、扩建项目应包括全厂现有污染源）对厂界外主要污染物的短期贡献浓度分布。厂界外预测网格分辨率不应超过 50 m。

在底图上标注从厂界起所有超过环境质量短期浓度标准值的网格区域，以自厂界起至超标区域的最远垂直距离作为大气环境防护距离。

9. C 【解析】超标率=60/（400-10）×100%=15.4%。不符合监测技术规范要求的监测数据不计入监测数据个数。未检出点位数计入总监测数据个数中。

10. C 【解析】A 大于 0，稳定状态，$|L_{mo}| \to \infty$，混合层高度 800 m，C 在不稳定状况才是这种情况。

11. A 【解析】$PV=nRT$，压力恒定，体积与温度成正比，4 000/V_2=（273.15+10）/（273.15+13），V_2=42.38（m^3）。

12. B 【解析】《环境影响评价技术导则　地表水环境》附录 D.1.2 中溶解氧标准指数计算公式：

$$DO_j > DO_f \qquad S_{DO,j}=|DO_f - DO_j|/|DO_f - DO_S|。$$

13. A 【解析】新鲜水补水量=1 000×10%=100（m^3/h），循环水系统用水量=新鲜水+重复利用水量，故重复用水量=900（m^3/h），水重复利用率=900/1 000×100%=90%

14. C 【解析】《环境影响评价技术导则　地表水环境》（HJ 2.3—2018）C.3.1，水质取样断面和取样垂线的设置，一级评价可布设 5~7 个取样断面；二级评价可布设 3~5 个取样断面。

15. B 【解析】《环境影响评价技术导则　地表水环境》（HJ 2.3—2018）6.2.2，对于水污染影响型建设项目，除覆盖评价范围外，受纳水体为河流时，在不受回水影响的河流段，排放口上游调查范围宜不小于 500 m，受回水影响河段的上游调查范围原则上与下游调查的河段长度相等；受纳水体为湖库时，以排放口为圆心，调查半径在评价范围基础上外延 20%～50%。

16. B　【解析】

（1）该两个排气筒排放相同的污染物，其距离（10 m）小于其几何高度之和（24 m），可以合并视为一根等效排气筒。

（2）等效排气筒污染物排放速率计算：

$$Q = Q_1 + Q_2 = 1.0 + 0.8 = 1.8 \text{（kg/h）}$$

（3）等效排气筒高度计算：

$$h = \sqrt{\frac{1}{2}\left(12^2 + 12^2\right)} = 12 \text{（m）}$$

（4）等效排气筒 12 m 高度应执行的排放速率限值（外推法）计算：

$$Q = Q_{\text{b}}\left(\frac{h}{h_{\text{b}}}\right)^2 = 3 \times \left(\frac{12}{15}\right)^2 \approx 1.9 \text{（kg/h）}$$

等效排气筒 12 m，达不到 15 m 高度的最低要求，其排放速率应严格按 50%执行，即 1.9×0.5=0.95（kg/h）。

（5）等效排气筒 12 m 的排放速率为 1.8 kg/h，大于排放速率限值 0.95 kg/h，该项目排气筒的排放速率不达标。

17.　C　【解析】《危险废物贮存污染控制标准》（GB 18597—2023）4.9，在常温常压下易爆、易燃及排出有毒气体的危险废物应进行预处理，使之稳定后贮存，否则应按易爆、易燃危险品贮存。

ABD 均用带盖桶装，正确。硫化氢是无色、剧毒、刺激性味气体，其废物必须进行预处理，纤维袋有微孔（透气孔），此外，废弃物放置时间过长纤维袋会劣化，进而导致废物的散落和环境污染，需要用专门的闭口容器或包装物包装。故选 C。

18.　C　19.　B　20.　C

21. C　【解析】《环境影响评价技术导则　地表水环境》(HJ 2.3—2018)7.12.1.2，当需要预测排放口所在水域形成的混合区范围时，应适当加密预测点位。

22.　A　【解析】HJ 2.3—2018 E.2，零维数学模型、E.2.3 狄龙模型。

23.　A　【解析】HJ 2.3—2018 7.10.1.2，入海河口、近岸海域设计水文条件要求：a）感潮河段、入海河口的上游水文边界条件参照 7.10.1.1 的要求确定，下游水位边界的确定，应选择对应时段潮周期作为基本水文条件进行计算，可取用保证率为 10%、50%和 90%潮差，或上游计算流量条件下相应的实测潮位过程；b）近岸海域的潮位边界条件界定，应选择一个潮周期作为基本水文条件，选用历史实测潮位过程或人工构造潮型作为设计水文条件。

24.　A　【解析】《环境影响评价技术导则　地表水环境》（HJ 2.3—2018）7.7.1，

当选用解析解方法进行水环境影响预测时，可对预测水域进行合理的概化。

25. D 【解析】（0.7×2+0.05C）1（0.05+2）=1.0×（1-10%），C=8.9 mg/L。

26. D 【解析】序批式活性污泥法（SBR）适用于建设规模为Ⅲ类、Ⅳ类、Ⅴ类的污水处理厂和中小型废水处理站，适合于间歇排放工业废水的处理。SBR反应池的数量不应少于两个。SBR以脱氮为主要目标时，应选用低污泥负荷、低充水比；以除磷为主要目标时，应选用高污泥负荷、高充水比。

27. D 28. B

29. D 【解析】零维模型是将整个环境单元看作处于完整均匀的混合状态，模型中不存在空间环境质量上的差异，主要用于湖泊和水库水质模拟；一维模型横向和纵向混合均匀，仅考虑纵向变化，适用于中小河流；二维模型垂向混合均匀，考虑纵向和横向变化，适用于宽而浅型江河湖库水域；三维模型考虑三维空间的变化，适用于排污口附近的水域水质计算。

30. A 【解析】HJ 2.3—2018 7.11.2，模型参数确定可采用类比、经验公式、实验室测定、物理模型试验、现场实测及模型率定等，可以采用多类方法比对确定模型参数。当采用数值解模型时，宜采用模型率定法核定模型参数。

31. A 【解析】HJ 2.3—2018 附录E3.2.解析法。

32. D 【解析】HJ 2.3—2018 附录E中一维对流扩散降解简化模型为：

$C=C_0 \exp\left(\dfrac{kx}{u}\right)$，其中河流流速$u$、综合衰减系数$k$为公式中的参数项。

33. C 【解析】HJ 2.3—2018 9.2.3，不达标区建设项目选择废水处理措施或多方案比选时，应优先考虑治理效果，结合区（流）域水环境质量改善目标、替代源的削减方案实施情况，确保废水污染物达到最低排放强度和排放浓度。

34. D 35. C 36. A

37. B 【解析】一维水质模型公式中需要"过水断面面积"参数，过水断面面积则需要河宽和水深的数据。

38. D 【解析】AB是根据排旋形式划分的，首先排除。油类泄漏进入含水层，由于其溶解性低，能够长期保持不变，可概化为连续恒定排放。因此选D。

39. B 40. D 41. C

42. A 【解析】傍河潜水受到地表河流的强补给，可概化成已知水头边界。在水文地质计算中常常将水文地质边界分为：第一类边界（水头边界），即水头变化规律为已知的边界。它又分为定水头边界和变水头边界。第二类边界（流量边界），即流过边界的流量变化规律为已知的边界。隔水边界属第二类边界，因为它的流量为零。D属于含水层污染运移预测边界概化。

43. A

44. C　【解析】集中式生活饮用水地表水水源地分一级和二级，对应的功能为Ⅱ类、Ⅲ类，从实测值来看，Ⅱ类、Ⅲ类的应该超标。Ⅴ类的 0.017 mg/L，能达到集中式生活饮用水地表水水源地的限值，对Ⅴ类来说，肯定不超标。Ⅳ类的实测值 0.018 mg/L，由于不知道其相应限值，很难确定超标或不超标，都有可能。因此选 C。

45. D　46. C　47. C　48. B　49. D　50. A　51. D　52. D

53. D　【解析】毗邻省级自然保护区属于生态敏感区，评价等级为一级。生态保护措施平面布置图成图精度为 1：10 000～1：2 000，比例尺 1：10 000 意思是地图上的距离 1 cm 代表地面上实际距离 10 000 cm，即 100 m；比例尺 1：2 000 表示图上 1 cm 代表实际距离 20 m，1：2 000 精度更高，故最低要求为 1：10 000。

54. A　55. B

56. C　【解析】《生物多样性观测技术导则陆生维管植物》（HU 701201）5.3.1，观测样地选择原则，样地应具有代表性，为观测区域内充分满足观测目的和任务的典型群落；样地位置应易于观测工作展开，离后勤补给点不宜太远，避开悬崖、陡坡等危险区域；样地应利于长期观测和样地维护，避开、排除与观测目的无关因素的干扰；样地形状应以正方形为宜；样地大小应能够反映集合群落的组成和结构。

57. A

58. A　【解析】《中国生物多样性红色名录——脊椎动物卷》，世界 15 种鹤类中有 9 种分布在中国，其中黑颈鹤（Grus nigricollis）是青藏高原的特有种。2004 年评估为"无危"和"数据缺乏"的鸟类中，因为采集燕窝，爪哇金丝燕的巢被破坏，爪哇金丝燕的生存受到了较大威胁，本次爪哇金丝燕被评为"极危"物种。

59. D　【解析】雨林—热带；常绿阔叶林—亚热带；针阔混交林—暖温带。

60. B　61. C　62. D　63. A　64. B　65. C　66. D　67. D　68. D　69. C　70. C　71. A

72. A　【解析】国内净化含汞废气的方法有：活性炭充氯吸附法、文丘里复挡分离 0.1%过硫酸铵吸收法、文丘里—填料塔喷淋高锰酸钾法等。

73. B　74. B　75. B

76. D　【解析】根据无限长线声源的几何发散衰减规律，声传播距离增加 1 倍，衰减值是 3 dB。因此，可推算出答案为 160 m。当然，此题也可以用公式计算，只是掌握了上述规律后，计算的速度会快一些，节省了考试时间。

77. D　78. B　79. A　80. A

81. A　【解析】《环境影响评价技术导则　声环境》原文，当声源为固定声源时，现状测点应重点布设在可能既受到现有声源影响，又受到建设项目声源影响的敏感目标处，以及有代表性的敏感目标处。

82. C　83. C

84. B　【解析】计算室内声源靠近围护结构处产生的倍频带声压级或A声级：$L_{P1}=L_W+10\lg\left(\dfrac{Q}{4\pi r^2}+\dfrac{4}{R}\right)$，车间内中心部位，$Q=1$，计算$L=113$ dB。

85. B　【解析】室内近似为扩散声场，利用此式计算：$L_{P2}=L_{P1}-(TL+6)$；然后将室外声源的声压级和透声面积换算成等效的室外声源（$L_{W2}=L_{P2}+10\lg S$），计算出中心位置位于透声面积（S）处的等效声源的倍频带声功率级$L_{P2}=L_{P1}-(TL+6)$。

86. D

87. C　【解析】《声环境质量标准》，2类声环境功能区昼间环境噪声限值为60 dB（A），现状声级为57 dB（A），根据噪声叠加公式，则新增声源在敏感目标处的贡献值必须≤57 dB（A），根据点声源衰减公式$L=-20\lg(r_2/r_1)$，$\Delta L\geqslant77-57=20$ dB（A），则$r_2=10$ m。

88. A

89. D　【解析】噪声源处于自由声场，利用公式：$L_A(r)=L_{Aw}-20\lg(r)-11$。

90. C　91. B　92. D　93. C　94. A　95. B　96. B　97. B

98. A　【解析】《环境影响评价技术导则　土壤环境（试行）》7.3.1原文，根据建设项目特点、可能产生的环境影响和当地环境特征，有针对性收集调查评价范围内的相关资料，主要包括以下内容：（a）土地利用现状图、土地利用规划图、土壤类型分布图；（b）气象资料、地形地貌特征资料、水文及水文地质资料等；（c）土地利用历史情况；（d）与建设项目土壤环境影响评价相关的其他资料。

99. C　【解析】《环境影响评价技术导则　土壤环境（试行）》7.3.2.1原文，在充分收集资料的基础上，根据土壤环境影响类型、建设项目特征与评价需要，有针对性地选择土壤理化特性调查内容，主要包括土体构型、土壤结构、土壤质地、阳离子交换量、氧化还原电位、饱和导水率、土壤容重、孔隙度等。

100. B　【解析】《环境影响评价技术导则　土壤环境（试行）》7.3.3.2原文，改、扩建的污染影响型建设项目，其评价工作等级为一级、二级的，应对现有工程的土壤环境保护措施情况进行调查，并重点调查主要装置或设施附近的土壤污染现状。

101. A

102. C　【解析】《环境影响评价技术导则　土壤环境（试行）》4.2.4原文，涉及两个或两个以上场地或地区的建设项目应按4.2.3分别开展评价工作。

103. D　【解析】《污染场地土壤修复技术导则》5.2.3，确认修复范围，确认前期场地环境调查与风险评估提出的土壤修复范围是否清楚，包括四周边界和污染土层深度分布，特别要关注污染土层异常分布情况，比如非连续性自上而下分布。

104．A　【解析】《建设项目环境风险评价技术导则》（HJ 169—2018）附录C表C.2，环境风险危险物质及工艺系统危险性（P）等级判定由危险物质数量与临界量比值（Q）和行业及生产工艺（M）确定。

105．D

106．A　【解析】工程分析中将没有排气筒或排气筒高度低于 15 m 的排放源定为无组织排放源。

107．C　【解析】预测河段及代表性断面的宽深比≥20时，可视为矩形河段。

108．D　【解析】土柱淋滤试验目的是模拟污水的渗入过程，研究污染物在包气带中的吸附、转化、自净机制，确定包气带的防护能力。

109．B　【解析】岩石的透水性是指岩石允许水透过的能力，一般采用渗透系数来表征，单位为 m/d 或 cm/s。

110．B　【解析】根据公式法计算：$L_{总}=10\lg\left(\sum_{i=1}^{n}10^{\frac{L_{V}}{10}}\right)$。

111．B　【解析】噪声从声源传播到受声点，因传播发散、空气吸收、阻挡物的反射与屏障等因素的影响，会使其产生衰减。为了保证噪声影响预测和评价的准确性，对于由上述各因素所引起的衰减值需认真考虑，不能任意忽略。噪声随传播距离衰减，即几何发散衰减，噪声在传播过程中由于距离增加而引起的发散衰减与噪声固有的频率无关。

112．D

113．A　【解析】生物量是衡量环境质量变化的主要标志，生物量的测定一般采用样地调查收割法。

114．C　【解析】AD 同类，肯定不选，汽油罐大小呼吸无组织排放呈面源排放，B 不选。交通运输工具（机动车、火车等）移动污染物呈线状排放为线源，选C。

115．C　【解析】对于邻近污染源的高层住宅楼，应适当考虑不同代表高度上的预测受体。

116．B　【解析】对于持久性污染物（连续排放），完全混合河段，采用河流完全混合模式；不考虑混合距离的重金属污染物、部分有毒物质及其他保守物质的下游浓度预测，采用零维模式；对于溶解氧，采用 S-P 模式；对于持久性污染物（连续排放），沉降作用明显的河段适用的水质模式是河流一维稳态模式。

117．A

118．D　【解析】渗透系数是表征含水介质透水性能的重要参数，其大小一方面取决于介质的性质，如粒度成分、颗粒排列等，粒径越大，渗透系数也就越大；另一方面还与流体的物理性质（如黏滞性）有关。

119. D　【解析】根据 HJ 169—2018 附录 D，大气环境敏感程度分级判定：周边 5 km 范围内居住区、医疗卫生、文化教育、科研、行政办公等机构人口总数小于 1 万人；或周边 500 m 范围内人口总数小于 500 人，大气环境敏感程度为 E3。

120. B　【解析】施工期是航运码头工程造成生态破坏和环境污染的主要环节，应重点考虑填充造陆工程、航道疏浚工程、护岸工程和码头施工对水域环境与生态系统的影响，说明施工工艺和施工布置方案的合理性，从施工全过程识别和估算影响源。施工期主要评价因子为悬浮物。

121. A　【解析】全查法：物种稀少，分布面积小，种群数量相对较少的区域。

122. D　【解析】生物完整性指数（Index of Biotic Integrity，IBI）已被广泛应用于河流、湖泊、沼泽、海岸滩涂、水库等生态系统健康状况评价。

123. D　【解析】高速公路环境保护验收在噪声监测时，选择车流量有代表性的路段，在距高速公路路肩 60 m、高度大于 1.2 m 范围内布设 24 h 连续测量点位。

124. C　【解析】《土壤环境监测技术规范》（HJ/T 166—2004）6.1.5，采样次序自下而上，先采剖面的底层样品，再采中层样品，最后采上层样品。

二、不定项选择题

1. ABC　【解析】《大气污染物综合排放标准》3.4，无组织排放低矮排气筒的排放属于有组织排放，但在一定条件下也可造成与无组织排放相同的后果。

2. ABD　3. ABCD

4. ABD　【解析】狄龙模型用于描述营养物平衡。

5. ABCD　6. ABCD　7. ABC　8. ABCD

9. ABD　【解析】甲醇制烯烃过程主要为纯甲醇脱水裂解成烯烃，无硫化物。

10. ABCD　11. ABC　12. ABC　13. ABCD　14. ABC

15. ABC　【解析】混合过程段长度估算公式中各参数为水面宽度（B）、排放口到岸边距离（α）、断面流速（u）、污染物横向扩散系数（E_y）。

16. AC　【解析】《环境影响评价技术导则　地表水环境》7.10.1.1，a）河流不利枯水条件宜采用 20%保证率最枯月流量或近 10 年最枯月平均流量。

17. ABCD　18. ABCD　19. ABCD　20. ABC　21. ABCD

22. D　【解析】GB 3096—2008 中 2 类区标准是昼间 60 dB，夜间 50 dB。为了满足 2 类区标准要求，声级至少应衰减至 50 dB，则距离村庄至少在 320 m 外。

23. ABCD　24. ABCD　25. ABC　26. CD　27. ABC　28. ABDE

29. AD　【解析】间接生态影响包括：水文情势变化导致生境条件、水生生态系统发生变化；地下水水位、土壤理化特性变化导致动植物群落发生变化；生境面积和质量下降导致个体死亡、种群数量下降或种群生存能力降低；资源减少及分布变化导致种群结构或种群动态发生变化；因阻隔影响造成种群间基因交流减少，导致小种群灭绝风险增加；滞后效应。

30．ABCD　31．ABCD　32．ABCD　33．ABCE　34．ABD

35．CD　【解析】D.1 数据来源与要求，生态影响评价图件的基础数据来源包括已有图件资料、采样、实验、地面勘测和遥感信息等。图件基础数据应满足生态影响评价的时效性要求，选择与评价基准时段相匹配的数据源。当图件主题内容无显著变化时，制图数据源的时效性要求可在无显著变化期内适当放宽，但必须经过现场勘验校核；D.2 制图与成图精度要求，生态影响评价制图应采用标准地形图作为工作底图，精度不低于工程设计的制图精度，比例尺一般在 1∶50 000 以上。调查样方、样线、点位、断面等布设图、生态监测布点图、生态保护措施平面布置图、生态保护措施设计图等应结合实际情况选择适宜的比例尺，一般为 1∶10 000～1∶2 000。当工作底图的精度不满足评价要求时，应开展针对性的测绘工作；D.3 图件编制规范要求，生态影响评价图件应符合专题地图制图的规范要求，图面内容包括主图以及图名、图例、比例尺、方向标、注记、制图数据源（调查数据、实验数据、遥感信息数据、预测数据或其他）、成图时间等辅助要素。图式应符合 GB/T 20257。图面配置应在科学性、美观性、清晰性等方面相互协调。良好的图面配置总体效果包括：符号及图形清晰与易读；整体图面的视觉对比度强；图形突出于背景；图形的视觉平衡效果好；图面设计的层次结构合理。

36．ABCDE

37．ABD　【解析】本项目河流属于中型宽浅河流，因此不考虑垂向（Z 方向）的影响，连续排入、河流流量稳定，说明项目预测应选择稳态模型。在混合过程段，无论是持久性污染物、非持久性污染物均应考虑二维（X、Y）水质模型，在沉降作用明显的河段应考虑沉降系数，所以选项 A 和 D 正确；持久性污染物不考虑降解系数，所以选项 C 错误；本项目持久性污染物在断面上完全混合，完全混合段可采用零维稳态水质模型，若在沉降作用明显的河段考虑沉降系数的时候，可以采用一维，所以选项 B 正确。

38．ABC　39．ACD　40．AC　41．ABC　42．ABC　43．AB　44．ABCD

45．ABC　【解析】可渗透反应墙可以通过地下水，属于化学生物的处理措施。

46．ABCD　47．ABCDE　48．BCD　49．ABD　50．AB　51．ABCD　52．CD　53．ABC　54．ABCD　55．ABC　56．AB　57．ABCD　58．ABD　59．AD　60．ABC　61．AB　62．BCD　63．ABC　64．AD　65．ABC　66．ABC　67．ABC

68．AC　【解析】HJ 169—2018 4.4.4.1 原文，大气环境风险预测，一级评价需选取最不利气象条件和事故发生地的最常见气象条件，选择适用的数值方法进行分析预测。

69. AB

70. ACD　【解析】HJ 2.3—2018　7.6.3.2，水动力模型及水质模型原文，b）湖库数学模型。湖库数学模型选择要求见表 5。在模拟湖库水域形态规则、水流均匀且排污稳定时可以采用解析解模型。

71. ABC　72. ABD　73. AB　74. ABD　75. ABCD

76. ABCD　【解析】《环境影响评价技术导则　大气环境》评价结果表达。

77. ABC　【解析】非正常排放时只预测环境空气保护目标小时平均浓度。

78. ABD

79. AB　【解析】根据河流纵向一维水质模型方程的简化、分类判别条件［即 O'Connor 数（α）和贝克莱数（Pe）的临界值］，选择相应的解析解公式。分类判别需要纵向扩散系数 E_x、污染物综合衰减系数 k、流速 u 进行判定采用具体哪个降解模型。

80. ABC　81. ABD　82. ABCD　83. ABCD

84. AC　【解析】《水污染治理工程技术导则》（HJ 2015—2012），工艺组合，采用厌氧和好氧组合工艺处理污（废）水时，厌氧工艺单元应设置在好氧工艺单元前；当污（废）水中含有生物毒性物质，且污（废）水处理工艺组合中有生物处理单元时，应污（废）水进入生物处理单元前去除毒性物质；一级处理主要是去除污水中呈悬浮或漂浮状态的污染物；三级处理是对经过二级处理后没有得到较好去除的污染物质进行深化处理。

85. BC　86. ABD　87. ABCD　88. ABC　89. ABD　90. BC　91. CD　92. ABD　93. ACD　94. BD　95. ACD　96. ABCD

97. ABCDE　【解析】《环境影响评价技术导则　土壤环境（试行）》7.3.1 原文，根据建设项目特点、可能产生的环境影响和当地环境特征，有针对性收集调查评价范围内的相关资料，主要包括以下内容：a）土地利用现状图、土地利用规划图、土壤类型分布图；b）气象资料、地形地貌特征资料、水文及水文地质资料等；c）土地利用历史情况；d）与建设项目土壤环境影响评价相关的其他资料。

98. AD　【解析】《环境影响评价技术导则　土壤环境（试行）》7.4.3 原文，生态影响型建设项目可优化调整占地范围内、外监测点数量，保持总数不变；占地范围超过 5 000 hm^2 的，每增加 1 000 hm^2 增加 1 个监测点。污染影响型建设项目占地范围超过 100 hm^2 的，每增加 20 hm^2 增加 1 个监测点。

99. BD　【解析】氧化还原电位的测定应用在土壤环境监测中用来反映土壤溶液中所有物质表现出来的宏观氧化-还原性。E 值可以作为评价水质优劣程度的一个标准。土壤的氧化还原性质对植物的生长起着至关重要的作用，土壤中的各种生物化学过程都受 E 值的制约，各物种的反应活性、迁移、毒性及其能否被生物吸收利用，都与物种的氧化还原状态有关。土壤氧化还原电位越高，氧化性越强；电位越低，氧化性越弱。

100. ACD　【解析】《污染场地土壤修复技术导则》5.2，修复目标原文，通过对前期获得的场地环境调查和风险评估资料进行分析，结合必要的补充调查，确认污染场地土壤修复的目标污染物、修复目标值和修复范围。

101. ABC　【解析】《环境影响评价技术导则　土壤环境（试行）》9.2.3.2，生态影响型：a）涉及酸化、碱化影响的可采取相应措施调节土壤 pH 值，以减轻土壤酸化、碱化的程度；b）涉及盐化影响的，可采取排水排盐或降低地下水位等措施，以减轻土壤盐化的程度。

102. AD　103. AC　104. ABC　105. AB

106. ABC　【解析】以生态影响为主的建设项目应明确项目组成、建设地点、占地规模、总平面及现场布置、施工方式、施工时序、建设周期和运行方式、总投资及环境保护投资等。

107. AB　【解析】污染源调查与分析方法根据不同的项目可采用不同的方式，一般对于新建项目可通过类比调查、物料核算或设计资料确定；对于评价范围内的在建和未建项目的污染源调查，可使用已批准的环境影响报告书中的资料；对于现有项目和改、扩建项目的现状污染源调查，可利用已有有效数据或进行实测；对于分期实施的工程项目，可利用前期工程最近 5 年内的验收监测资料、年度例行监测资料或进行实测。

108. ABCD　109. C

110. BD　【解析】《环境影响评价技术导则　大气环境》（HJ 2.2—2018）附录 B。

111. C　【解析】一般来说，外界压力越大，溶解度越大；温度越高，溶解度越小。

112. BC　【解析】包气带厚度越小，污染物到达含水层的距离越短，越容易污染含水层，防污性能差，A 错；包气带含水层渗透系数越小，污染物越不容易进入含水层，防污性能越强，B 对；含水层渗透系数越大，污染物越容易进入含水层，防污性能越弱，C 对；含水层介质粒径越大，渗透系数越大，防污性能越差，D 错。

113. AB

114. ABD　【解析】环境水文地质问题调查的主要内容包括：①原生环境水文地质问题调查，包括天然劣质水分布状况，以及由此引发的地方性疾病等环境问题；②地下水开采过程中水质、水量、水位的变化情况，以及引起的环境水文地质问题；③与地下水有关的其他人类活动情况调查，如保护区划分情况。

115. ABD　【解析】大型露天煤矿属于生态影响型项目，现状调查评价常用方法为：列表清单法、图形叠置法、系统分析法。景观生态学法适用于道路、管线项目。类比法是预测评价的方法；根据新的生态导则，D 也正确。

116. ABD　【解析】大气环境防护距离计算模式的主要输入参数包括：①面源有效高度；②面源宽度；③面源长度；④污染物排放速率；⑤小时评价标准。

117. AC

118. AC　【解析】湖泊（水库）水环境影响预测方法有：①湖泊、水库水质箱模式，以年为时间尺度来研究湖泊、水库的富营养化过程中，往往可以把湖泊看作一个完全混合反应器；②湖泊（水库）的富营养化预测模型，湖泊（水库）中早期经典的营养盐负荷预测模型有 Vollen weider 模型和 Dillon 模型等。

119. ABCD　【解析】需要调查的水质因子有 3 类：①常规水质因子，以《地表水环境质量标准》（GB 3838—2002）中所列的 pH、溶解氧、高锰酸盐指数或化学耗氧量、五日生化需氧量、总氮或氨氮、酚、氰化物、砷、汞、铬（六价）、总磷及水温为基础，根据水域类别、评价等级及污染源状况适当增减；②特殊水质因子，根据建设项目特点、水域类别和评价等级以及建设项目所属行业的特征水质参数表进行选择，可以适当删减；③其他方面的因子，被调查水域的环境质量要求较高（如自然保护区、饮用水水源地、珍贵水生生物保护区、经济鱼类养殖区等），且评价等级为一级、二级，应考虑调查水生生物和底质，其调查项目可根据具体工作要求确定，或从下列项目中选择部分内容，水生生物方面主要调查浮游动植物、藻类、底栖无脊椎动物的种类和数量，水生生物群落结构等，底质方面主要调查与建设项目排污水质有关的易积累的污染物。

120. ABCD　【解析】水库渔业资源调查包括：（1）水库形态与自然环境调查；（2）水的理化性质调查；（3）浮游植物和浮游动物调查；（4）浮游植物叶绿素的测定；（5）浮游植物初级生产力的测定；（6）细菌调查；（7）底栖动物调查；（8）着生生物调查；（9）大型水生植物调查；（10）鱼类调查；（11）经济鱼类产卵场调查。

第十章 综合练习（二）

一、单项选择题（每题的备选选项中，只有一个最符合题意）

1. 建设项目环境影响识别中，必须包括的阶段是（　　）。
   - A. 项目选址期
   - B. 建设期和运营期
   - C. 项目初步设计期
   - D. 产业链规划期

2. 化工项目生产污水处理场工艺方案应包括运行可靠性论证和（　　）。
   - A. 处理工艺的技术可行性分析
   - B. 投资费用的来源分析
   - C. 拟建项目的产品方案论证
   - D. 生活污水排放量计算

3. 用经验排污系数法进行工程分析时，此法属于（　　）。
   - A. 物料平衡法
   - B. 类比法
   - C. 数学模式法
   - D. 资料复用法

4. 采用定向钻法进行穿越河流的天然气管线施工，需关注的主要环境问题是（　　）。
   - A. 施工对河流底栖生物的影响
   - B. 泥浆产生的环境影响
   - C. 施工爆破产生的振动影响
   - D. 施工产生的噪声影响

5. 某建设项目 SO_2、NO_x 及 VOCs 排放量为分别为 170 t/a、430 t/a、1 600 t/a，该项目大气环境影响预测因子为（　　）。
   - A. SO_2、NO_x、VOCs、$PM_{2.5}$
   - B. SO_2、NO_x、VOCs、O_3
   - C. SO_2、NO_x、PM_{10}、$PM_{2.5}$
   - D. SO_2、NO_x、$PM_{2.5}$、O_3

6. 下列参数中，不属于大气环境影响估算模式预测面源影响所需要的是（　　）。
   - A. 面源排放速率
   - B. 面源排放高度
   - C. 面源排放长度
   - D. 面源初始横向扩散参数

7. 以下属于干法排烟脱硫技术的是（　　）。
   - A. 石灰—石膏法
   - B. 回收硫铵法
   - C. 碱式硫酸铝法
   - D. 接触氧化法

8. 某乙烯裂解炉年运行时间 8 000 h，每年计划清焦作业 5 次，每次 36 h，烟气排放 42 000 m^3/h，氮氧化物浓度 240 mg/m^3。单台裂解炉在非正常工况时年排放氮氧化物的总量是（　　）t。
   - A. 0.01
   - B. 0.36
   - C. 1.81
   - D. 14.51

9. 预测某发声源在 15 m 处的预测点的等效声级贡献值为 60 dB，而该预测点的背景值为 70 dB，则该处的预测等效声级为（　　）dB（A）。

　　A. 70　　　　　　B. 72　　　　　　C. 75　　　　　　D. 76

10. 下列关于高速公路交通噪声监测技术要求的有关说法，不正确的是（　　）。

　　A. 在公路两侧距路肩小于或等于 200 m 范围内选取至少 5 个有代表性的噪声敏感区域，分别设点进行监测

　　B. 噪声敏感区域和噪声衰减测量，连续测量 2 d，每天测量 4 次

　　C. 噪声敏感区域和噪声衰减量，昼、夜间各测两次，分别在车流量最小时段和高峰时段

　　D. 24 h 连续交通噪声测量，每小时测量一次，每次测量不少于 20 min，连续测 2 d

11. 某列车长度为 600 m，列车在直线段运行时距轨道中心线 10 m 测得的最大 A 声级 82 dB（A）。只考虑几何发散衰减情况下，按线声源简化公式计算，距轨道中心线 100 m 处的最大 A 声级为（　　）dB（A）。

　　A. 72　　　　　　B. 67　　　　　　C. 64　　　　　　D. 62

12. 某声源的最大几何尺寸为 2 m，则在不同方向上，均符合点生源几何发散衰减公式计算要求的最小距离是（　　）m。

　　A. 2　　　　　　B. 3　　　　　　C. 5　　　　　　D. 7

13. 某公路大、中、小型车对甲敏感目标的噪声贡献值分别为 60 dB（A）、63 dB（A）、60 dB（A），则该公路对甲敏感目标的交通噪声贡献值为（　　）dB（A）。

　　A. 63　　　　　　B. 64.8　　　　　　C. 66.0　　　　　　D. 68.0

14. 某敏感点处昼间前 8 个小时测得的等效声级为 55 dB（A），后 8 个小时测得的等效声级为 65.0 dB（A），该敏感点处的昼间等效声级是（　　）dB（A）。

　　A. 60　　　　　　B. 62.4　　　　　　C. 65　　　　　　D. 65.4

15. 某公路建设项目和现有道路交叉，周围敏感点如下图所示，应优先设置为现状监测点的是（　　）。

　　A. ①　　　　　　B. ②　　　　　　C. ③　　　　　　D. ④

16. 集中式生活饮用水地表水源地硝基苯的标准限值为 0.017 mg/L。现有一河

段连续 4 个功能区（从上游到下游顺序为 II、III、IV、V 类）的实测浓度分别为 0.020 mg/L、0.019 mg/L、0.018 mg/L 和 0.017 mg/L。根据标准指数法判断最多可能有（　　）个功能区超标。

A. 1　　　　　　B. 2　　　　　　C. 3　　　　　　D4

17. 在（　　）情况下的河流流动可视为恒定均匀流。

A. 河道均匀，流量基本不随时间变化

B. 河道中沿城的水流要素变化剧烈

C. 上游来流有一座日调节水库控制

D. 河道断面形态、底坡基本不变

18. 某石油化工类项目开展地下水环境一级评价，设置监测井井深 19.0 m，监测井内地下水水位距井口 3.0 m，正确的地下水取样点位置是（　　）。

A. 井口下 4.0 m 处　　　　　　　　B. 井口下 9.5 m 处

C. 井口下 5.0 m 处　　　　　　　　D. 井口下 11.0 m 处

19. 下列关于含水层渗透系数 K 与含水层介质粒径 d 和不同水质之间关系的说法中，正确的是（　　）。

A. d 越小，K 越大　　　　　　　　B. d 越大，K 越大

C. K 与 d 无关，与水黏滞性相关　　D. K 与 d 相关，与水黏滞性无关

20. 某拟建项目污水排放量为 2 m/s，排放污水中氨氮浓度为 10 mg/L，上游来水量为 24 m/s，氨氮浓度为 5 mg/L，暗淡在该河流水文条件下的 O'Connor 数为 6，则采取纵向一维水质模型方程计算得到的排放断面氨氮起始混合浓度为（　　）mg/L。

A. 8.6　　　　　　B. 5.4　　　　　　C. 1.08　　　　　　D. 0.21

21. 某厂锅炉，最大耗煤量为 50 kg/h，煤中硫转成 SO_2 的转化率取 80%，则烟气 SO_2 的排放量为（　　）。

A. 222.2 mg/s　　　B. 800 mg/h　　　C. 3.99 mg/L　　　D. 111.1 mg/s

22. 某铜冶炼企业，大气环境影响评价等级为一级，非正常工况应预测（　　）。

A. 1 h 平均质量浓度　　　　　　　　B. 日平均浓度

C. 植物生长季平均浓度　　　　　　　D. 年平均浓度

23. 某一级评价项目评价范围涉及 3 个行政区，距厂址最近的行政区基本污染物全部达标，其余两个行政区 PM_{10} 不达标，关于项目所在区域是否属于达标区的判断，下列说法正确的是（　　）。

A. 属于达标区

B. 属于非达标区

C. 属于非达标区，但可以按达标区进行预测

D. 属于达标区，但应按非达标区进行预测

24. 对海岸滩涂进行生态系统健康状况评价，适宜采用的指标是（　　）。

　　A. 生物量　　　　　　　　　　　B. 植被覆盖度

　　C. 香农-威纳多多样性指数　　　　D. 生物完整性指数

25. 某地生物多样性有所下降，生态系统结构和功能受到一定程度破坏，生态系统稳定性受到一定程度干扰，生态影响程度属于（　　）。

　　A. 强　　　　　B. 中　　　　　C. 弱　　　　　D. 无

26. 关于地下水含水层中渗透速度与实际流速之间关系说法正确的是（　　）。

　　A. 渗透速度等于实际速度　　　　B. 渗透速度小于实际流速

　　C. 渗透速度大于实际流速　　　　D. 渗透速度与实际流速无关

27. 某垃圾填埋场下游潜水监测井中检出特征污染物。假定潜水含水层为一维稳定流，则关于特征污染物运移源强类型为（　　）。

　　A. 连续点源　　　　　　　　　　B. 瞬时-连续点源

　　C. 瞬时点源　　　　　　　　　　D. 混合源

28. 用于查明固体废物受雨水淋滤时，其中的有害成分转移到水中，对水体环境直接形成的污染或通过地层渗漏对地下水造成的间接影响，常用的环境水文地质试验方式是（　　）。

　　A. 土柱淋滤试验　　　　　　　　B. 浸溶试验

　　C. 弥散试验　　　　　　　　　　D. 流速试验

29. 在潜水地下水位埋深小于毛细水最大上升高度范围内，关于潜水变动带的与地下水位埋深关系，正确的是（　　）。

　　A. 地下水位埋深越浅，给水度越小　　　B. 地下水位埋深越深，给水度越小

　　C. 地下水位埋深越浅，给水度越大　　　D. 给水度与地下水位埋深无关

30. 拟建危险废物填埋场的天然基础层饱和渗透系数大于 1.0×10^{-6} cm/s，应选择渗透系数不大于（　　）cm/s 的人工合成材料进行防渗处理。

　　A. 1.0×10^{-7}　　B. 1.0×10^{-9}　　C. 1.0×10^{-12}　　D. 1.0×10^{-11}

31. 某位于工业园区的水污染影响型项目，污水含有汞、BOD_5、COD 等污染物，其污水经过预处理后依托园区污染处理厂处理后达标排放，预处理后废水排放量为 50 000 m^3/d，水污染最大当量数为 50 000，则该项目地表水环境影响评价等级为（　　）。

　　A. 一级　　　　B. 二级　　　　C. 三级 A　　　　D. 三级 B

32. 某输气管线位于山岭重丘区，推荐路线占地为 15 km^2，工程沿线不涉及生态敏感区，则该项目在生态现状评价中重点提供的图件是（　　）。

　　A. 生态系统类型分布图　　　　　B. 土地利用现状图

　　C. 重要生境分布图　　　　　　　D. 土壤侵蚀分布图

33．某个植被样方调查面积为 10 m，调查结果如下表。样方中物种乙的密度，相对密度分别为（　　　）。

物种	数量/个	覆盖面积/m²
甲	2	2
己	2	3
丙	1	1

A．0.2 个/m²，40%　　　　　　　　　B．0.2 个/m²，50%

C．0.3 个/m²，40%　　　　　　　　　D．0.3 个/m²，50%

34．生态影响评价中，关于综合指数法应用的说法错误的是（　　　）。

A．综合指数法适用于生态系统功能评价

B．综合指数法适用于生态系统结构评价

C．综合指数法适用于生态系统多因子综合质量评价

D．综合指数法适用于分析生态因子的性质及变化规律

35．某自然景观距拟建高速公路的最小距离为 1 200 m，按"相对距离"单项指标判断该景观的"敏感程度"为（　　　）。

A．极敏感　　　B．很敏感　　　C．中等敏感　　　D．不敏感

36．用边长为 50 cm 的带钢铁铗采集某湖泊植物样品样方，样方中高等植物平均鲜重生物量为 100 g（无滴水时的鲜重），则湖泊中高等植物群落平均鲜重生物量为（　　　）g/m²。

A．250　　　　B．500　　　　C．200　　　　D．400

37．某河流监控断面年内共有 6 次监测数据，其 COD 标准指数分别为 0.8、09、1.2、1.0、1.5、2.1，该河流断面的 COD 测次超标率是（　　　）。

A．33%　　　　B．50%　　　　C．67%　　　　D．83%

38．某企业单位产品 COD 排放定额为 100 g/t 产品，年产品总量为 6 t，该企业排污系数为 0.7，污染物排放总量为（　　　）。

A．0.6 kg　　　B．4.2 kg　　　C．0.6 kg/a　　　D．4.2 kg/a

39．对某顺直、均匀河流的二维稳态水质模型进项验证，水质计算值与监测值见下表：由表可知，模拟计算采用的（　　　）。

距左岸距离/m	0	20	50	100	200
BOD 计算值/（mg/L）	18.5	17.0	15.5	14.0	10.0
BOD 监测值/（mg/L）	20	19	18	14	7

A．横向混合系数偏大　　　　　　　B．横向混合系数偏小

C．耗氧系数偏大　　　　　　　　　D．耗氧系数偏小

40．某河流单位时间内通过的某一断面平均流量为 2 000 m³，该河流断面以上

区域面积为 1 000 km^2，则该河路断面的径流模数为（　　）。

    A．2 000 L/（s·km^2）   B．0.002 L/（s·km^2）

    C．2 000 mm   D．0.002 mm

41．下列选项中，说法错误的是（　　）。

    A．环境背景值：环境中的水、土壤、大气、生物等要素，在其自身的形成与发展过程中，还没受到外来污染影响下形成的化学元素组分的正常含量，又称环境本底值

    B．背景噪声：在还未受到外来噪声污染下的噪声值

    C．环境区划分为环境要素区划、环境状态与功能区划、综合环境区划等

    D．环境灾害：由于人类活动引起环境恶化所导致的灾害，是除自然变异因素外的另一重要原因

42．按照《环境影响评价技术导则　大气环境》（HJ 2.2—2018）所推荐的进一步预测模式，输入的地面气象观测资料需要逐日每天 24 次的连续观测资料，对于每日实测观测次数不足 24 次的，应进行差值处理，若实际观测次数为一日 8 次以上，应采用（　　）。

    A．均值差值法   B．两端插值法

    C．跳跃插值法   D．连续均匀插值法

43．西南山区某拟建风电场，其选址位于候鸟迁徙通道上，为避免风电场建设对候鸟迁徙造成影响，应优先采取的措施是（　　）。

    A．减少风机高度   B．减少占地面积

    C．减少风机数量   D．风电场另行选址

44．输气管道建成后，适合在其上方覆土绿化的植物物种是（　　）。

    A．松树   B．柠条   C．杨树   D．苜蓿

45．高速公路建设可能引发的生态风险主要是（　　）。

    A．植被破坏   B．水土流失

    C．移民安置   D．生物入侵

46．某隧道工程穿越石灰岩地区，在环境影响评价中应特别重视（　　）。

    A．水文地质条件   B．隧道长度

    C．出渣量   D．爆破方式

47．降雨初期的地下水入渗方式主要是（　　）。

    A．水动力弥散   B．淋溶   C．稳定渗流   D．非饱和渗流

48．Ⅱ类一般工业固废填埋场的底部与潜水面之间的岩土层一般为（　　）。

    A．饱水带   B．非饱和带

    C．天然隔水层   D．人工合成材料防渗层

49．危险废物安全填埋入场要求，禁止填埋的是（　　　）。

A．含水率小于60%的废物　　　　B．含铜、铬固体废物

C．医疗废物　　　　　　　　　　D．含氰化物固体废物

50．汽车4S店在维修汽车时收集的废机油，正确的处置方式是（　　　）。

A．送有资质的企业处置　　　　　B．作为燃料外售

C．直接倾倒入废弃矿井　　　　　D．作为生活垃圾处置

51．土壤环境影响评价等级为（　　　）的建设项目应填写土壤剖面调查表。

A．一级　　　　B．一级、二级　　　C．二级　　　　D．三级

52．假定气体特性为理想气体，其泄漏率为 Q_G 按公式计算，

$$Q_{\mathrm{G}} = YG_{\mathrm{d}}AP\sqrt{\frac{M\gamma}{RT_{\mathrm{G}}}\left(\frac{2}{\gamma+1}\right)^{\frac{\gamma+1}{\gamma-1}}}$$

当裂口形状为圆形时，气体泄漏系数 C_d 取值正确的是（　　　）。

A．1.0　　　　B．0.65　　　　C．0.5　　　　D．0.45

53．土壤环境影响分析可（　　　）说明建设项目对土壤环境产生的影响及趋势。

A．定量　　　　B．定性或半定量　　　C．定性　　　　D．半定量

54．根据《环境影响评价技术导则　土壤环境（试行）》，可通过工程分析计算土壤中某种物质的（　　　）。

A．淋溶排出　　　　B．增量　　　　C．输入量　　　　D．输出量

55．某建设项目对土壤环境产生影响的因子有汞，评价范围内现有企业中，涉及汞因子土壤影响源的是（　　　）。

A．木材加工厂　　　　　　　　　B．汽车加油站

C．生活垃圾焚烧发电厂　　　　　D．钢制设备机械加工厂

二、不定项选择题（每题的备选项中，至少有 1 个符合题意）

1．某沿海经济开发区建设 30 万吨级原油码头项目，可能对海洋环境产生影响的阶段有（　　　）。

A．水文调查期　　　　　　　　　B．建设施工期

C．生物调查期　　　　　　　　　D．正常运行期

2．化工区内新建液氯管道输送过程中的环境风险防范与减缓措施有（　　　）。

A．提高管道设计等级　　　　　　B．规定应急疏散通道

C．储备救援物资　　　　　　　　D．管廊设防雨顶盖

3．下列关于生态影响评价图件编制规范要求的说法，正确的有（　　　）。

A．当图件主题内容无显著变化时，制图数据源的时效性要求可在无显著变化期

内适当放宽，无需现场勘验校核

　　B. 生态影响评价制图应采用标准地形图作为工作底图，精度不低于工程设计的制图精度，比例尺一般在 1∶10 000 以上

　　C. 调查样方、样线、点位、断面等布设图、生态监测布点图等应结合实际情况选择适宜的比例尺，一般为 1∶10 000～1∶2 000

　　D. 生态影响评价图件应符合专题地图制图的规范要求，图面内容包括主图以及图名、图例、比例尺、方向标、注记、制图数据源、成图时间等辅助要素

4. 合成氨生产工艺流程及产污节点图中，可以表示出（　　）。

　　A. 氨的无组织排放分布　　　　　　B. 生产工艺废水排放位置

　　C. 生产废气排放位置　　　　　　　D. 固体废物排放位置

5. 水文地质条件调查的主要内容（　　）。

　　A. 气象

　　B. 包气带岩性、结构、厚度、分布等

　　C. 含水层岩性、分布、结构、厚度等

　　D. 地下水水位、水质、水温、化学类型

6. 为分析拟建项目对地下潜水层的污染，应关注（　　）。

　　A. 污染途径　　　B. 选址合理性　　　C. 包气带特性　　　D. 防渗措施

7. 南方某硫铁矿山露天开采后，因氧化和雨水侵蚀形成的弱酸性地表径流，造成矿区迹地土壤贫瘠、土层很薄，下列生态恢复措施正确的有（　　）。

　　A. 表层覆土

　　B. 种植大型乔木

　　C. 种植草本植物或灌木

　　D. 利用河泥、湖泥或农业废弃秸秆等增加土壤有机质

8. 适用于生态环境影响评价和预测的方法有（　　）。

　　A. 类比分析法　　　　　　　　　　B. 图形叠置法

　　C. 生态机理分析法　　　　　　　　D. 列表清单法

9. 下列情形，可使用二维稳态混合模式的有（　　）。

　　A. 需要评价的河段小于河流中达到横向均匀混合的长度

　　B. 需要评价的河段大于河流中达到横向均匀混合的长度（计算得出）

　　C. 大中型河流，横向浓度梯度明显

　　D. 非持久性污染物完全混合段

10. 某石灰石矿山原矿区已开采完毕，将外延扩建新矿区，工程分析时应说明（　　）。

　　A. 新矿区征用的土地量　　　　　　B. 原矿山的渣场

C. 新矿区办公楼的建筑面积　　　　D. 原矿山采矿机械设备

11. 下列生态影响方式属于间接生态影响的有（　　　）。

A. 水文情势变化导致生境条件、水生生态系统发生变化

B. 不可逆转的生物多样性下降

C. 物种迁徙（或洄游）、扩散、种群交流受到阻隔

D. 资源减少及分布变化导致种群结构发生变化

12. 废水的三级处理中，可用于去除 SS 的化学絮凝剂有（　　　）。

A. 铝化合物　　　B. 氢氧化钠　　　聚合物　　　D. 碳酸钠

13. 某企业生产项目生产废水 COD≥15 000 mg/L，经厂内污水处理站处理后排入市政污水处理厂的收集管网。可选用的污水处理方案有（　　　）。

A. 调节→过滤→厌氧→沉淀→排放

B. 调节→过滤→厌氧（UASB）→氧化沟→沉淀→排放

C. 调节→过滤→氧化沟→沉淀→排放

D. 调节→过滤→A^2/O→沉淀→排放

14. 企业突发环境事件应急预案的编制内容包括（　　　）等。

A. 预案适用范围　　　　　　　　B. 环境事件分类与分级

C. 组织机构与职责　　　　　　　D. 监控和预警

E. 应急保障

15. 属于工业固废处置方案的有（　　　）。

A. 电炉钢渣用于生产水泥　　　　B. 废电机的拆解

C. 含银废液中提取氯化银　　　　D. 棉织品丝光废碱液回收

16. 生活垃圾填埋场管理机构和地方生态环境主管部门均应对封场后的生活垃圾填埋场的污染物浓度进行测定。每三个月测定一次的指标有（　　　）。

A. 化学需氧量　　　　　　　　　B. 粪大肠菌群数

C. 总氮、氨氮　　　　　　　　　D. 悬浮物

17. 对已建工程环境风险识别收集的资料包括（　　　）。

A. 建设项目工程资料和周边环境资料

B. 国内外同行业、同类型事故统计分析及典型事故案例资料

C. 环境管理制度、应急培训、演练记录

D. 历史突发环境事件及生产安全事故调查资料，设备失效统计数据

18. 减缓地下水过量开采影响的措施有（　　　）。

A. 减少开采量　　　　　　　　　B. 优化地下水开采布局

C. 人工补给地下水　　　　　　　D. 地表水和地下水联合调度

19. 反应包气带防护性能的参数包括包气带（　　　）。

　　　A．岩性　　　　　B．厚度　　　　　C．渗透性　　　　D．贮水系数

20．根据埋藏条件和含水层介质，地下水类型可划分为（　　　）。

　　　A．毛细水、重力水　　　　　　　　　B．饱和带水、承压水

　　　C．孔隙水、裂隙水、岩溶水　　　　　D．包气带水、潜水、承压水

21．确定地下水水位影响半径的方法有（　　　）。

　　　A．公式计算法　　　B．经验数值法　　　C．卫星遥感法　　　D．图解法

22．岩土对污染物的机械过滤作用主要取决于（　　　）。

　　　A．岩土层厚度　　　　　　　　　　　B．岩土的孔隙直径

　　　C．岩土颗粒的粒径和排列　　　　　　D．污染物颗粒的粒径

23．属于地下水污染水力控制技术方法的有（　　　）。

　　　A．排水法　　　　　　　　　　　　　B．注水法

　　　C．防渗墙法　　　　　　　　　　　　D．包气带土层就地恢复法

24．某河流宽度为 400 m，在河流横断面上离岸边不同距离处设置排污口，关于混合过程段说法正确的是（　　　）。

　　　A．排污口均设置在两侧岸边，混合过程段长度一样

　　　B．距离左岸 50 m 处和距离右岸 50 m 处设置排污口，混合过程段长度一样

　　　C．距离左岸 120 m 处和距离左岸 280 m 处设置排污口，混合过程段长度一样

　　　D．距离左岸 150 m 处和距离右岸 100 m 处设置排污口，混合过程段长度一样

25．当对排入水库的水污染影响型项目预测时，该水库的不利枯水期水文条件为（　　　）。

　　　A．近 10 年最低月平均水位

　　　B．90%保证率最枯月平均水位相应的蓄水量

　　　C．死库容相应的蓄水量

　　　D．近 10 年最枯月平均流量

26．某项目产生温排水，可采用（　　　）减缓水温影响。

　　　A．优化冷却方式减少排放量　　　　　B．余热利用措施降低热污染强度

　　　C．合理选择温排水口的布置和形式　　D．控制高温区范围

27．某项目排放污水中含重金属，排放口下游排放区域内分布有鱼类产卵场等敏感区。现状评价中应调查（　　　）。

　　　A．常规水质因子　　　　　　　　　　B．项目特征水质因子

　　　C．水生生物项目特征因子　　　　　　D．沉积物项目特征因子

28．在河流中，影响污染物输移的最主要物理过程有（　　　）。

　　　A．对流　　　　B．横向　　　　C．纵向　　　　D．垂向

29．区域大气环境容量计算中，应考虑该区域的（　　　）。

A. 环境空气功能区划　　　　　　B. 大气扩散、稀释能力

C. 有关项目的工艺水平　　　　　D. 产业结构

30. 下列属于 ADMS 必须的地面气象数据有（　　　）。

A. 风速　　　　B. 总云量　　　　C. 低云量　　　D. 干球温度

31. 某新建生活垃圾焚烧项目选址位于不达标区域，区域内无在建、拟建排放同类污染物的建设项目，有区域削减污染源，大气环境影响评价等级为一级，预测内容包括（　　　）。

A. 正常工况下项目长期浓度

B. 非正常工况下项目 24 h 平均浓度

C. 正常工况下项目叠加区域削减源的短期和长期浓度

D. 非正常工况下项目 1 h 平均浓度

32. 为控制燃煤锅炉 SO_2 的排放，可采用的脱硫措施有（　　　）。

A. 过滤法　　　B. 石灰石—石膏法　　　C. 炉内喷钙法　　D. 熔融盐吸收法

33. 下列属于系数法预测二次污染物 $PM_{2.5}$ 对大气环境影响的模型有（　　　）。

A. AERMOD　　　　　　　　B. AUSTAL2000

C. EDMS/AEDT　　　　　　　D. CALPUFF

E. 污染物浓度等值线分布图

34. 下列关于烟（粉）尘控制技术的说法，错误的有（　　　）。

A. 袋式除尘器的除尘效率一般只能达到 90%

B. 完全燃烧产生的烟尘和煤尘等颗粒物比不完全燃烧产生的多

C. 电除尘器的主要原理涉及悬浮粒子荷电、带电粒子在电场内迁徙和捕集以及见捕集物从集尘表面上清除 3 个基本过程

D. 一般的除尘技术均能达到《火电厂大气污染物排放标准》和《水泥厂大气污染物排放标准》的排放要求

35. 适宜大风量、低浓度有机废气的治理技术方法有（　　　）。

A. 吸附法　　　B. 冷凝法　　　C. 膜分离法　　　D. 低温等离子法

36. 声环境质量现状评价应分析评价范围内的（　　　）。

A. 声环境保护目标分布情况　　　　B. 噪声标准使用区域划分情况

C. 敏感目标处噪声超标情况　　　　D. 人口密度

37. 某水泵生产企业声环境影响评价应重点分析的内容有（　　　）。

A. 产品水泵的声功率级　　　　　　B. 企业总图布置的合理性

C. 对环境敏感的产生影响的噪声源　　D. 噪声影响的范围和程度

38. 某医院建设项目，在噪声现状调查时应给出医院用地边界处的评价量包括（　　　）。

A. 昼间等效连续 A 声级　　　　　　B. 夜间等效连续 A 声级

C. 等效连续 A 声级　　　　　　　　D. L_{90}

39. 将位于某一空旷区域的室外声源组等效为一个点声源应满足的条件是（　　）。

A. 区域内声源有大致相同的高度

B. 区域内声源有大致相同的强度

C. 点生源到预测点的距离应大于声源组最大几何尺寸的 2 倍

D. 区域内声源应按一定规律排列

40. 在点声源声场中，和声屏障衰减有关的因素有（　　）。

A. 声程差　　　　B. 声波频率　　　　C. 声屏障高度　　　　D. 地面特征

41. 公路建设项目声环境现状调查的内容应包括评价范围内的（　　）。

A. 现有噪声源　　　　　　　　　　B. 风噪声

C. 环境敏感目标　　　　　　　　　D. 环境噪声背景值

42. 工程采用罗茨鼓风机曝气，为降低罗茨鼓风机及其风管辐射至厂界的噪声，可采用的方法有（　　）。

A. 风管与风机间采取软连接　　　　B. 风机加装隔声罩

C. 风机进气口安置消声器　　　　　D. 风管外侧阻尼包扎

43. 在通用水土流失方程（USLE）中，确定土壤可蚀性（K）值的因素有（　　）。

A. 土壤的机械组成　　　　　　　　B. 植被覆盖度

C. 土壤有机质含量　　　　　　　　D. 土壤结构及渗透性

44. 下列说法中正确的是（　　）。

A. 森林的景观阈值高于灌木　　　　B. 灌丛的景观阈值高于草本

C. 周围环境全为裸岩背景，阈值最低　　D. 景观阈值与植被关系密切

45. 项目评价区有机物污染土壤防控措施有（　　）。

A. 挖掘填埋法　　　B. 化学清洗法　　　C. 生物培养法　　　D. 堆肥法

46. 某混合式电站在河道上筑拦河大坝，发电引水渠长 10 km，大坝至电站厂房间原河道两岸分布有须从河道取水灌溉的农田，其间另有一工业取水口，电站厂房上游 1 km 处有一支流汇入河道。为保障电站运行期间河道基本需水，从大坝下泄的水量应考虑（　　）。

A. 工业取水量　　　　　　　　　　B. 农业灌溉水量

C. 河流最小生态流量　　　　　　　D. 厂房上游支流汇入水量

47. 为保证堤坝式电站在建设和运行期间不造成下游河道断流，必须考虑下泄生态流量的时期有（　　）。

A. 电站初期蓄水期间　　　　　　　B. 电站正常发电过程中

C. 电站机组部分停机时　　　　　　D. 电站机组全部停机时

48. 某拟建高速公路局部路段穿越农田集中分布区，为减少公路建设对农田的占用，可采取的措施有（　　　）。

　　A. 提高路基高度　　　　　　　　B. 降低路基高度

　　C. 收缩路基边坡　　　　　　　　D. 以桥梁代替路基

49. 可行的陆生植被现状调查方法有（　　　）。

　　A. 遥感调查　　　　　　　　　　B. 样地调查

　　C. 机理分析　　　　　　　　　　D. 收集资料

50. 某拟建高速公路建设期在下列地点设置弃渣场，选址合理的有（　　　）。

　　A. 水田　　　　　　　　　　　　B. 河道滩地

　　C. 废弃取土场　　　　　　　　　D. 荒土凹地

51. 生态影响型建设项目土壤环境现状监测点布设应根据建设项目（　　　）确定。

　　A. 土壤环境影响类型　　　　　　B. 评价工作等级

　　C. 土地利用类型　　　　　　　　D. 建设项目所在地的地形特征

　　E. 地面径流方向

52. 土壤环污染防治措施包括（　　　）。

　　A. 源头控制　　　　　　　　　　B. 分区防控

　　C. 过程阻断　　　　　　　　　　D. 污染物削减

53. 土壤的氧化还原性质对植物的生长起着至关重要的作用，土壤中的各种生物化学过程都受氧化还原电位的制约，各物种的反应活性、迁移、毒性及其能否被生物吸收利用，都与物种的氧化还原状态有关。氯化还原电位与氧化性关系表述错误的是（　　　）。

　　A. 土壤氧化还原电位越高，氧化性越强

　　B. 土壤氧化还原电位越高，氧化性越弱

　　C. 土壤氧化还原电位越低，氧化性越弱

　　D. 土壤氧化还原电位越低，氧化性越强

54. 某涉及入渗途径影响的污染影响型建设项目，产污装置区设置柱状样监测点，一般情况下取样位置正确的有（　　　）。

　　A. $0 \sim 0.5$ m　　　B. $0.5 \sim 1.5$ m　　　C. $1.5 \sim 3$ m　　　D. $3 \sim 3.5$ m

55. 关于公式 $\Delta S = n (I_S - L_S - R_S) / (\rho_b \times A \times D)$，以下说法正确的是（　　　）。

　　A. 涉及大气沉降的，可不考虑 L_S、R_S

　　B. ΔS 的单位为 g/kg 或 mmol/kg

　　C. I_S 表示预测评价范围内单位年份表层土壤中某种物质的输入量

　　D. D 一般取 0.2 m

参考答案

一、单项选择题

1. B 2. A 3. B

4. B 【解析】定向钻施工是在河底施工，在河流底部进行穿越，存在的主要问题是施工期泥浆处理处置问题。

5. A 【解析】建设项目 SO_2+NO_x 年排放量=170+430=600 t/a>500 t/a，评价因子应增加二次 $PM_{2.5}$，规划项目才要增加二次 O_3，排除 B、D 选项。题干中没有任何信息能表明或推测出污染因子有 PM_{10}，因此 C 不选。

6. D 【解析】估算模式中面源估算模式参数有 3 个：面源排放速率、排放高度、长度、宽度（长宽高速）。初始横向扩散参数为体源参数内容。

7. D

8. C 【解析】非正常工况排放时间为 36×5=180 h，氮氧化物的排放量为 42 000=×240×180×10^{-9}=1.81 t。

9. C 【解析】L_{eq}=10lg（$10^{0.1\times60}+10^{0.1\times70}$）≈70.4 dB。题中 15 m 为干扰条件。

10. C 【解析】C 项错误，应分别在车流量平均时段和高峰时段进行测量。

11. A 【解析】根据无限长线声源几何发散衰减的基本公式 L_p（r）=L_p（r_0）-101g（r/r_0）=82-10lg（100/10）=72 dB。

12. C 【解析】考查点声源的概念。声源中心到预测点之间的距离超过声源最大几何尺寸 2 倍时，可将该声源近似为点声源。

13. C

14. B 【解析】此题不能简单平均。要用能量平均的方法进行计算，导则和教材都有此公式，等效声级=$10\log\left[\dfrac{1}{16}\times\left(8\times10^{0.1\times55}+8\times10^{0.1\times65}\right)\right]$=62.4。但从考试技巧的角度来讲，就不用计算了，能量平均后的计算结果应该在 55.0～65.0，答案只有一个。

15. B

16. B 【解析】硝基苯属于一般性水质因子，其标准指数=$C_{测/标}$>1 时超标。可得Ⅱ类、Ⅲ类和Ⅳ类标准指数均大于 1，即超标；Ⅴ类标准指数=1，未超标，答案选 D，错误。仔细看，硝基苯是集中式生活饮用水地表水源地特定项目，它在Ⅳ类和Ⅴ类功能区并无标准，故只考虑在Ⅱ类、Ⅲ类中达标情况，故选 B。

17. D 【解析】河流流动视为恒定均匀流的关键是河流流速恒定，只有断面形态不变，河流流速才可能恒定。

18．A　【解析】《环境影响评价技术导则　地下水环境》，一般情况下，地下水水质取样只取一个水质样品，取样深度宜在地下水水位以下 1.0 m 左右。

19．B　【解析】渗透系数表征含水介质透水性能，数值上等于水力坡度为 1 的地下水渗流速度。粒径越大，水流速度越大，也就是渗透系数越大，A 错 B 对；渗流速度与黏滞性有关，黏滞性越大，渗流速度越小，也就是流速越小，渗透系数与粒径、水黏滞性都有关系，C、D 错误。

20．C　【解析】《环境影响评价技术导则　地表水环境》附录 E.3.2.1，连续稳定排放，根据河流纵向一维水质模型方程的简化、分类判别条件（即 O'Connor 数 α 和贝克来数 Pe 的临界值），选择相应的解析解公式。当 $0.027 < \alpha \leq 380$ 时，适用对流扩散降解模型，采用式（E.20）计算即可，

$$C_0 = (C_P Q_P + C_h Q_h) / [(Q_P + Q_h)\sqrt{1+4a}] = \frac{2 \times 10 + 24 \times 5}{(2+24) \times \sqrt{1+4 \times 6}} = 1.08 。$$

21．A　【解析】烟气 SO_2 排放量为 2×50×80×1%=0.8（kg/h）=222.2（mg/s）。（注意：按照硫元素的物料平衡计算，硫和 SO_2 的分子量相差 32 倍）。

22．A　【解析】项目非正常条件下，预测评价环境空气保护目标和网格点主要污染物的 1 h 最大浓度贡献值。

23．B　【解析】评价范围涉及多个行政区，需分别评价各行政区的达标情况，若存在不达标行政区，则判定项目所在评价区域为不达标区。

24．D　25．B

26．B　【解析】根据公式 $U = V/N$ 可知（U 为实际流速，V 为渗透速度，N 为孔隙度，$N<1$），渗透速度小于实际流速。对于此公式还要理解其实际内涵。

27．A　【解析】垃圾填埋场的特定污染物在含水层中是连续运移的，特征污染物相对整个含水层可以看作点源，因此污染源概化为连续点源。故选 A。

28．B

29．A　【解析】地下水位埋深越浅，地下水占用毛细水上升高度就越大，所以当埋深浅的地下水位下降时，释放出了一部分毛细水上升高度，这部分高度将会填充毛细水，导致给水度小（即水总量一定，被毛细水占用了，给的水就少了）。故选 A。

30．C　【解析】《危险废物填埋污染控制指标》（GB 18598—2019），人工合成材料衬层一般可以采用高密度聚乙烯，其渗透系数不大于 1.0×10^{-12} m/s，厚度不小于 1.5 mm。

31．D　【解析】《环境影响评价技术导则　地表水环境》（HJ 2.3—2018）表 1，其评价等级为三级 B。表 1 注 4，建设项目直接排放第一类污染物的，其评价等

级为一级的，是针对直接排放，故不选 A。

32. B 【解析】《环境影响评价技术导则 生态影响》（HJ 19—2022），当工程占地规模大于 20 km^2 时（包括永久和临时占用陆域和水域），评价等级不低于二级；本项目占地小于 20 km^2，且不涉及生态敏感区属于三级评价，三级评价要求图件土地利用现状图，植被类型图，生态保护目标分布图。

33. A 【解析】物种乙的密度＝个体数目/样地面积＝2/10＝0.2（个/m^2）。所有种的密度＝个体数目/样地面积＝5/10＝0.5（个/m^2）。物种乙的相对密度＝一个种的密度/所有种的密度×100＝0.2/0.5×100＝40%。

34. B

35. C 【解析】相对距离在 800～1 600 m，可作为远景，中等敏感。

36. D 【解析】湖泊中高等植物群落平均鲜重生物量为 100 g/（0.5 m×0.5 m）＝400 g/m^2。

37. B 【解析】标准指数大于 1 时超标，等于不算超标，故本题中 1.2、1.5、2.1 三个数值超标，超标率＝3/6＝50%。

38. C 【解析】根据经验排污系数法公式：某污染物的排放总量为单位产品某污染物的排放定额乘以产品总产量，因此，100 g/t×6 t＝600 g＝0.6 kg，污染物排放总量的单位是 kg/a；该题没有用水量指标，排污系数是一个干扰条件，因此，正确答案是 0.6 kg/a。

39. A 【解析】距左岸距离差值分别为 20 m、30 m、50 m、100 m；BOD 监测值在横向上差值分别为 1、1、4、3，而 BOD 计算值在横向上差值分别为 1.5、1.5、1.5、4，BOD 监测值与 BOD 计算值的差值分别为 1.5、2、2.5、3，均表现出偏大的趋势。由于横向浓度差异主要是横向混合系数起主导作用，耗氧系数起一定作用，因而横向混合系数偏大。

40. A 【解析】径流模数公式为 $M=1\,000Q/F$（式中：Q 为单位时间通过河流某一断面的水量，m^3/s；F 为流域面积，km^2），表示流域出口断面流量与流域面积的比值，单位是 L/（s·km^2），将题中数据带入，解得 $M=2\,000$ L/（s·km^2）。

41. B 【解析】B 项中背景噪声值是指除研究对象以外所有噪声的总称。

42. A

43. D 【解析】另行选址是最优措施，选址变了，影响也没了。

44. D 【解析】输气管道中心线两侧各 5 m 范围内不得种植乔木、灌木、藤类、芦苇、竹子或者其他深根系植物，可能会损坏管道防腐层和影响管道安全，松树属于乔木、杨树和柠条属于深根系，故 ABC 都不选；D 选项中苜蓿属于浅根系草本植物。

45. B 【解析】水土流失是生态影响也是生态风险，高速公路建设期由于大量边坡的开挖和填方形成了巨大的裸露边坡，极易发生水土流失，尤其是在水土流失严重地区，采取水土流失措施后，虽能减缓水土流失影响，但仍可能有发生水土流失的风险；生物入侵也是公路建设项目的生态风险之一，但生物入侵是生态类项目普遍存在的风险，相比水土流失，不是主要的；二者选一个，水土流失更合理。

46. A 【解析】注意关键词"特别重视"，水文地质条件影响施工方案的比选，而不同的施工方案产生的生态影响及采取的措施大不相同的。本题所指石灰岩比较松，容易造成塌方，水土流失等一系列问题，故应特别重视，选 A。

47. D

48. B 【解析】包气带是指位于地球表面以下、潜水面以上的地质介质。有时人们也把包气带称为非饱和区，但是这两个概念的含义不完全相同。

49. C 【解析】医疗废物不得填埋。选 C。注意含水率大于 60% 的废物不得进入柔性填埋场，砷含量大于 5% 的废物，应进入刚性填埋场处置。

50. A

51. A 【解析】《环境影响评价技术导则 土壤环境（试行）》7.3.2.2 原文，评价工作等级为一级的建设项目应参照表 C.2 填写土壤剖面调查表。

52. A 【解析】根据《建设项目环境风险评价技术导则》附录 F，当裂口形状为圆形取 1.0，三角形取 0.95，长方形取 0.90。

53. D 【解析】《环境影响评价技术导则 土壤环境（试行）》8.1.4 原文，土壤环境影响分析可定性或半定量地说明建设项目对土壤环境产生的影响及趋势。

54. C 【解析】《环境影响评价技术导则 土壤环境（试行）》附录 E.1.2，可通过工程分析计算土壤中某种物质的输入量；涉及大气沉降影响的，可参照 HJ 2.2 相关技术方法给出。

55. C 【解析】垃圾焚烧烟气中的金属化合物一般由垃圾中所含的金属氧化物和盐类组成。这些金属来源于垃圾中的油漆、电池、灯管、化学溶剂、废油、油墨等，其中含有汞、镉、铅等微量有害元素。垃圾带入的汞通过焚烧迁移至飞灰和烟气中，然后通过大气沉降作用掉落到周边土壤。因此选 C。木材加工厂加工木板会用胶水，会释放大量甲醛，同时加工过程会产生粉尘。汽车加油站大气污染物主要是非甲烷总烃。钢制机械加工厂主要大气污染物是切割粉尘、焊接烟尘等。

二、不定项选择题

1. BD 【解析】施工期航道疏浚和建设码头对海洋环境产生影响，运行期生活污水、船舶废物、事故风险等会对海洋环境产生影响。没有水文调查期和生物调查期，故选 BD。

2. ABCD

3. CD　【解析】A 选项必须现场校核，B 比例尺一般在 1∶15 000 以上。

4. BCD　【解析】无组织排放分布涉及空间的概念，在工艺流程及产污节点图上只能标出无组织排放的位置，分布则很难看出。

5. ABCD

6. ABCD　【解析】建设项目对地下水的影响应从建设项目的工程特征和地下水环境条件两方面进行分析。从建设项目来看，主要关注选址合理性、污染物源强、排放方式（连续或间歇）、采取的措施及其有效性（主要为防渗措施）；从环境条件来看，主要关注区域地质、水文条件，包气带的防污性能。其中污染物的排放方式与地下水的地质水文条件决定了地下水污染途径。故选 ABCD。

7. ACD

8. ABCD　【解析】此题比较简单，复习时对每一种方法的主要原理要理解。

9. AC　【解析】B 项采用的是一维模型，D 项采用的是一维稳态模式。

10. ABC　【解析】扩建项目工程分析时除了应说明扩建项目的工程情况外，原矿山存在的环境问题也应交代，原矿山的渣场就是其中的环境问题之一。

11. AD　【解析】影响方式可分为直接、简介、累积生态影响，答案中 B 选项属于累积影响，C 选项属于直接影响，正确答案 AD。

12. ABCD

13. BD　【解析】废水 COD 含量较高，是高浓度有机废水，负荷大，不能直接使用好氧处理，需要经过厌氧处理，将其中的大分子转变为小分子，降低 COD 浓度，从而提升其 BOD/COD 值，提高生化性，为好氧处理打下基础。厌氧处理一般不单独使用，而是和好氧工艺组合使用，厌氧工艺在好氧工艺之前，B、D 正确。

14. ABCDE　【解析】HJ 169—2018，10.3.1 原文，按照国家、地方和相关部门要求，提出企业突发环境事件应急预案编制或完善的原则要求，包括预案适用范围、环境事件分类与分级、组织机构与职责、监控和预警、应急响应、应急保障、善后处置、预案管理与演练等内容。

15. ACD　【解析】《固体废物污染环境防治法》，处置是指将固体废物焚烧或用其他改变固体废物的物理、化学、生物特性的方法，达到减少已产生的固体废物数量、缩小固体废物体积、减少或者消除其危险成分的活动，或者将固体废物最终置于符合环境保护规定要求的填埋场的活动。选项 B 只能算是处理。

16. ACD　【解析】除化学需氧量、生化需氧量、总氮、氨氮和悬浮物外，其他指标都是每年测定一次。

17. ABCD　【解析】《建设项目环境风险评价技术导则》HJ 169—2018，7.2.1 资料收集和准备，根据危险物质泄漏、火灾、爆炸等突发性事故可能造成的环境风险类型，收集和准备建设项目工程资料，周边环境资料，国内外同行业、同类型事故统计分析及典型事故案例资料。对已建工程应收集环境管理制度，操作和维护手册，突发环境事件应急预案，应急培训、演练记录，历史突发环境事件及生产安全事故调查资料，设备失效统计数据等。

18．ABCD

19．ABC　【解析】技术方法教材第三章第四节，地下水环境现状调查与评价，三、地下水的基本知识，承压含水层的贮水系数（S）是指其测压水位下降（或上升）一个单位深度，单位水平面积含水层释出（或储存）的水的体积。在地下水环境影响评价过程中，按照包气带的岩性、厚度和渗透系数，结合建设项目的污染物排放的连续性，确定包气带的防护性能级别。D选项为承压含水层的参数，故答案为ABC。

20．CD　【解析】地下水按埋藏条件分为包气带水、潜水、承压水；按含水介质类型分为孔隙水、裂隙水、岩溶水。

21．ABD

22．ABCD　【解析】技术方法教材第七章第二节，污染物在地下水中的迁移和转化，机械过滤作用指污染物经过包气带和含水层介质过程中，一些颗粒较大的物质因不能通过介质孔隙，而被阻挡在介质中的现象。如一些悬浮的污染物经过砂层时，会被砂层过滤。机械过滤作用只能使污染物部分停留在介质中，而不能从根本上消除污染物。因此与介质的性质（颗粒大小、排列方式、孔隙大小、厚度）以及污染物颗粒的粒径有关。答案选ABCD。

23．AB

24．ABC　【解析】HJ 2.3—2018　E.1混合过程段长度估算公式：

$$L_\mathrm{m} = 0.11 + 0.7 \left[0.5 - \frac{a}{B} - 1.1 \left(0.5 - \frac{a}{B} \right)^2 \right]^{1/2} \frac{uB^2}{E_y}，位于河流中心线同侧的排污口，$$

距离岸边距离越近，混合段长度越短。$a = 0$ m，$L_0 = 0.11 + 0.33 \dfrac{uB^2}{E_y}$；$L_1 = 0.11 + 0.7 \dfrac{uB^2}{E_y}$，

因此，距离两侧岸边距离相同时L值相同。

25．ABC　【解析】HJ 2.3—2018，7.10.1.1河流、湖库设计水文条件要求，a）河流不利枯水条件宜采用90%保证率最枯月流量或近10年最枯月平均流量；流向不定的河网地区和潮汐河段，宜采用90%保证率流速为零时的低水位相应水量作为不利枯水水量；湖库不利枯水条件应采用近10年最低月平均水位或90%保证率最枯月平均水位相应的蓄水量，水库也可采用死库容相应的蓄水量。其他水期的设计水量则应根据水环境影响预测需求确定。

26．ABCD　【解析】HJ 2.3—2018，9.2.5对于建设项目引起的水温变化可能对

农业、渔业生产或鱼类繁殖与生长等产生不利影响，应提出水温影响减缓措施。对产生低温水影响的建设项目，对其取水与泄水建筑物的工程方案提出环保优化建议，可采取分层取水设施、合理利用水库洪水调度运行方式等。对产生温排水影响的建设项目，可采取优化冷却方式减少排放量，可通过余热利用措施降低热污染强度，合理选择温排水口的布置和形式，控制高温区范围等。

27．ABCD

28．ABC　【解析】 在河流中，影响污染物输移的最主要的物理过程是对流、横向、纵向扩散混合。

29．ABD　30．ABD

31．ACD　【解析】不达标区的评价项目，项目费正常排放条件下，预测评价环境空气保护目标和网格点主要污染物的 1 h 最大浓度贡献值及占表率，B 选项错误。

32．BC　【解析】石灰石—石膏法、炉内喷钙法属于为控制 SO_2 排放采用的脱硫措施；熔融盐吸收法是 NO_x 排放的控制技术。

33．ABC　【解析】CALPUFF 预测 $PM_{2.5}$ 采用的是模型模拟法。

34．ABD　【解析】A 项错误，袋式除尘器的除尘效率可达 99%以上；B 项错误，完全燃烧产生的烟尘和粉尘等颗粒物比不完全燃烧产生的少；D 项错误，一般的除尘技术不能达到《火电厂大气污染物排放标准》和《水泥厂大气污染物排放标准》的排放要求，故通常采用高效电除尘或布袋除尘器。

35．AD　【解析】工业生产中通常由于生产场所的强排风，使得所排出的废气中有机物的浓度很低，风量很大，治理难度大。

吸附法特别适合排放标准要求严格活有害物质浓度低，其他方法达不到净化要求的气体净化；

膜分离法适合低风量、低浓度，较大风量产生较高的表面压强会损坏膜件。

冷凝法适合处理法适合气量大、低高浓度有机废气，一般投资大操作复杂；

低温等离子浓度，故此题选 A、D。

36．ABC

37．BCD　【解析】A 是产品的参数，生产出来的产品的性质，不是正在运行的设备，属于干扰项。

38．AB　39．ABC

40．ACD　【解析】声波频率是反映声音自身的特点。

41．ACD　【解析】公路、铁路为线性工程，其噪声现状水平调查应重点关注沿线的环境噪声敏感目标，测量调查环境噪声背景值，若存在现有噪声源（包括固定源和流动源），应调查其分布状况和对周围敏感目标影响力的范围和程度。

环境噪声现状水平调查一般测量等效连续 A 声级，必要时，除给出昼间和夜间背景噪声值外，还需给出既有噪声源影响的距离、超标范围和程度，以及全天 24 h 等效声级值，作为现状预测评价依据。一般不考虑风噪声，故选 ACD。

42. ABCD　43. ACD　44. ABD　45. ABCD

46. ABCD　【解析】引水式电站是利用人工水渠，将水流引到较远的与下游河道有较大落差的地方，在那里修建电站，利用水流落差发电。生态需水量应该是特定区域内生态系统需水量的总称，包括生物体自身的需水量和生物体赖以生存的环境需水量，生态需水量实质上就是维持生态系统生物群落和栖息环境动态稳定所需的用水量。

47. AD　48. BCD

49. ABD　【解析】《环境影响评价技术导则　生态影响》（HJ 19—2022）附录 B，生态现状调查方法、资料收集法、现场调查法、专家和公众咨询法、生态监测法、遥感法、陆生、水生动植物调查方法、海洋生态调查方法、淡水渔业资源调查方法、淡水浮游生物调查方法。

50. CD　【解析】《中华人民共和国河道管理条例》第二十四条，在河道管理范围内，禁止修建围堤、阻水渠道、阻水道路；种植高秆农作物、芦苇、杞柳、获柴和树木（堤防防护林除外）；设置拦河渔具；弃置矿渣、石渣、煤灰、泥土、垃圾等。

51. ABCDE　【解析】HJ 964—2018，7.4.2.1 和 7.4.2.3 原文，土壤环境现状监测点布设应根据建设项目土壤环境影响类型、评价工作等级、土地利用类型确定。生态影响型建设项目应根据建设项目所在地的地形特征、地面径流方向设置表层样监测点。

52. ABCD　【解析】《环境影响评价技术导则　土壤环境（试行）》HJ 964—2018，9.2.2 源头控制措施；9.2.3 过程防控措施，9.2.3.1 建设项目根据行业特点与占地范围内的土壤特性，按照相关技术要求采取过程阻断、污染物削减和分区防控措施。

53. BD

54. ABC　【解析】《环境影响评价技术导则　土壤环境（试行）》HJ 964—2018，柱状样通常在 0～0.5 m、0.5～1.5 m、1.5～3 m 分别取样，虽然根据 7.4.2.4 和表 6 备注中可以根据基础埋深、土体构型适当调整，但题目问的一般情况，3.0～3.5 m 不是必须要取样。故选 ABC。

55. ABCD　【解析】HJ 964—2018，E.1.2 单位质量土壤中某种物质的增量可用下式计算：

$$\Delta S = n\left(I_{\mathrm{S}} - L_{\mathrm{S}} - R_{\mathrm{S}}\right) / \left(\rho_{\mathrm{b}} \times A \times D\right)$$

式中：ΔS —— 单位质量表层土壤中某种物质的增量，g/kg；

表层土壤中游离酸或游离碱浓度增量，mmol/kg；

I_{S} —— 预测评价范围内单位年份表层土壤中某种物质的输入量，g；

预测评价范围内单位年份表层土壤中游离酸、游离碱输入量，mmol；

L_{S} —— 预测评价范围内单位年份表层土壤中某种物质经淋溶排出的量，g；

预测评价范围内单位年份表层土壤中经淋溶排出的游离酸、游离碱的量，mmol；

R_{S} —— 预测评价范围内单位年份表层土壤中某种物质经径流排出的量，g；

预测评价范围内单位年份表层土壤中经径流排出的游离酸、游离碱的量，mmol；

ρ_{b} —— 表层土壤容重，kg/m^3；

A —— 预测评价范围，m^2；

D —— 表层土壤深度，m。一般取 0.2 m，可根据实际情况适当调整；

n —— 持续年份，a。

参考文献

[1] 生态环境部. 环境影响评价工程师职业资格考试大纲（2024 年版）[M]. 北京：中国环境出版集团，2024.

[2] 生态环境部环境工程评估中心. 环境影响评价技术方法（2024 年版）[M]. 北京：中国环境出版集团，2024.

[3] 环境保护部. 建设项目环境影响评价技术导则　总纲：HJ 2.1—2016[S]. 北京：中国环境出版社，2017.

[4] 生态环境部. 环境影响评价技术导则　大气环境：HJ 2.2—2018[S]. 北京：中国环境出版集团，2018.

[5] 生态环境部. 环境影响评价技术导则　地表水环境：HJ 2.3—2018[S]. 北京：中国环境出版集团，2019.

[6] 环境保护部. 环境影响评价技术导则　地下水环境：HJ 610—2016[S]. 北京：中国环境出版社，2016.

[7] 生态环境部. 环境影响评价技术导则　声环境：HJ 2.4—2021[S].

[8] 生态环境部. 环境影响评价技术导则　生态影响：HJ 19—2022[S].

[9] 生态环境部，环境影响评价技术导则　土壤环境（试行）：HJ 964—2018[S]. 北京：中国环境出版集团，2019.

[10] 生态环境部. 规划环境影响评价技术导则　总纲：HJ 130—2019[S].

[11] 生态环境部. 建设项目环境风险评价技术导则：HJ 169—2018[S]. 北京：中国环境出版集团，2019.